科学的起源

中世纪如何奠基现代科学

James Hannam
[英] 詹姆斯·汉南 著

刘崇岭 译

上海教育出版社
SHANGHAI EDUCATIONAL
PUBLISHING HOUSE

献给瓦妮莎

目　录

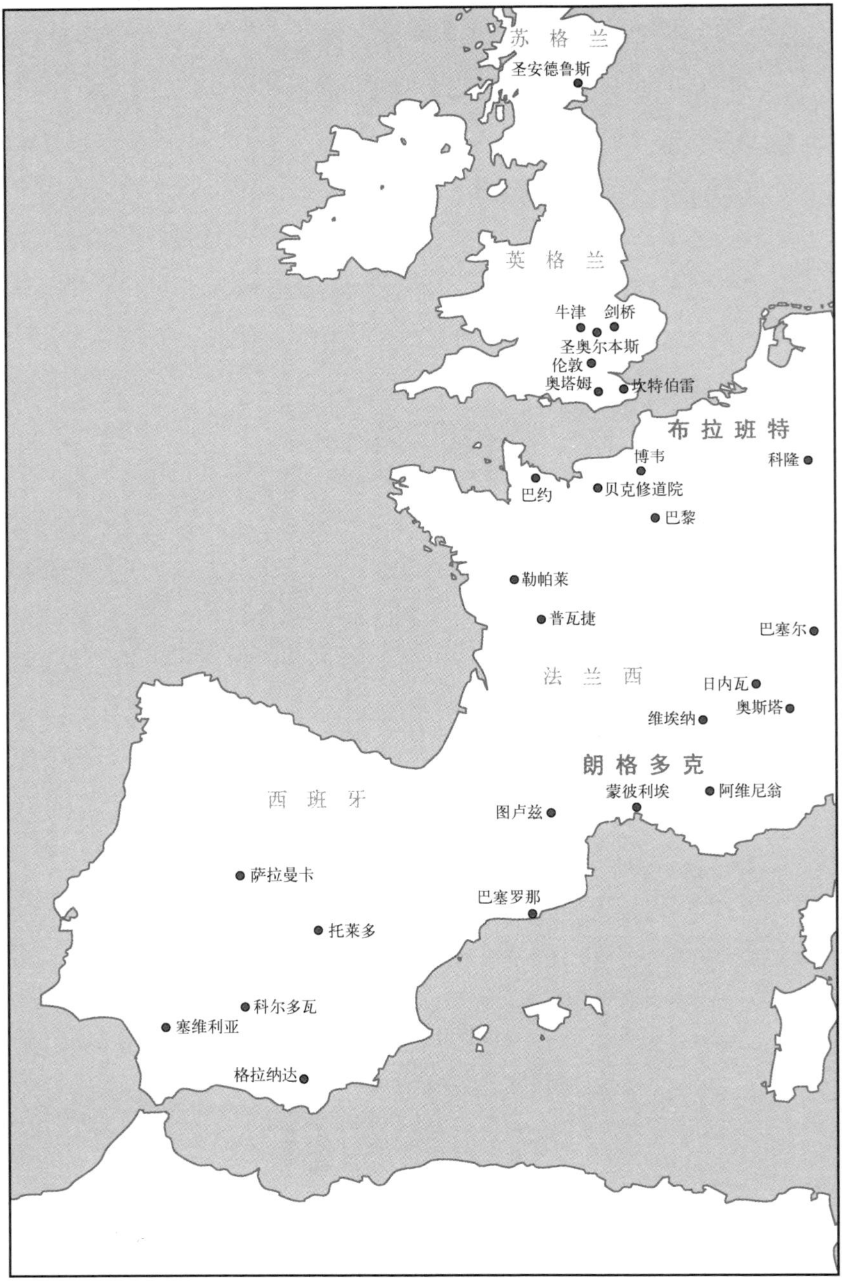
苏格兰
圣安德鲁斯
英格兰
牛津
剑桥
圣奥尔本斯
伦敦
奥塔姆
坎特伯雷
布拉班特
博韦
科隆
巴约
贝克修道院
巴黎
勒帕莱
普瓦捷
巴塞尔
法兰西
日内瓦
奥斯塔
维埃纳
朗格多克
蒙彼利埃
阿维尼翁
图卢兹
西班牙
萨拉曼卡
巴塞罗那
托莱多
科尔多瓦
塞维利亚
格拉纳达

中世纪欧洲地图

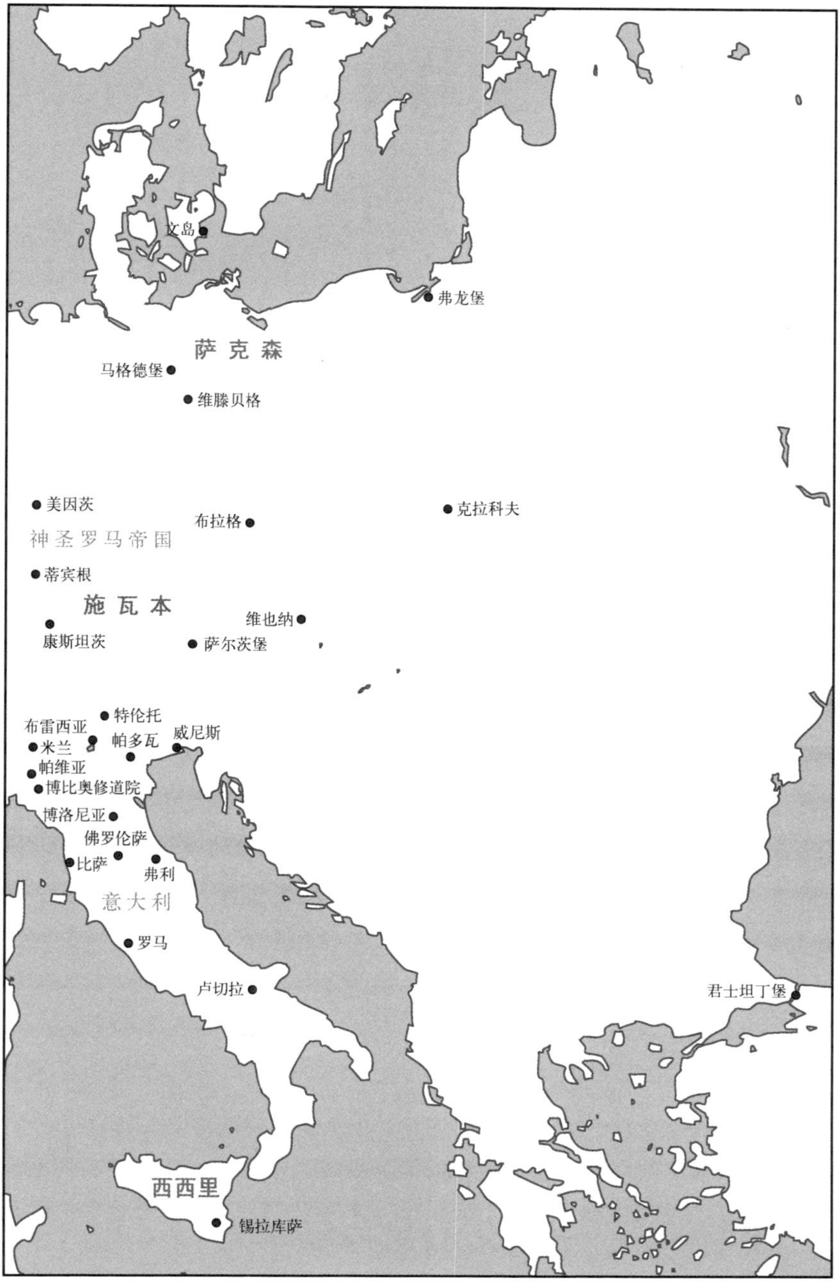

文岛
弗龙堡
萨克森
马格德堡
维滕贝格
美因茨
布拉格
克拉科夫
神圣罗马帝国
蒂宾根
施瓦本
维也纳
康斯坦茨
萨尔茨堡
特伦托
布雷西亚
米兰
帕多瓦
威尼斯
帕维亚
博比奥修道院
博洛尼亚
佛罗伦萨
比萨
弗利
意大利
罗马
卢切拉
君士坦丁堡
西西里
锡拉库萨

引　言

中世纪科学的真相

艾萨克·牛顿爵士（Sir Isaac Newton，1642—1727）有句名言广为人知："如果我看得更远，那是因为我站在巨人的肩膀上。"[1]多数人认为他的意思是说，他的科学成就是建立在先驱们的科学发现之上的。在同一封信中，他提到法国哲学家、数学家勒内·笛卡尔（René Descartes，1596—1650），所以很有可能笛卡尔正是他所说的巨人之一。不过，很少有人知道，牛顿的那句格言最初是由 12 世纪的神学家沙特尔的伯纳德（Bernard of Chartres，卒于 1130 年左右）① 所创。[2]更少有人知道，牛顿时代的科学同样深深扎根于中世纪。本书正是要向读者证明，我们今天认为天经地义的科学技术，多大程度上是起源于中世纪的。

中世纪科学的成就今人知之甚少，于是认为整个中世纪完全

① 沙特尔的伯纳德（拉丁名 Bernardus Carnotensis），生年不详，法国新柏拉图主义哲学家、学者。——译者注（本书页下注均为译者注）

没有任何科学进步就似乎是自然的事了。人们对于这个历史时期的差评是由来已久。在作家们那里，“中世纪的”（medieval）这个形容词是“野蛮不化”的同义语。甚至历史学家也不见得好些，他们仍执迷于这种观念：自罗马陷落直至文艺复兴，全无要紧之事发生。1988 年，丹尼尔·布尔斯廷①在其科学史著作《发现者》（*The Discoverers*）中将中世纪称为人类进步的“大中断”。威廉·曼彻斯特②在 1993 年的《黎明破晓的世界》（*A World Lit Only by Fire*）一书中将中世纪描绘为一个“大杂烩”，“持续战乱、腐败、纲纪废弛，充斥着迷信与牢不可破的愚昧”。查尔斯·弗里曼③在 2002 年出版的《西方心灵的封闭》（*The Closing of the Western Mind*）一书中称此一时期为“理性的停滞”，而且“很难看出数学、科学及其相关学科在那时的氛围里能有什么进步的可能”。[3]

中世纪没有值得一提的科学——这是一个神话，而与之如影随形的另一个观点是：教会的阻碍使得本就少得可怜的科学进步雪上加霜。信仰与理性之间的冲突无可避免——这种观念得势，离不开 19 世纪的英国人托马斯·赫胥黎④和美国人约翰·威廉·德雷珀⑤

① 丹尼尔·布尔斯廷（Daniel Boorstin，1914—2004），美国历史学家，著有《美国人》三部曲、人类文明史三部曲（《发现者》即其一）等。

② 威廉·曼彻斯特（William Manchester，1922—2004），美国历史学家、传记作家，著有《光荣与梦想》等。

③ 查尔斯·弗里曼（Charles Freeman，1947—　），英国历史学家、古希腊罗马史专家。

④ 托马斯·赫胥黎（Thomas Huxley，1825—1895），英国生物学家、比较解剖学专家，提倡达尔文的进化论，以“达尔文的斗牛犬”著称。代表作有《人类在自然界的位置》《脊椎动物解剖学手册》《进化论与伦理学》等。

⑤ 约翰·威廉·德雷珀（John William Draper，1811—1882），美国哲学家、历史学家、化学家。

的大力鼓吹。赫胥黎讲过一句很著名的话："过去的神学家躺在每门科学的摇篮旁，犹如赫拉克勒斯摇篮旁缠绕的毒蛇。"[4]赫胥黎与牛津主教塞缪尔·威尔伯福斯（Samuel Wilberforce，1805—1873）关于进化的论战臭名昭著——那是 1860 年，威尔伯福斯问赫胥黎"与猴子发生关系的是你祖父那方还是祖母那方"时，德雷珀也在场。德雷珀的《宗教与科学的冲突史》（*History of the Conflict between Religion and Science*）一书影响甚广，该书将冲突论深深地刻在公众的脑海之中。

离我们更近的是当下进化论与神创论的争执。保守的基督徒和穆斯林对达尔文主义展开了全面的攻击。的确，有些宗教学说确实会与科学理论发生冲突，但这不表示这种冲突是不能避免的。中世纪时期，天主教会积极支持了许多科学研究，但同时又规定哲学思辨不得妨害神学。讽刺的是，正因为坚持让哲学家关注自然而非形而上学，教会设定的限制从长远看可能反倒使科学受益。进一步讲，与公众的认知相反，教会从未支持过"地平说"，从未禁止人体解剖，从未禁止"零"的概念，更没有因为科学观点而将人烧死在火刑柱上。科学与宗教之间最著名的交锋莫过于 1633 年对伽利略（Galileo Galilei，1564—1642）的审判了。学院派历史学家现在相信，此事更多是与当时的政治和教皇本人的自尊心有关，而不是科学。本书末章对审判进行了全面解读，我们将看到，伽利略在多大程度上受惠于其中世纪的先驱。

对中世纪的诋毁早在 16 世纪就已开始。当时在精神活动方面，人文主义者开风气之先，首倡希腊罗马古典文学。他们摒弃了中世纪的学问，因为它不仅玄奥难懂，而且是用一种粗鄙的拉丁语写成。所以人们对其停止了阅读和研究。继之而起的是英国的作家，如弗朗西斯·培根（Francis Bacon，1561—1626）、托马斯·霍布斯（Thomas Hobbes，1588—1679）和约翰·洛克（John Locke，1632—1704）①。而这些新教作家又不希望给天主教一丁点儿信任，这样就把水搅混了。他们坚持认为大学在宗教改革前没教什么有价值的东西。伽利略由于受到宗教裁判所的审判被视为荣誉新教徒，而他几乎是唯一一位在以英语写作的科学史中保有一席之地的天主教自然哲学家。

到了 18 世纪，像伏尔泰（Voltaire，1694—1778）之类的法国作家也加入了攻击中世纪的行列。他们嘲笑法国天主教会反动保守、同君主专制狼狈为奸，并与之争论不休。伏尔泰与其启蒙思想家同俦一道，称赞理性与科学的进步。他们需要一个故事，来证明人类在进步，而故事里的教会是坏人。“中世纪哲学——亚里士多德哲学的私生女，翻译拙劣，理解欠佳，”伏尔泰写道，“对于理性和良好教育犯下的错误比匈人与汪达尔人更甚。”[5]与他同时代的让·勒朗·达朗贝尔②参与编纂过卷帙浩繁的百科全书，那书后来成为启蒙思想家的成就之缩影。达朗贝尔在给这部巨著撰写的著名序言中，关于中世纪科学进步如何受到教会阻碍的说法已成老生常谈。他指责中世纪，称那时“几乎整个欧洲都陷入被奴役的境地，遭受由无知而产生的迷信与由迷信滋生的无知之祸害”。[6]但是现在，达朗贝尔说，在他的时代，理性的人类终于能够摆脱宗教的枷锁。

在 19 世纪，约翰·威廉·德雷珀与托马斯·赫胥黎将冲突论介绍给了英语世界的读者。得力于康奈尔大学校长安德鲁·迪克

---

① 三人均为英国哲学家。

② 让·勒朗·达朗贝尔（Jean le Rond d’Alembert，1717—1783），法国著名物理学家、数学家、天文学家。

森・怀特①的支持，冲突论被知识界广泛接受。怀特的《科学与神学论战史》（*A History of the Warfare of Science with Theology*）一书中密密麻麻的脚注给人以学术严谨的错觉。[7]但任何核对过参考文献的人都会觉得奇怪，如果那些文献他真的都读过，怎么还会坚持自己的观点？

对中世纪发动的攻击威力巨大，一直蔓延到 20 世纪。通俗历史学家将自己的工作奠定在之前流行的历史著作之上，延续了“中世纪是人类进步之中断”的神话。卡尔・萨根②、詹姆斯・伯克③和雅各布・布罗诺夫斯基④的电视节目又将这个说法传递给了下一代人。即便有人发现了 14、15 世纪理性或进步的明证，也会被轻描淡写地贴上“早期文艺复兴”的标签，而“中世纪的”这一形容词的负面联想便保留下来。

反击之战肇始于一百年前法国物理学家、历史学家皮埃尔・迪昂⑤的工作。当时他正研究不相干的事，无意间接触到了一大批

---

① 安德鲁・迪克森・怀特（Andrew Dickson White，1832—1918），美国历史学家、教育家，康奈尔大学创立者之一。

② 卡尔・萨根（Carl Sagan，1934—1996），美国天文学家、科普工作者，以研究地外生命著称，1980 年曾参与制作电视纪录片《卡尔・萨根的宇宙》（*Cosmos: A Personal Voyage*）。该片受众甚广，据称迄今至少已被来自六十多个国家的五亿人观看过。

③ 詹姆斯・伯克（James Burke，1936—　），英国广播员、科学史家、电视制片人，1985 年系列纪录片《变化的每一天》（*The Day the Universe Changed*）的制作者。该片从哲学角度探讨了科技进步对西方社会的影响。

④ 雅各布・布罗诺夫斯基（Jacob Bronowski，1908—1974），英国数学家、科学史家、剧作家、诗人、发明家，1973 年纪录片《人类的攀升》（*The Ascent of Man*）的制作者。该片展现了人类的科学历程，是一部科学发展的全景史。

⑤ 皮埃尔・迪昂（Pierre Duhem，1861—1916），法国物理学家、数学家、科学史家、科学哲学家。

没人读过的中世纪手稿。在这些尘封的大部头中的发现令他吃惊。他很快意识到，科学在中世纪已十分精奥，且受到高度重视，对后来的发展不可或缺。美国人林恩·桑代克①和德国人安内利泽·迈尔②则进一步完善和拓展了迪昂的工作。今天，研究中世纪科学的泰斗是爱德华·格兰特③和大卫·林德伯格④。虽然他们已经退休，但其弟子已遍布北美各高校，身居要职。随着越来越多的手稿被学者研究，中世纪自然哲学家的成就越来越耀眼。

抛开流行的观念、新闻记者的陈词滥调以及误入歧途的历史学家不谈，近来的研究已经表明，中世纪是一个在科学、技术和文化方面有着巨大进步的时期。指南针、造纸术、印刷术、马镫和火药全都在公元500年到公元1500年间出现于西欧。不错，这些发明起源于远东，但欧洲人却将它们发展到其他地方没有达到的更高水平。意大利医生、数学家、星象学家杰罗姆·卡丹（Jerome Cardan，1501—1576）论及指南针、印刷术和火炮，认为“整个古代世界没有能与之匹敌的发明”。[8]有了指南针，克里斯托弗·哥伦布（Christopher Columbus，1451—1506）才能在望不见陆地的条件下航行，在1492年横渡大西洋，发现新大陆。印刷术和造纸术的发展导致书籍数量猛增，仅在1455年约翰·古腾堡⑤印刷并出版《圣经》之后的头一个五十年，新增的书籍数量就达到了

---

① 林恩·桑代克（Lynn Thorndike，1882—1965），美国历史学家，致力研究于中世纪科学与炼金术的历史。

② 安内利泽·迈尔（Anneliese Maier，1905—1971），德国科学史家。

③ 爱德华·格兰特（Edward Grant，1926—　），美国中世纪科学史家。

④ 大卫·林德伯格（David Lindberg，1935—2015），美国科学史家，致力于研究中世纪和早期现代的科学史，尤其关注物理科学，以及宗教与科学的关系。

⑤ 约翰·古腾堡（Johann Gutenberg，约1398—1468），又译“古登堡”，德国工匠，西方活字印刷术的发明者。

惊人的 2 000 万本。[9]这使得整个古希腊罗马时代的文献产量相形见绌。火药与此前发明的马镫变革了战争方式，为欧洲人主宰世界敞开了大门，而印刷术的影响力甚至可能比火药的影响力还大。

同时，中世纪的欧洲人还独立发明了眼镜、机械钟、风车和高炉。透镜与相机，还有几乎所有类型的机器以及工业革命本身，都可以追溯到中世纪被遗忘的发明家。我们只是不知道他们的名字罢了，但这并不表示我们应当否认他们的成就。

最重要的是，中世纪为西方文明最伟大的成就——现代科学——奠定了基础。所谓“文艺复兴以前无科学”是不实的说法。中世纪学者甫一接触古希腊经典时发展出的思想体系，足以使科学前进到古代世界望尘莫及的地步。最早一批学术自由、免受皇室干预的大学成立于 12 世纪，这些机构向来是科学研究的保护所。鼓励研究自然界这件事，即使是基督教神学也显得格外适合，因为自然被认为是神的创造。

今天，当谈及“科学”这个词时，我们头脑中有清晰明确的含义。我们会想象一座实验室，研究人员在里面进行着各种实验。但是“科学”一词的含义曾经宽泛得多。这个词来源于拉丁语 *scientia*，意为“知识”。科学涵盖了一切知识分支，包括政治学、神学和哲学。众所周知，神学是所有知识的女王。对自然的研究作为一门单独的学科则被称为“自然哲学”，本书自始至终将要使用的正是这个术语。我们如果用自己的范畴来描述历史，就会严重误判，这是历史给我们的一大教训。所以，重要的是知道中世纪的人从何而来，并且用他们自己的术语去理解他们。这就要求我们去考察那些今天看来算不上科学的学科。对中世纪的人来说，魔法、占星术、炼金术都是“科学”。更惊人的是，这些神秘学科由于提供了理解和控制自然界的其他途径而直接催生了现代科学。

目前，中世纪自然哲学与现代科学的差异在学者间还有些争议。但有一点是明确的：现代科学是自然主义的，没有给超自然事物留下余地。从19世纪初开始，科学就已将上帝排除在实验室之外；而对于中世纪的自然哲学家，上帝却从来都是研究自然时的核心课题。

现代科学是一种将经验性实验与理性分析相融合的十分特殊的知识类型。今天我们认为这种融合是天经地义的，也确信用这种方法能获取自然领域的精确知识。难以相信，这种科学思维方式几个世纪前几乎还不存在。现代科学的大厦能够建立之前，需要中世纪为之奠定坚实的基础，这块基石就是——理性作为探索世界真相的有效工具被广泛接受。显然，没有教会的认可，这是不可能发生的，因为彼时教会是一切智识活动的监护人。所以，理性的发展及其与信仰的关系都是我们故事的重头戏。中世纪时，理性辩论在哲学家之间是如此盛行，那个时期堪称“理性时代”之滥觞。[10]

一些科学史家乐于称赞的人物，要么是映射了我们自己的偏见，要么就是显得比其同时代人更“摩登”。一听说过去的某个人预知了我们的想法，我们就给这人贴上“超越其时代”的标签。事实上，没有人能超越他的时代。隔近了看，我们总是发现，人都是牢牢地扎根于自身的社会文化环境。最好的例子可能是列奥纳多·达芬奇（Leonardo da Vinci，1452—1519）。一位近期的传记作家迈克尔·怀特①竟然将达芬奇称作“第一位科学家”。[11]奇怪的是，达芬奇尽管享有天才之誉，却根本没有对西方

① 迈克尔·怀特（Michael White，1959— ），英国作家，写过不少科学家传记。

科学的发展产生影响，他的影响完全局限于艺术领域。缺乏关注焦点和持续实验使他在科学领域未能取得应有的成功。无人追随达芬奇的科学思想，因为他不曾对任何人说起。今天，达芬奇在科学上的名声来自他著名的笔记，但这些笔记都是直到他死后几个世纪才为人所知。他的秘密与害怕受控获罪无关，也不是顾虑教会删减其著作。不愿与人分享自己的真知灼见，仅仅只是因为性格缺陷罢了。[12]他甚至用镜像书写法（mirror writing）来掩饰这些笔记，使其只能在镜像中被识读。所以，虽然达芬奇名声巨大，但对于他本人，我们却无法通过笔记了解更多。[13]

另一个常见的错误是将历史划分成一些不连续的时段，并加上带有清晰价值判断的名称。这极易误导人。比如，我们大家都会学到，有一个时期叫“文艺复兴”，而且是一个“好的”时期；黑暗时代是“坏”的，启蒙运动“确是极好的”。如果启蒙和蒙昧二选一，一个人怎能不赞成启蒙呢？“复兴”（Renaissance）意为“重生”（rebirth），意思很明白——在此之前，文明一度荡然无存。“黑暗时代”这个术语是14世纪意大利作家弗兰切斯科·彼特拉克（Francisco Petrarch，1304—1374）发明的，他的意思是在古罗马时代和他的时代之间，没多少事情发生，人类停滞不前整整一千年。我们将看到，科学的发展历程为说明这些历史标签的不公提供了一个绝佳例证。“中世纪”这个术语的贬损意味弱一些，它首次出现于15世纪，当时被许多意大利人文主义者使用。[14]

有人可能认为，其他历史时期的名称也可以回溯好多个世纪，但实际上它们都起源于19世纪的法国。法国历史学家有个很明确的观念，即过往的历史是人类朝着这些历史学家自己所处的文明不断进步的故事——而他们的文明是人类进步的顶点。英国人同样糟糕。维多利亚时代的人发明的故事是，文明通过基督新教、自由市场和仁慈的不列颠帝国取得巨大成就；他们甚至认为这种成就之所以可能，是因为不断战胜法国人。如果我们真要理解历史，就必须远离那些带有偏见的标签——如“黑暗时代”“启蒙”，或至少试着用极其怀疑的态度对待它们。

另一方面，有些表示历史时期的惯用名词和形容词，出于方便起见，我们不得不采用。各个时期的断分具体用哪一年，难免会比较主观。我们的分法是这样：中世纪早期（曾被称作黑暗时代）是从公元476年西罗马帝国陷落一直到1066年，狭义的中世纪从1066年开始到1500年结束，人类随后进入现代早期。所有年代未加说明都指公元后（会引起混淆之处我会标注“AD”或“BC”）。当代历史学家流行用“CE”（Common Era，通用纪元，即公元）和“BCE”（Before Common Era，通用纪元前，即公元前）代替具有基督教色彩的“AD”（Anno Domini，意为“主的生年”）和“BC”（Before Christ，意为“基督以前”），这样对于中国和中美洲的历史显得比较妥切。不过对于欧洲中世纪来说，“耶元”（AD和BC）仍然是完全恰当的称法。

本书的安排简单来说是这样：故事的内容是中世纪的自然哲学如何促生现代科学的成就。首先我们将回顾中世纪早期从开始一直到1000年这段时期，其间，西欧从罗马帝国的崩溃中恢复过来，开始借助一些新的发明重建自身。我们将看到农业如何改进，以及当时一个受过良好教育的人对自然哲学能了解多少。

在第三、四两章，我们将会了解西方是如何恢复古希腊知识遗产的。欧洲在罗马帝国崩溃之后，曾一度失去了这份遗产，而通过阿拉伯和拜占庭的文献资料又失而复得。这一波新知识的浪潮不可避免地引起了当权者的注意。第五章讲述了12世纪时基督教会如何变得越来越关注异端问题，不过教会最终还是与希腊哲学达成了妥协。而在第六章中我们将会看到，大量的争论都被巨擘圣托马斯·阿奎那（Saint Thomas Aquinas，1225—1274）解决，他是中世纪最伟大的学者。

在中世纪，假如你生病了，最好的办法是去圣地祈祷而不是看医生，第七章会告诉你原因。第八章考察炼金术和占星术，尽管教会对此存疑，这两个学科却仍盛极一时。第九章我们将认识罗吉尔·培根（Roger Bacon）——一位专注的炼金术士，倾注一生的精力研究自然，因为他觉得这将会成为世界末日临近之前把穆斯林转化为基督徒的有力工具。第十章我们会认识另一位牛津学者——沃灵福德的理查德（Richard of Wallingford，1292—1336），他的名气要小一些，但魅力却不差分毫；他除了在天文学上的成就以外，还建造过钟，那是中世纪最精密、最复杂的钟之一，尽管他本人一直饱受麻风病的折磨。

一旦托马斯·阿奎那将希腊哲学基督教化，中世纪学者就能在此基础上大展宏图了。第十一、十二章展示了 14 世纪牛津大学和巴黎大学在科学思想上取得的进步，有两个领域的进步尤为显著——地球自转理论和加速物体的运动。

在第十三章我们将看到，中世纪晚期对欧洲社会产生了巨大影响，而由于哥伦布等人的航行，这种影响又波及欧洲以外的世界。而证实“大地是不是平的”在哥伦布的脑海中是排在最末的事情。

第十四章考察了人文主义和宗教改革对科学技术的影响。人文主义者重获了重要的古希腊数学文本，但否认中世纪在哲学上的进步。宗教改革打破了天主教会对科学的辖制，但同时也降低了天主教会对新思想的容忍度。

“文艺复兴”虽然常常与现代性的发端联系在一起，却同时又是一个魔法信仰高涨的时期，这尤其影响了那些处在科学最前沿的人——第十五章考察了上述联系。在第十六章我们将看到，人体解剖在欧洲是如何兴起，又是如何帮助我们认识自己的身体构造的。

第十七章叙述了尼古拉·哥白尼（Nicolaus Copernicus，1473—1543）如何断定地球绕太阳旋转，而不是人们认为的相反。但哥白尼并不是孤独的天才，因为他大大地受惠于中世纪（欧洲）和伊斯兰的先驱。第十八章则讲述了哥白尼的激进思想是如何被约翰尼斯·开普勒（Johannes Kepler，1571—1630）接受并证明的。

最后的三章考察了伽利略及其同时代人。伽利略同样继承了前辈思想家的思想，将其用于构建自己的物质理论和运动理论。伽利略汇集了中世纪思想的许多条线索，从而形成了现代科学的基础，我们的故事就以他结束。

第一章

罗马陷落之后：中世纪早期的科学进展

要理解历史学家为何对“黑暗时代”这一术语不再觉得顺耳，你只须去伦敦的大英博物馆欣赏一下从萨福克郡（Suffolk）的萨顿胡（Sutton Hoo）发现的珠宝就够了。1939 年，考古学家在那里发掘了一座盎格鲁-撒克逊王的陵墓。陵墓位于埋在土丘之下已经腐烂的船体残骸之中①，里面满是稀世珍宝。7 世纪东安格利亚（East Anglia）的工匠，用黄金、玻璃和宝石制成了这些震撼人心的工艺品，他们自然不是野蛮人。他们使用了来自全欧洲的材料为国王打造合身的腰带扣子和衣饰。镶有珠宝的钱匣盖子和肩扣即便用放大镜观察也难以一睹其精致的细节。银制酒杯是在东地中海一带制造后（虽然质量并非最上乘）[1]通过贸易路线运到英格兰的，英格兰的羊毛和奴隶也很可能是经由此路线运出。

“黑暗时代”这个术语虽然发明得很早，却在 19 世纪才开始流行。显然，说五百年的时间充满黑暗，对于生活在那段时期的

---

① 船葬（ship burial），古代北欧一带葬俗。

人们不是什么好话。一些历史学家解释说，“黑暗”只是表示，与前后的时代相比，那个时代留下的文献数量相对稀少罢了。其实他们想说的是，几乎没有发生什么值得关注的事。今天我们逐渐认识到，可不能这么轻易地把这个时期一笔勾销。罗杰·科林斯①在其权威著作《中世纪早期的欧洲：从 300 年到 1000 年》（*Early Medieval Europe 300－1000*）中写道：“本书所涵盖的年代是对未来发展具有头等重要性的时期，不仅对于欧洲，从更长远的目光来看，对欧洲以外的世界同等重要。”[2]科林斯博士几乎不认可“黑暗时代”这个词，甚至都懒得说自己拒绝使用它。

犁，马蹄铁和马镫：中世纪早期的新技术

萨顿胡的王室珍宝让我们得知了盎格鲁-撒克逊上层能用到的奢侈品的一些情况；不过，要了解普通百姓的生活，我们还须到别处看看。幸运的是，得益于征服者威廉（William the Conqueror，1028—1087）启动的一项大型行政工程，我们对中世纪早期结束之际的日常生活有了相当的了解。威廉经黑斯廷斯一役（the Battle of Hastings）② 征服英格兰后，想确切地了解这个国家的资源状况。人口普查的结果汇编为《末日审判书》（*Doomsday Book*）③，它为我们回到中世纪并以中世纪的视角看待世界提供了绝好的机会。《末日审判书》靠近开头的地方，有一个肯特郡（Kent）奥塔姆村（Otham）的简短条目。奥塔姆村在莱恩河（River Len）

---

① 罗杰·科林斯（Roger Collins，1949—　），英国中世纪研究专家。

② 战役时间在 1066 年。

③ 又称《温彻斯特书》（*Book of Winchester*），本无正式书名，名称俱为后人所加，也意译为“土地调查清册”等。

南岸、郡治梅德斯通（the county town of Maidstone）以东不远处，《末日审判书》的大部分都是在这个村子写就。在那里，大型的中世纪庄园建筑超过了应有的数量，因为当地采石场为石匠提供了就业机会，他们住得起大型的木框架房屋。采石场的糙面石（ragstone）① 自罗马时代起就已开始开采，传言曾用来建造古代伦敦的城墙。但是征服者威廉派人去编纂《末日审判书》的时候，采石场没有动静，于是他们就没有提及。

盎格鲁-撒克逊人更喜欢用木头作为建筑材料，主要是因为树木充足。地中海沿岸留下的古代石建筑确实比英格兰多，但这更多是由于适用大型建筑的木料相对缺乏。在日本，19 世纪以前都极少使用石料。[3]盎格鲁-撒克逊人把石料储备起来供有纪念意义的时刻使用——通常是建造大教堂之时。奥塔姆没有石建筑，即便是石匠的房屋，留存下来的也大多是木制。

《末日审判书》关于奥塔姆的条目（原文简略生硬，下文有增改）写道：

> 罗茨的杰弗里（Geoffrey of Rots）自巴约（Bayeux）的主教处接手奥塔姆。共计三海得（hide）土地。土地大小足够两个半犁之耕作量，其中一犁之地为领主持有。村民九人与小农场主三人共用一具犁，领主持另一具。有教堂一座，奴隶两名，年入五先令（shilling）磨坊一座，草场三英亩，并林地可养猪八头。[4]

1086 年的庄园主罗茨的杰弗里是一名骑士，来自诺曼底

① 当地出产的一种蓝灰色、质地坚硬的石灰岩。

（Normandy）卡昂城（the city of Caen）附近的一个小村庄。九位村民与家人一起居住在奥塔姆，另外还住着三名小农场主。有一座教堂，当然也是木制的。如今的教堂建在田野的另一边，与村子其余的部分相对。教堂可以追溯到 13 世纪，所在之处也可能恰好就是盎格鲁-撒克逊人教堂的旧址。有三英亩草场可供村民的牛群吃草，林地规模足够放养八头猪。

目前这种情景看起来似乎与我们想象中的罗马村庄没什么不同。但《末日审判书》中的这个条目有两个细节告诉我们，我们涉及的是一个中世纪的居民点。首先是文中提到的犁。几乎从农业起源以来，农民耕地就是用（可能是牛拉的）这种木制的带金属尖头的农具在地上凿出一道道槽沟，别无他法。后来在公元 10 世纪时，另一种耕地的方法从欧洲大陆传入英格兰。[5]此时奥塔姆的田亩之中用来耕地的是八头牛一组、两两共轭并行拉动的重型铁犁。这种新器械有：能切入土中的刃①、能以合适角度掘入土中的犁铧（ploughshare），以及随着犁铧掘进实际翻起泥土的犁板（mouldboard）。用重犁翻动泥土有许多益处：首先，它会将地里生长的杂草埋入土中，而杂草腐化后会增进土壤的肥力；其次，它还能增加土地涵容的水量；最后，重犁比旧式轻犁（scratch plough）效率更高，因为它翻土的横截面更大。[6]不过，重犁的体型较大，而且单个农民基本用不起。事实上，《末日审判书》使我们清楚了一点，那就是奥塔姆的多个农民家庭只有一个公用的犁，而另一具属于庄园领主。所有农民耕地只需一个犁，这正是重犁的效率之体现。

奥塔姆田野中参演的还有罗茨的杰弗里的马匹。黑斯廷斯战

---

① 指犁刀（coulter）。

役中诺曼人取得胜利的背后有一个因素是掌握了更先进的军事技术。对中世纪战争方式改变最大的发明是不起眼的马镫。古代骑手（horseman）要靠双膝紧贴马身，或借助高桥鞍才能稳坐马上。没有脚的支撑，骑手很难完全发挥马的重量对他所持武器的加成效果①，因为他总有从一侧滑落的危险。不论是出剑的动作还是出矛的动作，都只注入了他自己的力量。而且用剑进行战斗有风险，因为骑手如果未击中对手，就不得不夹紧双膝或抓住鞍角以防自己因失去平衡而落马。战斗中落马是要尽全力避免的。如此一来，古代骑兵（cavalry）虽然享有速度和机动优势而适于袭扰作战，正面作战却不那么有效。马镫改变了这一切。现在有了马镫，骑手坐在马鞍上不论侧向还是背向都十分稳当，他能够人马合一，在战斗中获得动量的增益效果；他能够侧身蓄力出矛，将马冲刺的全部力量传递给敌人。骑兵变成了骑士（mounted knight）。[7]

诺曼人是充分利用了这些技术进展的民族之一。罗茨的杰弗里参战时骑着马，带着长矛；在黑斯廷斯与之对阵的盎格鲁-撒克逊人手持战斧，徒步作战。撒克逊剑是冶金学上的奇迹，但由于与战斧相比过于昂贵，只有最富裕的贵族才用得起。这并不是说撒克逊战斧加上用于防御的盾墙（shield-wall）是好对付的武器；不过，一旦盾墙被撕开口子，就绝不是骑士的对手了。这一幕在黑斯廷斯战役中撒克逊人追击撤退的诺曼人时真就发生了。

马无论在战时还是平时都一样贵重。在 11 世纪的奥塔姆，犁耕组仍然由牛构成，但牛并不是理想的耕畜。马的保养虽然更

---

① 人、马、兵器作为一个运动整体，其质量与速度越大，动量就越大，杀伤力就越大。

昂贵，但更适于犁耕，因为拉动速度更快。不过，要取得这种效率，需要给马戴上一种挽具，以便利用其全部力量。新式的马颈圈约在公元 700 年之后的某个时间被发明出来，相比旧式挽具，这是一次巨大的改进——以前的挽具在役畜尽全力拉动时，容易压迫役畜的气管。罗马法律将马的拉载负荷限定在 1 100 磅（约是马的最大拉力的一半）以下，从而尽最大可能保护役畜，以免其过度疲劳。[8]从 11 世纪开始，由于出现了“前端衡木”（whippletree），拉载效率得到提高。这种名字奇怪的装备只不过是水平地拴在犁或马车前端的一段原木罢了。役畜本身被挽在衡木上，而不是直接与拉载对象相连。使用衡木可以平衡马或牛的力量，使转向更有效率，也可以将力量不同的役畜挽组在一起。[9]

马蹄铁也增加了马的效率。在潮湿地带，不加保护的马蹄会迅速腐烂，而马蹄铁能增加马蹄的耐久度。总之，不论作为战争工具还是耕畜，效率提升后的马随着中世纪的推迁，越来越不可或缺。

村民种庄稼的农田与罗马时代的农田看起来也不一样。这种变化主要是由于三圃轮耕制（three-field crop rotation）的引入。农民很早就意识到了施行轮作的重要性。所谓轮作就是让一些田块作为牧场休耕，同时其他田块种植不同的作物。当中世纪早期三圃制出现时，轮作的思想得到了进一步发展。在这种制度下，奥塔姆的农田被分为三组：第一组休耕作牧场，供村民放牧牲畜，尤其是耕牛组，其粪便能增加农田的肥力；秋季，村民在第二组农田中播种谷物，正如远古时代就开始的那样；春季，第三组农田播种豆类，进一步改善土壤环境，同时增加膳食的种类。[10]现在我们知道，豆类能吸收空气中的氮元素，并通过其根部的细菌转化为天然的肥料。今天奥塔姆依然种植豆类单纯是为了提高土地的产量。

农业产量的提高推动了对新的加工技术的需求。这就涉及《末日审判书》奥塔姆条目揭示的第二个细节——磨坊的存在。小麦和大麦不再靠畜力或人力碾磨，而是借助水力磨坊。奥塔姆的莱恩河是建造水力磨坊的完美位置。莱恩河的河道太窄不能通航，但水力足以推动沿河岸一线装设的十二架水车。《末日审判书》讲到，奥塔姆的磨坊一年产生五先令的收入，磨坊看样子是中等规模大小。水力磨坊古已有之，但罗马人直到帝国末期才大规模使用。在中世纪早期，水力磨坊变得越来越普及，《末日审判书》上列举的数目是 5 624 架。[11]潮汐磨坊建在江河入海口，高位潮水经水坝控制之后，泄入设有水磨的水道之中。最后，根据记载，欧洲最早的风力磨坊出现于 12 世纪的诺曼底和东安格利亚地区，后迅速传播至北欧所有那些河流不适于建设水力磨坊的地区。[12]

这些农业上的进步综合到一起，引发了一次人口爆炸；因为更先进的农业技术意味着每一英亩的土地与之前相比能够出产更多的粮食，支撑更多的人口。据估计，法国和低地国家的人口从公元 650 年的 300 万增长到公元 1347 年黑死病来临前的 1 900 万；同期不列颠群岛的人口由 50 万增长到 500 万；全欧洲的人口从不到 2 000 万增长到约 7 500 万。这些数字当然只是估计，如果不是“猜计”的话。但不论如何，上升的趋势是显而易见的。与之相比，罗马帝国鼎盛时期全欧洲的人口约为 3 300 万。早在公元 1000 年前很久，欧洲的人口数量就已远超罗马统治时代，并且一直维持在那个水平以上，甚至在 14 世纪黑死病杀死了三分之一的欧洲居民后也一样。[13]

美国大历史学家林恩 · 小怀特（Lynn White Junior，1907—

1987）在他关于中世纪早期的研究中将那个时期概括为“超越罗马帝国的平稳的、未中断的进步”。[14]认为中世纪早期代表着进步的中断——这种大众化印象是有悖事实的。不过，罗马陷落，一体的帝国行政代之以蛮族王国的各自为政，这也确实是个动荡不安的年代。概括一下5世纪到11世纪间欧洲发生的大事，会帮助我们更清楚地认识这个时代。

罗马的衰落与伊斯兰的兴起

罗马帝国统治着欧洲大部分地区，直到公元5世纪初。在帝国边境线以外，今天德国所在的位置聚集着野蛮人的部落，对罗马虎视眈眈。公元406年，趁河水结冰之际，野蛮人倾巢而出，渡过莱茵河，散布到帝国广阔的领土上。410年，一个叫作“哥特”的蛮族部落洗劫了罗马，七个世纪以来，罗马城第一次陷入外国军队之手。消息在帝国各处传开，引起了极大的震动。那时罗马帝国的国教虽然是基督教，但境内仍有不少异教徒，尤其是在罗马贵族当中。他们认为正因为放弃了旧的宗教，才会激怒众神降下这次史无前例的灾难。[15]罗马的陷落不止这一次。勉强避开了匈奴王阿提拉（Attila the Hun，406—453）① 的注意之后，罗马于455年再次遭到洗劫——这回是汪达尔部落。哥特人好歹尊重城中教堂的圣所，汪达尔人却肆无忌惮，比哥特人造成了更大的破坏。这就是无端破坏之徒会被称为“汪达尔人”的缘故。到5世纪末，西边的罗马帝国已不复存在。传统上把末代皇帝退位的476年作为罗马最终陷落的年代。

---

① 严格来说应译为“匈人王阿提拉”，此处从习惯译法。

尽管经此一难，帝国却并未到头。除西欧之外，帝国还拥有从埃及到黎凡特（Levant）、从小亚细亚到巴尔干的大片领土。这些行省仍牢牢掌握在罗马人手中。330 年，君士坦丁大帝（the Emperor Constantine，约 272—337）在希腊城市拜占庭（Byzantium，拜占庭帝国由此得名）的位置上建立了新的帝国首都，他以自己的名字命名这座城市，称君士坦丁堡。从一个世纪后罗马的命运来看，迁都使帝国的重心向东方倾斜，此举颇有先见之明。将基督教定为帝国的官方宗教，是君士坦丁巨大名声的另一个重要来源，虽然他并未禁绝异教。他的后继者对旧宗教更少宽容。到了 400 年，虽然异教徒的实际身份并不违法，但多数异教习俗被定为非法。[16]

与旧罗马帝国相比，拜占庭帝国最显著的特征之一是希腊人占大多数。虽然他们仍称自己为罗马人，但拉丁语逐渐被遗弃，希腊语转而成为主要语言。西边帝国的废墟之中，随着蛮族部落接管或毁坏罗马的基础设施，几乎不再有人懂得希腊语。此前，受过上等教育的罗马人，希腊语讲得与母语拉丁语一样流利。另一方面，野蛮人讲自己各族的语言，虽然拉丁语确实作为教会语言被保留下来，东西方却已开始出现语言差异。这无疑是十分不幸的，因为在古代世界，希腊语而非拉丁语才是哲学与学术的语言。突然间，西方丧失了通向希腊传统的门径。

同时，由于拜占庭皇帝的统治对新的撒克逊、哥特与汪达尔王国鞭长莫及，西欧也脱离了帝国的影响。在这权力真空中，世俗权力由当地统治者掌握，而横跨多国的精神权威则为教会所有。罗马主教很久以来就一直坚持，自己至少要在平级的基督教牧首中排在首位，但当实权在皇帝手中的时候，这基本是空话。而现在情况变了。皇帝的权力收缩到东地中海，这就使罗马主教能放手统治西方，此时他才成为我们今天意义上的教皇——天主教会无可置疑的首脑。教皇开始组织向野蛮王国传播福音的活动，天主教传教士逐渐将野蛮人全部转化为基督徒。

正当教皇加快步伐转化野蛮人之时，帝国东部却面临着被新宗教征服的威胁。东边来的阿拉伯入侵者如果成功占领帝国的领土，是肯定不会皈依基督教的，因为他们自有一种生机勃勃的信仰——伊斯兰教。

伊斯兰教起源于先知穆罕默德（the Prophet Mohammed，约571—632）。穆罕默德生于阿拉伯城市麦加（Mecca），他宣称天使加百列（Gabriel）向他降示了《古兰经》的经文。此时，北面的大国，不论是拜占庭还是波斯（今伊朗），都没有吞并过阿拉伯半岛的沙漠地带。这些沙漠仍然掌握在以贸易和劫掠为生的游牧部落手中。在伊斯兰教建立之时，麦加有一个重要市场，贸易者于停战期①聚集于此，在撤回沙漠以前进行交易。这些游牧部落对定居的民众来说是个麻烦，尤其是在他们袭击过往车队时；但征服大片荒漠之地又不可能。多数部落仍旧崇拜自己的传统神祇，麦加也是他们朝圣的地方。克尔白黑石（the Black Stone of the Kaaba）安放于此。这块黑石自有史以来就被视为圣物，在穆罕默德将其纳入伊斯兰教之后，也继续成为穆斯林的崇拜对象。

穆罕默德从麦加开始传布新的宗教，但同乡拒绝了他的启示，他被迫逃往沙漠中的另一个贸易中心——麦地那（Medina）。这次622年之行成为伊斯兰历的元年。在麦地那，穆罕默德取得了更大的成功，他终于能够以征服者的身份回到故乡。随后，他将注意力转向沙漠中的其他民众，将他们团结到伊斯兰的旗帜下，

① 沙漠各部落间常有冲突，但每年会有停战期。

组建了一支能够征服大部分已知世界的军队。

7 世纪中叶开始，穆斯林军队出阿拉伯作战，迅速征服了波斯以及拜占庭帝国的大片领土。这确实是阿拉伯人发动进攻的完美时机。波斯与拜占庭几个世纪以来虽一直是死敌，却谁也灭不了谁。7 世纪初，当拜占庭终于在 628 年经过一系列战争粉碎了波斯帝国的力量之后，形势就变了。拜占庭取得了巨大胜利，但两国战至精疲力竭，谁都无法阻挡穆斯林军队的前进。整个波斯帝国被他们吞并，拜占庭同样损失惨重，相继失去了巴勒斯坦、埃及和叙利亚。

伊斯兰教的成功可部分归因于其简洁性。它有意避开了犹太教繁复的法典（虽然后来借之发展出一套法律体系）和基督教晦涩的神学，代之以穆罕默德提出的五项基本教义。这五项升入天堂的基本修行以“五桩天命”① 而著称。

首先，穆斯林除信奉安拉真主（Allah）外别无他主，并承认穆罕默德是真主派来的最后一位权威先知。基督徒与犹太人所受的是旧的、不完整的启示，此条可以对他们不作要求，但其余异教则不能容忍。我们经常听说伊斯兰教相对宽容，接受基督教作为有瑕疵但合法的信仰，而同时基督徒却将穆斯林当作异教徒。事实上，这更多是个年代顺序问题，而不是宽容问题。这与基督徒勉强接受犹太教作为一种早于基督教的信仰是相似的。正如中世纪欧洲的犹太人一样，基督徒在早期的伊斯兰统治下多半过着二等公民的生活。

五功的第二项是每日做五次礼拜。听到宣礼员从清真寺宣礼

---

① 又称“五项善功”，简称“五功”，即：念、礼、斋、课、朝，系穆斯林基本功课。五项内容下文会依次论及。

塔上发出的集会信号，信徒或是到清真寺集合，或是就近铺开一张礼拜毯。穆斯林祈祷时须面朝麦加方向。随着 8 世纪时伊斯兰教传播到从大西洋到印度的广阔地域，朝拜时确定麦加的方位变得更困难了。学者不得不研究星辰的位置，以确保准确计算朝拜方位，这就促进了天文学和三角学的发展。

五功的第三项是救济穷人；第四项是斋月期间白天禁食。由于其历法参照月球运行轨道而不是太阳轨道，伊斯兰教的教年仅有 355 天。这意味着斋月的时间每年都会提前一点儿，穿梭于不同季节。最后一项是朝觐，即朝觐麦加，理想情况是每个穆斯林一生要到麦加朝圣一次。

除开艺术与文学，要公允地对待阿拉伯在数学、医药和哲学领域取得的巨大进步，需要一本书的篇幅。但这里仍有必要简短地概述一下这份遗产的内容，因为伊斯兰科学传统的继承者正是西方的基督徒。之前我们看到，西方如何由于对希腊缺乏认识而与大部分古典遗产隔绝。阿拉伯人没有这个问题，因为他们征服了大量讲希腊语的民众。他们还能寻求讲叙利亚语的叙利亚基督徒的帮助，而叙利亚语与阿拉伯语相近。为此，穆罕默德的继承者、全体穆斯林的领袖哈里发，在巴格达建立了名为“智慧馆”的学校，希腊科学和哲学的精华在此被译为阿拉伯语。学者将这些著作传遍整个伊斯兰帝国，包括西班牙；而正是在西班牙，西方基督徒首次接触到这些著作。

但是，说穆斯林的角色不过是古典文化传回西方的中转站，是十分错误的。拜占庭独立保存了几乎所有流传下来的重要科学文献的希腊语原本，即使没有阿拉伯人的传抄，也不会有多少亡佚。[17]倒不如说，穆斯林科学的重要性在于伊斯兰世界在哲学、数学和医学领域的创新。数学术语如“代数”（algebra）和“算法”（algorithm）来源于阿拉伯语，这进一步表明，我们要归功于伊斯兰帝国的事何其多。[18]

征服拜占庭帝国大部分地区后，穆斯林军队继续沿北非海岸向西推进，在去摩洛哥的途中占领了迦太基（Carthage，今突尼斯）。抵达大西洋沿岸后，他们转而向北穿过直布罗陀海峡，于710年进入西班牙。不到二十年，他们就征服了伊比利亚半岛的基督教王国，只剩下北部沿海的狭长地带在基督徒手中。最后，穆斯林军队穿过比利牛斯山脉侵入法国。那里，他们终于在732年10月的普瓦捷战役（the Battle of Poitiers）中遇到了对手——查理（Charles，688—741），法国国王的宫相。查理军队组成的盾墙“密不透风，像一座冰川一样”，敌人无法突破。穆斯林将军阿卜杜勒-拉赫曼（Abdurrahman）死于此役，其军队在夜色的掩护下悄然退入西班牙，从此再未对法国组织过同等规模的进攻。[19]虽然当时穆斯林将此次败绩仅仅视为临时撤退，但他们再也没有对法国构成过严重威胁，整个基督教欧洲都安全了。爱德华·吉本（Edward Gibbon，1737—1794）——一个无宗教信仰的英国历史学家，在思考阿拉伯人的军事征服行动时想到，要是查理输掉了那次战役，会是什么情景？“或许，”吉本说，“现在牛津的学校中讲授的就会是对《古兰经》的阐释，牛津各教堂的小讲坛上就会是在向一个行过割礼的民族说明穆罕默德启示的神圣与真确了。”[20]

新罗马帝国的建立

由于打败了穆斯林入侵者，查理获得了“锤子”（*Martel*，Hammer）的称号。胜利后，他的羽翼逐渐丰满，直到最后成为事实上的法国国王，而不再仅仅是傀儡君主幕后的掌权者。在查理及其继任者的统治下，法国迅速成为西欧的主要力量。这个王朝最著名的后代是他的孙子查理曼（Charlemagne，742—814），在其统治下，法国领土扩张，将意大利与德国的大部分纳入版图。“曼”（magne）就是“大”（greatness）的意思，他可能是唯一一位实际将“大”并入自己名字的统治者。对查理曼来说，仅做国王还不够，他想要更多。800 年圣诞，在罗马，教皇为其加皇帝之冕。据称，查理大帝并不知道会发生此事，但这种故事也就是装装样子，我们不必太当真。查理大帝还需要一个优良的首都，他将都城建在了莱茵兰（Rhineland）的亚琛（Aachen，Aix-la-Chapelle）。他建立的八角形石制大教堂，今天依然耸立，俯视着整座城市，亚琛大教堂也是查理大帝的陵寝。

查理曼很重要，部分是因为他是个强有力的统治者，能够控制足够的资源来赞助一场文化复苏，这场文化复苏通常被称为“加洛林文艺复兴”。查理曼自己几乎不识字，却指派著名学者约克郡的阿尔昆（Alcuin of York，约 735—804）帮助他在首都和自己庞大帝国的其他中心发展学术。今天我们仍有理由感谢这些努力，因为许多拉丁语古典文献正是由此才传到我们手上。通常最古老的手稿都能追溯到这一时期，都能透过清晰可辨的加洛林小写体（*caroline miniscule*）识读出来。[21]

查理曼还下令在治下的主教座堂内设立学校，以保证有足够多识字的人员来管理他的帝国。[22]许多在这些学校上过学的人后来都成了神职人员，但这绝不是强制性的。商人、律师和内科医生都会由主教座堂全体教士团指派一位导师，在其指导下开始他们的学习。

今天，查理曼因过于大张旗鼓地扩张基督教而受到批评。他强迫新征服的撒克逊人皈依基督教、残忍地对待囚犯、甘当教皇执行官的角色——这些不合基督精神的行为都使我们非常震惊。但是，他又使差别甚大的一群部落归附于一个单一的宗教，将这些部落联合为一个单一的精神实体。结果，教会能在某种程度上进一步制止基督徒之间的内斗，坚持将内斗的精力转向外部。

841 年，查理曼死后，其子嗣瓜分了庞大的帝国，并迅速翻脸。帝国经过两代人以后就解体了。西欧下一个挺立的王朝起自德国的撒克逊人之手（勿与英格兰的撒克逊人混淆），他们也是查理曼曾征服并基督化的民族。法国与德国历史性的分治（查理曼时一度统一过）可以追溯到这一时期，确切地说是在法国君主拒受撒克逊人奴役的时候。神圣罗马帝国由撒克逊君主建立，囊括了德国、中欧大部和意大利，但一直没有包括法国。法国人维持了自己的独立性，防止了欧洲在已成为一个单一的宗教实体之后，再次成为一个单一的政治实体。首位新的撒克逊皇帝是奥托一世（Otto I，912—973），962 年加冕，继任者是其子奥托二世（Otto II，955—983），奥托二世的后继者为其子奥托三世（Otto III，980—1002）。历史学家将这一时期称为奥托时期（the Ottonian Age）也就不奇怪了。[23]

到奥托三世即位时，侵入罗马帝国的野蛮人已融合为几个王国，并皈依了基督教。技术的改进促进了农业产量，人口迅速膨胀。西欧仍是世界上一个落后的角落，但正处在赶超的途中。

第二章

数学教皇

999 年棕枝主日（Palm Sunday）①，欧洲最博学的人欧里亚克的热尔贝（Gerbert of Aurillac，约 940—1003）被加冕为教皇。[1]三重冕（papal tiara）戴到头上的那一刻，对于从穷乡僻壤的卑微出身一路登上教皇高位的热尔贝来说，一定显得不可思议。中世纪时，教会领袖通常与世俗贵族有亲缘关系，来自下层的教皇在 13 世纪以前仅此一位。[2]热尔贝的加冕典礼在罗马主教座堂——拉特朗圣若望大殿（the Basilica of St John Lateran）② 举行，这座教堂位于罗马城中与梵蒂冈方向相对的那一边。虽然今天的位置上矗立的那幢建筑多半是 17 世纪的作品，但通过研究那些保留至今的古老教堂，我们也能对它以前的样子有不错的了解。[3]在第一个千年的末期，大殿内部应是一个带有石壁、木顶的长方形空间，称为教堂正厅。石壁应是由一排墩座支撑，穿过墩座之间的过

---

① 基督教节日，时间在复活节前一周的星期日，节日当天人们手持棕榈树枝游行。也作“圣枝主日”或“主进圣城节”等。

② 也译作“拉特兰圣约翰大教堂”。

道，可以通向两边的侧廊。正厅尽头处是后殿，即一个前方设有祭坛的半圆形凹室。后殿的半圆穹顶是一处可供艺术创作的空间，那上面的作品俯视之所及堪与整个教堂等长。通常，那里是一幅金色马赛克镶成的得胜基督图，基督向外投射出凝视的目光，谁是这大殿之主便一目了然。沿着正厅的石壁，绘有一系列圣徒壁画，这些壁画让教堂色彩缤纷。比大殿顶部稍低的地方开有一排采光的窗户，这样殿内即便香雾氤氲也不会太过昏暗。

加冕典礼当天，挤满这富丽堂皇的大厅的，应是一群与它一样盛装打扮的人。从削发的头部可以分辨出其中的神职人员，削发之礼作为属神的标记将他们从人群中凸显出来。出席典礼的修士着装朴素，而多数祭司会穿上最绚丽的法衣。他们中最位高权重的是代表罗马各教区教堂的枢机主教。那时他们还无权选举教皇。推选教皇的权力尚保留在罗马城的贵族手中，这些家族间相互倾轧，争夺对教皇之位的控制权。典礼上，每个家族都会力求在珠宝与礼袍的奢华程度上超过对手。不过，在那一天，他们都不得不让位于更强大的权势，因为神圣罗马帝国的皇帝已驾临此城。事实上，热尔贝的登位，要归功于自己的庇护者兼学生——当时不过十八九岁的奥托三世。此前，奥托已控制了罗马，前任教皇死后，他指定热尔贝取而代之。新教皇知道自己所处的位置，他即位后更名西尔维斯特，是为西尔维斯特二世，第一位叫西尔维斯特的教皇曾是君士坦丁大帝的顾问。[4]所以，热尔贝在拉特朗圣若望大殿登上圣彼得宝座①，这一事件原本是教会与国家之间一种新型合作关系的信号。但新的关系不会有了。四年之内，皇帝与教皇都死了。

---

① 圣彼得宝座在梵蒂冈的圣彼得大教堂，且建造年代在 17 世纪，疑原文有误。

欧里亚克的热尔贝的生平

热尔贝的学生，一位叫作圣雷米的里歇尔（Richer of Saint Remi，死于998年左右）的修士，写过一部法国史，其中对热尔贝的事迹着墨甚多，因此我们对热尔贝的生平有相当的了解。[5]我们也有热尔贝的书信集，虽然其内容多数是关于教堂事务，而无关他的个人生活。[6]热尔贝出生在法国中南部的欧里亚克附近，早年曾进入当地修道院，本来不会成为修士中的一员，因为他的出身太过卑微。修道院的成员分为两个等级：一是专司祈祷的修士，他们来自殷实人家，甚至是贵族之家；下层的庶务修士承担日常内务、农事及手工劳动。但是修道院的师长们想必看重热尔贝的卓越才能，所以决定培养他，修道院院长允许他正式成为修士一员并致力于学术。热尔贝一直很感激修道院的这位老师给自己提供的机会，晚年时曾写道："我的一切都要感谢他。"[7]

967年左右，一位西班牙贵族造访修道院，为热尔贝的天分所震惊。他劝说修道院院长，让院长允许他带这位年轻人一起回巴塞罗那，可能是想要热尔贝去做自己的秘书。此时，巴塞罗那处在西班牙基督徒与穆斯林的分界线上，在那里生活为热尔贝向阿拉伯人学习最新的数学与哲学提供了极好的机会，他甚至可能去过伊斯兰化的塞维利亚（Seville），并向穆斯林学者学习过。

在西班牙生活了两年后，热尔贝和他的贵族恩主去往罗马朝圣，在那里，这位年轻的学者被引荐给西欧最有权势的人——教皇若望十三世（John XIII，死于972年）和皇帝奥托一世。奥托一世曾请教皇留意数学领域的人才，因为他热切希望在宫廷里鼓励数学研究。

热尔贝想必给奥托一世留下了非常好的印象，因为从那时起，皇室开始接连提拔他。首先，他成为皇子的老师；然后，他被派往法国北部兰斯的座堂学校继续其教学生涯，而那是查理曼为提高识字率而下令建立的学校。在那边，热尔贝将阿拉伯人的一些知识介绍给了基督教读者。热尔贝现存的信件显示，他认为算术是一项有用的技能。在写给一位名叫弗勒里的康斯坦丁（Constantine of Fleury）的修士的一系列书信中，他耐心地解释了算术的基本原理。里歇尔提到热尔贝如何用一种叫一弦琴（monochord）的乐器向学生讲授和声学。热尔贝还对如何制造天文仪器作了说明，并常常提到自己找到遗失手稿时的兴奋之情。热尔贝最著名的事迹是将阿拉伯数字引入西方。他将阿拉伯数字融入算盘（当时几乎用于所有计算），创造出一种效率更高的工具。经他改良的算盘将阿拉伯数字刻在算珠上，而不是让一个算珠表示一个单位。[8]

我们知道热尔贝的天文学知识极为丰富，因为他把大部分时间花在了建造宇宙模型上。关于自己老师制造的几个天球仪（能演示星辰的位置和天空的不同区域），里歇尔为我们提供了一些细节。这些天球模型的组装方式是用木制框架绷起马革，随后根据客户的要求进行绘制。热尔贝不接受用钱来换取自己的作品，比起钱，他更喜欢收手稿。988 年，他写信给特里尔的雷米（Remi of Trier），想用一个天球仪跟他交换罗马诗人斯塔提乌斯（Statius）的史诗抄本。雷米显然动心了，因为他能得到一个如此别致的物品，同时自己又可以名正言顺地将手稿抄写一份。不幸的是，雷米抄写依照的那份底本是不完整的，这让热尔贝很是恼火。[9]

在这样一个时代，对数学感兴趣可能会是一种令人沮丧的经历。即使那些所知颇丰、足以提出重要问题的人，也罕有获得正确解答的途径。与热尔贝时代相近的两个人——科隆的拉吉姆博尔德（Ragimbold of Cologne）和列日的拉多尔夫（Radolf of Liège），喜欢彼此提出一些几何问题，然后将讨论分享给他们认为会感兴趣的人。这两人的通信不仅透露出他们的信息多么稀少，也表现出他们对自己实实在在知道的东西多么有热情。他们完全搞不清楚为什么三角形的三内角之和（就像古希腊人知道的那样）总是 180 度；而且，他们也无法理解“2 的平方根”这个无法用分数表示的数。拉多尔夫曾搞到一个新的天文仪器，叫星盘，它很可能是由热尔贝从西班牙的阿拉伯人那里引入欧洲的。星盘可以让人通过恒星或行星的位置得知时间，也能用于天文观测。拉多尔夫兴奋得无法自已，他很想向拉吉姆博尔德展示这个仪器，却舍不得离开，他的朋友只好亲自登门拜访。从他们通信的余下部分，我们可以断定两人都没弄懂星盘的工作原理，但他们对这个新玩具产生的孩子般的热情，丝毫未减。[10]所幸没过多久，关于这种仪器的知识就传播开来，这至少要部分归功于热尔贝本人写的星盘操作指南。1092 年，来自英格兰大莫尔文（Great Malvern）的一位名叫瓦尔歇（Walcher）的修士用星盘进行了一次月食观测，这次观测让他得以对阴历进行彻头彻尾的修订。[11]

同时，随着热尔贝名声传开，人们纷纷猜测他是从哪里取得如此广博的学识。他享有魔法师的盛名，虽然于他并不相称。有人认为他在西班牙生活期间，接受了阿拉伯炼金术士的不传之秘法。英国编年史家、马姆斯伯里的威廉（William of Malmesbury，死于 1143 年左右）称，热尔贝的知识来自一具黄铜制作的魔法头颅，据说这件法力无穷的物品对热尔贝开口说话，向他透露了自然的

图 1　晚期的伊斯兰星盘，与热尔贝在西班牙见到的星盘拥有相似的设计

奥秘。[12]他的教学能力和与皇家的密切关系也招来同行的嫉妒。里歇尔写道，德国马格德堡（Magdeburg）宫廷学校的校长谴责热尔贝以牺牲哲学为代价促进数学发展，热尔贝不为所动。他在给一位学生的信中写道："别让一些半吊子的诡辩家叫你以为算术是自由技艺（liberal arts）① 或哲学的反面。"[13]但是，那位傲慢的校长不肯示弱，于是彼时刚继承了父亲王位的奥托二世将双方召集到意大利拉韦纳（Ravenna）就此展开辩论。自然，热尔贝颠覆了对手的论证。作为奖励，皇帝命他担任地处亚平宁山脉中的德高望重的博比奥（Bobbio）修道院院长，还将这位自己昔日的老师晋升为伯爵。

不幸的是，热尔贝履任并不顺利。博比奥修道院在前任院长手中已趋于凋敝。金库空空如也，修士们生活放荡。他试图加强纪律以挽救残局，但修士们阻挠他的一切举动。这位院长出身寒微，而且是皇帝强加给这些修士的，他们哪里肯听从他的命令？而且热尔贝是学者，不是行政官员。最后，局面难以收拾，他逃回兰斯，成为大主教的秘书。

作为大主教的左膀右臂，热尔贝本人实际管理着兰斯教区的许多事务，大主教的很多书信都是他写的。热尔贝的学识与虔诚深孚众望，以至于当大主教死时，相当多的人希望看到他继任。不幸的是，此事由于政治因素而受阻。995 年，热尔贝放弃了对继任的争取，转而回到意大利，与登上王位时年仅 13 岁的奥托三世走到一起。热尔贝和皇室一路同行，担任顾问之职并成为这位年轻君主的老师。为了报答他，奥托先后任命他为拉韦纳大主教和教皇。

---

① 关于中世纪的自由技艺，本书第十章有详细解释。

应该说，热尔贝并不能归入伟大教皇的行列。或许他太聪慧，太不谙世故，缺少成为政治家的品质；而且他的高位只是单纯地来源于皇帝，自己几乎没有什么权力基础。当罗马人叛乱时（就像他们常常做的那样），他被迫逃离罗马城，直到 1003 年行将去世前才得以返回罗马。另一方面，热尔贝之前的某几位在任时间不长的教皇又太恶劣，落入了贪污腐败、荒淫无度的深渊，整个时期后来都被戏称为“淫主制”（pornocracy）时期——“淫主制”的字面意思就是“卖淫者的统治”。[14]与这类教皇相比，一位学者教皇，不论他与皇室有何种关系，都是一个巨大的进步。年轻的皇帝奥托三世死于 1002 年，年仅 22 岁，他重建罗马帝国的梦想未能实现。

热尔贝的古代哲学知识

虽然热尔贝拥有的科学知识比当时其他天主教徒都多，但他还是远远落后于古代世界的成就。西边蛮族王国与东边讲希腊语的拜占庭的分离，对双方都没有好处。但是，在西罗马帝国最终崩塌之前，一些基督教学者写就了重要的书籍，并传给了他们的后学——这些人用拉丁语阅读。其中最著名的是希波主教圣奥古斯丁（Saint Augustine，354—430），其权威著作《上帝之城》（*City of God*）和带有自传性质的《忏悔录》（*Confessions*）至今仍属经典之列。在奥古斯丁写作的年代，柏拉图（Plato，公元前 427—前 347）哲学是思想的主流，这极大地影响了奥古斯丁自己思想的形成。虽然最重要的新柏拉图主义者都不是基督徒，但柏拉图思想的神秘主义和超自然观点，很容易被奥古斯丁改造为某种与基督教相容的思想。这种综合的结果成为整个中世纪基督教神学的主要来源之一，而基督教神学最早的异教源头仍是未知之数。

除了早期基督徒的著作，热尔贝还接触到一些希腊语知识失传前已译为拉丁文的希腊哲学残篇，其中包括《蒂迈欧篇》（*Timaeus*）的一部分——这是一篇关于创世的柏拉图对话。不过最大的残篇是柏拉图最杰出的学生亚里士多德（Aristotle，公元前 384—前 332）讨论逻辑问题的艰深论文。

将亚里士多德高深的希腊哲学译成拉丁文的人是提乌·曼利厄斯·塞维里努斯·波爱修（Anicius Manlius Severinus Boethius，480—525），他是基督徒和罗马贵族（所以名字那么长），经历了西方古典文明最终的崩坏。波爱修不到十岁就成了孤儿，但另一个上层家庭抚养了他，让他接受了非常好的教育。当希腊语知识在西方式微之际，他却能用希腊语流畅地阅读，并且熟悉古代哲学的所有主要著作。波爱修像一个真正的罗马人那样，将个人的学术研究与公务结合起来。他曾于 510 年任执政官，并让自己的儿子也向这方面发展，叫他们也都做执政官。他的两个儿子也确实在同一年（522 年）荣任这一职务。

当然，到了这个时候，罗马已不再由自己人统治，它处在名叫西奥多里克（Theodoric，454—526）的蛮族国王的控制下。国王的军队在 5 世纪 90 年代征服了意大利的大部分。波爱修认为，在这个统治者手下任职以存续罗马旧轨，是自己的责任。这个举措一度有效，西奥多里克将国家的大部分行政权移交给了旧罗马贵族。波爱修统领各个部门，相当于首相。这种顺应新主的做法，也不是谁都欢迎；许多罗马贵族还是视君士坦丁堡为真正的首都，那里皇帝依然大权在握。波爱修的不幸是，他有个朋友卷入了推翻西奥多里克、恢复罗马统治的阴谋之中。波爱修作为一个品格高尚的人，自然要维护朋友，但这样做的后果不过是招惹嫌疑上身。他被关进帕维亚（Pavia）的监狱，后被处以极刑。[15]

在狱中等待厄运降临之时，他写出了著名的《哲学的慰藉》（*The Consolation of Philosophy*）。这部书的受欢迎程度和影响力之大，怎么说都不为过。原著用拉丁语写成，连国王和女王都来翻译它——阿尔弗雷德大帝（Alfred the Great，849—899）和伊丽莎白一世（Elizabeth I，1533—1603）都曾亲自动手将它移译为英语。《哲学的慰藉》一书采用波爱修与哲学女神对话的形式：波爱修觉得天塌地陷，在狱中怏怏不乐，哲学女神试图安慰他。书中思想并没有明显的基督教倾向，而是很大程度上表现出罗马贵族中流行的那种斯多葛主义（stoicism）。书中也没有与基督教不相容的内容。波爱修提出了一直困扰着历代思想家的问题——“为什么坏事会发生在好人身上?”“何苦做有道德的人?”“如果上帝总是知道我要干什么，我何以能有自由意志?”哲学女神让波爱修相信，善本身就是回报，作恶者其实在伤害自己；一旦他得到这笔财富，权势就没有意义了，恶人无法伤害他。至于自由意志，虽然上帝能预知未来，但这并不是使事件发生的原因。如果上帝不能让我们行动起来，那么他仅仅知晓未来并不能影响我们的自由。虽然这些回答并不能使所有人满意，但一千五百年来，它们一直给读者以帮助和慰藉。

甚至获罪之前，波爱修就已意识到古典世界正走向终结，意识到自己的子孙几乎不会再有人能拥有直达希腊学术的门径。为进行补救，他开始准备教科书和拉丁文译著，以便为将来的学生留下一份基本的课程大纲。起初，他以希腊原典为基础写了一些短论，涵盖算术和音乐领域。这些教科书直到16世纪都一直是相关学科基础教育的中心环节。

为帮助更多程度较高的学生，他给自己制订了翻译亚里士多德全部作品的任务，但被捕前只译出了其中的一些逻辑论文。这些论文最初不太流行，主要是因为太难理解。但我们会看到，当11世纪来临，理性思维开始繁荣，它们的时代就到来了。

基督教的自然观与天体音乐

依靠由波爱修、亚里士多德和其他一些作家的思想混合成的少量精神口粮，热尔贝及其同时代人满足了自己对科学知识的强烈渴望。几乎不用奇怪，中世纪早期的人们留心观察自己的世界时，其理解方式对我们来说是相当陌生的。“世界观”的概念很重要，因为它是其他观念的基础，比如科学。没有世界观，科学就是无法理解的。我们想象宇宙和自身的方式常常藏得很深，几乎是无意识的，我们也极少去思考它。我们发现很难想象世界能以另一种方式运转，我们觉得自己所习得的观念在某种程度上是不证自明的。现代西方的世俗世界观是自然主义的。我们相信，大自然盲目地服从一些能用数学描述的规律；我们生活在非人格化的宇宙中，这个宇宙无限古老和庞大，我们生活的地球围绕一颗普通的恒星运行。我们还认为，适用于我们的物理法则也适用于宇宙的其他部分。几乎无人问及重力究竟如何起作用，认为重力不起作用是不可理解的。我们要有可靠的知识，唯一的途径只有通过科学；科学是有效的，因为自然规律永不改变。

中世纪的人们也相信世界以完全理性的方式运转，只是并非我们以为的那种方式。中世纪世界观的核心思想是，每件事、每个人都有其目的，没有什么是徒然发生的。没有纯粹自为的存在，宇宙的终极统治者是上帝，上帝赋予每样事物其存在的理由。

对于现代持自然主义世界观的人们，根本没有什么事物是有目的的，宇宙就是宇宙，没有引导之手。为了知道某个事物如何运作，我们不需要寻找意识上的理由。事实上，凡是这种包含目的的解释在科学上都是无效的。按照中世纪的想法，现代世界观是完全没有道理的。他们会说合理性本身要求事事都要有一个缘由。举一个动物界的例子——如今我们想知道狮子为何拥有尖牙利爪，就会用进化论来解释。对中世纪的人来说，正确的问题应该是问狮子的目的是什么；回答是上帝设计狮子捕捉猎物，所以狮子拥有能让自己这么做的属性。进一步讲，上帝将狮子给了世界，作为自己儿子耶稣基督的象征；耶稣基督是人类之王，正如狮子是兽中之王。[16]这看起来与催生现代科学的思想方式有万里之遥，但我们会看到，事情就是这样发生的。

从某些方面来说，中世纪世界观有时比想象中离我们更近。例如，公元1000年的热尔贝及其男女同胞，不论受教育状况如何，都完全知道大地是个球体。他们也知道，与地球相比，宇宙要大得多。正如波爱修在《哲学的慰藉》中写道：

> 众所周知，天文学家已经向我们证明了，与天的广阔相比，地球的周长不过是一个点的大小；也就是说，与天球相比，地球的大小基本可以忽略。[17]

将地平说当成中世纪基督教学说的一部分，这个神话的起源似乎与弗朗西斯·培根爵士有关。他错误地断定，地理学家宣布地圆说之后被判以不敬神之罪。[18]古代晚期确实有一些持地平说的权威，但（狭义的）中世纪①学者中无人持此观点。一些历史学家先前倾向于地平说的主要原因之一是“世界地图”（*mappae mundi*，拉丁语）的存在。这些地图与赫里福德大教堂（Hereford Cathedral）所藏的著名地图相类，都属于所谓“T－O”型地图。“O”代表海洋，海洋环绕着整块宜居的陆地；“T”代表地中海、尼罗河以及将O型地块分割成欧、亚、非三个大陆的伏尔加河或顿河。[19]在这种简化过的世界地图上，东方靠近顶端，耶路撒冷一般十分靠近或正好位于中心。拉丁语用“*oriens*”表示东方，这就是为什么我们现在用“orientate”这个词来表达给地图“标定方向”的意思；虽然现在不是“找东”，而是“找北”。面对这样一张地图，现代学者错误地以为绘制地图的人认为大地是平的，就情有可原了。他们没有意识到，这张图只是中世纪的人们用来标识他们认为的有人居住的四分之一地表罢了。

热尔贝及其同时代人显然知道地球大概的大小，因为拉丁语文献中有关于地球周长的记载，数值相当于29 000英里。[20]像古希腊人一样，热尔贝相信，地球上只有夹在冰冻的两极与炽热的赤道之间的北半球是有人居住的。他们清楚，从亚洲最东端越过海洋到达欧洲西海岸是一段很长的路程，因此，有人居住的区域在地表面积中的占比远小于四分之一，可以很容易地投影到平面上。“世界地图”或许不是很准确，但没有理由认为，绘制者不想用相对准确的地图来描绘他们在这个球形世界上居住的角落。

至于南半球，中世纪的人们认为，无人能穿越温度过高的赤道抵达那里。也就是说如果南边确实存在陆地的话，“热带”

---

①　见本书引言对中世纪分期的相关说明。

图 2　一张 T－O 形地图，来自塞维利亚的伊西多尔（Isidore of Seville，死于 636 年）于 1472 年出版的《词源学》（*Etymologies*）

（Torrid Zone）便完全切断了通往对跖地①的道路。8 世纪时，一位去过欧洲大陆的爱尔兰修士、萨尔茨堡的弗吉尔（Virgil of Salzburg，约 700—784）被人控告，说他向别人讲授“对跖地有人居住”的学说，而且那里的居民不是起源于亚当。教皇强烈谴责这一学说，但弗吉尔本人与离经叛道完全不沾边，13 世纪时，他甚至还被封为圣徒。[21]

热尔贝的宇宙图景在别的方面也与我们今天的不同。热尔贝确实相信地球是静止不动的，而且处在宇宙的中心。按他的说法，地球静止不动，整个天空每日逆时针旋转一圈；每颗行星都

① “对跖点”指地球同一直径的两个端点，也作“对蹠点”等。此处非指某点，故作“对跖地”。

镶嵌在一个大球的边缘，大球顺时针旋转，行星的运行周期从月球的一个月到土星的三十年不等。这意味着所有行星都围绕地球运行，其速度取决于相应天球旋转的快慢。当然，我们现在知道热尔贝是错的，但他的想法是完全合理的。首先，地球没有动，这对我们来说是不证自明的——当你坐在高速转动的旋转木马上时，你必须抓牢。热尔贝知道地球有多大，也知道如果地球每 24 小时转一圈，那么他在地球表面的运动速度就接近每小时 1 000 英里。他应该很难坚持住！或者至少，由于大气要跟上旋转的地球，他会感受到大风从身边呼啸而过。与此类似，如果他将某物抛入空中，应该会注意到该物落地时会远远离开初始位置，因为在物体下落的这段时间内，地球一直在运动。[22]反正他在学校里学到的就是这样。地球既不移动，也不旋转，他接触的所有教科书和教师都是这么讲的。的确，《圣经》也讲过这点，但这与所有异教的希腊哲人同样是一致的。而且，人们也不总是完全从字面理解《圣经》。《圣经》也强烈地暗含有地平说的意味，比如《约伯记》篇第 38 章第 13 节提到地有“边缘”。但是中世纪的人们在这件事上与天文学家站在一边；当《圣经》看起来违背常识或理性时，中世纪的思想家乐于用隐喻来解释经典，而不是照字面理解。

在我们批评热尔贝及其同胞愚蠢地坚持古希腊和希伯来的权威说法之前，不妨先想一想，如果今天有人让你证明地球绕着太阳转，你几乎肯定无法做到。你可以让他们看任何书，也可以请教任何专家，但如果没有望远镜以及大量的时间加上大量的数学知识，你就不能向他们提供直接的证据。热尔贝既没有望远镜也缺少数学知识，所以如果他的书本只是清清楚楚地再现了常识，我们便不能责备他相信书本。当时，“地球在运动”的观点是荒谬的，而且人们还需要经过大量的缜密思考，才能意识到地球的运动居然是可能的。

现代人对中世纪基督教世界观的另一个误解是，以为将地球放在中心位置有某种褒扬的意味在里面，事实上按照中世纪的观念，恰恰相反。宇宙是一个层级体系，离地球越远，离天堂就越近。基督教传统将地狱放在这个体系的中心位置，就在我们脚下。接下来是我们生灭无常的地球，其邪恶程度仅次于地狱。在我们上方，是作为天地分界的月亮。天界是完美不变的，而终有一死的人类居住的月下世界却变化无常，月亮就是这二者的分界。接着是七颗呈水晶球体的"行星"①：月亮、太阳、水星、金星、火星、木星、土星，它们永远做匀速圆周运动。人们认为这些"行星"是由一种透明而永恒的第五种元素②构成，这种元素称为"以太"（ether）或"精质"（quintessence）。在这些行星以上，是一些"恒星"，它们之间的相对位置从来不会变化。再往上，是天穹，天穹之外是上帝的领域。这样一个层级系统给人们规定了绝对的上方和下方，一个方向朝向天界，另一个朝向这个体系底层的大地。将地球从宇宙中心移开不是降低了它的重要性，而是使它朝着那些星辰的方向上升了。

这个宇宙模型的吸引力在于它和谐的秩序。一切事物在天阶体系中都有自己正确的位置，这为人间的"善治"（good governance）提供了典范。和谐对理论尤其重要。在此我们应当还记得，热尔贝在兰斯曾向学生讲授和声学；这与我们话题的关系在于，水晶球体的运动被认为是和谐的，它们运动时发出"天体音乐"。[23]不

---

① 古代意义上的"行星"就是指文中提到的那七颗星，其概念与今天的不同。

② 在古希腊人的观念中，水、火、土、气（其中的一种或几种）是构成世界的基本元素。亚里士多德认为除以上四种外，还有第五种元素。

图 3　中世纪的宇宙图解，来自彼得·阿皮安（Peter Apian，1495—1552）的《宇宙志》（*Cosmographia*）（1539）

幸的是，这种美妙的声音、宇宙本身的回响，人耳无法听到，但经过适当的训练，训练者能够间接通过和谐的数学试着体验它。这些观念并不是纯正的基督教思想，而是来自异教的古典世界，并且为适应基督教而进行了必要的修改。热尔贝时代最重要的异教哲学家是柏拉图，因为柏拉图极大地影响了圣奥古斯丁。

曾任职于剑桥大学和哈佛大学的哲学家艾尔弗雷德·诺思·怀特海（Alfred North Whitehead，1861—1947）曾经写道：“对欧洲哲学传统最保险的概括是，它是由一系列对柏拉图的注脚构成。”[24]这话虽然有点言过其实，但确实很少有哪个人的思想像柏拉图那样影响巨大。柏拉图出生于雅典的上层家庭，是苏格拉底（Socrates，公元前469—前399）的学生。苏格拉底是一个爱好辩论的哲学家，习惯于通过尖锐的引导性问题揭露同胞的虚伪。有一次，战争和瘟疫来临了，当局再也无法容忍苏格拉底，他们以“渎神”和“腐化青年”为名将苏格拉底定罪。这些无疑都是欲加之罪，但苏格拉底拒绝与控告者妥协，也不接受流放，竭尽所能据理力争，结果遭受了最高的刑罚。最终，审判后没多久，他被执行死刑，在狱中喝下了毒芹汁。

老师死后，柏拉图在雅典建立了叫作“阿卡德米”（Academy）的哲学学校，通过向贵族讲授修辞学与文化艺术维持运转。很难知晓他日常教学的内容具体是什么，因为留存下来的柏拉图著作都是经过高度润饰的带有文学性质的对话，这些对话都是在其先师苏格拉底与各种各样的对话者之间展开。除了《蒂迈欧篇》，热尔贝无法通过任何一手资料了解柏拉图对话，因为那些资料一直以希腊语留存，直到15世纪开始被译为拉丁文的时候，才逐渐产生巨大影响。柏拉图思想之所以容易导向基督教，是因为他强调生活的智性与精神方面胜过物质方面。对于柏拉图，终极实在并不是日常的物理世界，而是超验的观念王国，他将这些观念叫作“理式”（Forms）①，我们的世界就是由一个神圣的创造者以理式为模板，用事先就存在的物质创造的。所以，物质世界只是理式完美实在的影子。哲学家通过沉思的活动能通达这真正的

① 柏拉图哲学的基本概念之一，原意指思想“看见”的东西。译法很多，有“理念”“理型”“理式”“相”“意典”等。

实在。柏拉图相信，这种逼近完美实在的能力使得思想者优于行动者。

显然，这里面有些听起来对于一个基督徒来说也是可以接受的，他会同意柏拉图主义者，是上帝创造了世界——正如《圣经·创世记》开门见山就讲的那样。但是，基督徒会否认上帝用来创世的物质在上帝之前就已存在，他们更愿意说上帝从“无”中（out of nothing，*ex nihilo*）创造了世界，这样，世界作为上帝直接意志的结果就被赋予了一种内在价值。基督徒和非基督徒都会同意，世界并不完美；但柏拉图主义者会归咎于造物主用的材料，而基督徒会认为上帝创造的世界是完美的，只是后来由于人类的行为才变得有缺陷。柏拉图提倡一种沉浸在沉思中的生活，这很容易被阐释为对基督徒生活方式的赞许：致力于祷告和冥想，而不是投身于世俗的功业。

毫无疑问，柏拉图是热尔贝那个时代最具影响力的古希腊人。不过，这种情况很快就会改变，而柏拉图的弟子亚里士多德将会以“智者们的大师”为人所知。[25]

第三章

理性的崛起

饥寒交迫中，一位年轻人步履艰难地穿过西阿尔卑斯山的塞利斯山口（Mount Celis pass）。到达山口最高点的时候，此次前往法国罗讷河谷（Rhône valley）的旅程已经将他带到了海拔将近 7 000 英尺的位置。他向来喜爱山峦的美丽，据他后来讲，他曾多次梦见自己在群峰间游荡时，上帝赐给他白面包作为食物。而现在他的身边，既没有上帝，也没有其他人提供食物，他正处在饿死的边缘。离家之时不带川资和给养，此时看来不再是个明智的主意。即令如此，他也不要回到有如仇人一般的父亲那里。而他的传记作者爱德玛（Eadmer，死于 1124 年左右）告诉我们，他的仆人在翻寻他的行囊时，又发现一些白面包奇迹般地出现在那里。[1]

圣安瑟尔谟与上帝存在的逻辑证明

后世会渐渐知晓坎特伯雷的圣安瑟尔谟（St Anselm of

Canterbury，1033—1109）之大名。他出生在勃朗峰（Mont Blanc）意大利山麓的奥斯塔城（Aosta），其家族在当地教会中具有相当的影响力。他亲爱的母亲在他尚年幼之时就已离世，父亲将他送到一位叔叔那里接受教育。这是一段非常不愉快的经历，因为叔叔像那时许多校长一样，动不动就拿起桦条教鞭惩罚学生。安瑟尔谟长大当了老师之后，曾批评过这种粗暴的管教方式，认为鞭打孩子只会减少他们的学习热情。“你将人类培养成了野兽，”他指责一位偏爱鞭责的校长时说道，“他们长大后会成为扭曲而残忍的人，因为他们在成长中从未对任何人产生真爱。”[2]回到家，安瑟尔谟与父亲的关系恶化，在1056年大吵一架之后，他最后一次离开奥斯塔，动身前往法国。

实际上他对于自己在往哪儿走没什么概念，只知道自己在向北前进。这个选择也是天缘巧合，因为在11世纪，法国北部是欧洲最有活力的地区，巴黎、沙特尔、兰斯和奥尔良这些设有座堂的城市吸引着寻求成名的学者。这些座堂附属的学校专门讲授波爱修和亚里士多德的逻辑学著作，但是上这些学校需要钱，而安瑟尔谟却身无分文。

他好不容易才翻过阿尔卑斯山，之后三年又到处游荡。最后，在诺曼底逗留期间，安瑟尔谟听说从意大利来的另一位流亡者于附近的贝克修道院（abbey of Bec）找到了一个安全的栖身之所，在那里为初学修士授课，他就是朗弗朗（Lanfranc，1005—1089）。1059年，安瑟尔谟向朗弗朗自荐，两人一见如故，安瑟尔谟遂成为朗弗朗在修道院学校的助手。那时贝克修道院草创未久，与法国的名校相比还有很大差距，所以后来它日渐增长的名气几乎完全要归功于这两个人。接着，安瑟尔谟刚要住进修道院，奥斯塔城就传来了父亲的死讯——他可以回家继承遗产。是宣布放弃世俗地位成为修士，还是离开贝克修道院返回意大利，他必须作出决定。朗弗朗就此请教了当地大主教，大主教建议安瑟尔谟留在贝克修道院。他听从这一建议，正式宣誓成为初学修士。在继续协助朗弗朗教学的过程中，安瑟尔谟证明了自己是个优秀的教师；在老师离开贝克前往另一所修道院后，他接任校长，为学生讲授拉丁语语法和逻辑学基础，使他们具备研究《圣经》的能力。

最终，安瑟尔谟获得了安宁。贝克修道院为他提供了一个写作和沉思的栖所。《宣讲》——这部他赖以闻名的神学著作便可以追溯到这一时期。这篇短论之所以重要，是因为它用理性为神学服务。在短论中，安瑟尔谟做了一些在当时看来比较大胆的事情，他试图用纯逻辑方法来证明上帝存在。他的这种证明方式以“本体论证明”而著称，这是哲学的经典难题之一，其大意如下：

> 我们心中有一个比我们所能设想的任何其他事物都伟大的上帝的观念。但是，要使上帝真正成为我们所能设想的最伟大的事物，他就必须存在，因为如若不然，他就不是最伟大的。一个实际存在的伟大事物当然比只是在想象中存在的要伟大。因此，如果上帝不存在，他就不是我们所能设想的最伟大的事物，所以他必定存在。[3]

安瑟尔谟绝不是想通过这种方式向怀疑论者证明上帝的存在，他的本意是帮助已经坚信有一个上帝存在的人理解为什么这样一个上帝是必然存在的。他的格言是“信仰寻求理解”。[4]注意他的词序。对于安瑟尔谟来说，信仰先于理解，并建立在由沉思与祈祷而获得的对上帝的神秘体验的基础之上。总之，当个人体验与教会的传统学说相吻合时，几乎没有理由否认它。另一方面，对基督徒来说，上帝赋予了人类理性能力，这是毫无疑问的。也就是说，我们不仅可以经由自己的宗教体验接受信仰，也可以理解我们所信仰的内容。这就是安瑟尔谟的本体论证明想要做的。事实上，虽然多数哲学家发现这一论证没有说服力，但实际上要驳倒它却极其困难，甚至伯特兰·罗素（Bertrand Russell，1872—1970）都承认"比之准确地找到错误出在哪里，我们更容易从直觉上认定它是错的"。[5]

其他修士对本体论证明的批判随即开始出现，安瑟尔谟试着回应他们。在附上自己的答辩之前，他将这些最早的反驳收入了自己的手稿。安瑟尔谟的批评者宣称，通过信仰知道的，就无须再用理性来证明。确实，运用理性可能会带来一些危险的问题；用不了多久，人们就会开始说，不能通过理性证明的，也无法通过其他手段了解。安瑟尔谟的批评者担心，一旦允许理性进入宗教领域发挥作用，它就会成为宗教真理的终极权威。事实上，没人主张理性垄断真理，或基督教信仰有误；毋宁说，争论的双方是那些根本上反对理性插足这些问题的人与那些认为理性确实有一定作用的人。

1078 年，安瑟尔谟升任贝克修道院院长。但是与热尔贝一样，安瑟尔谟更适合做学者而不是管理者，他对维持修道院的财政盈余力不从心。这些困扰致使他后来的著作缺少像《宣讲》那样的新鲜感。1093 年，导师朗弗朗死后，安瑟尔谟又升任坎特伯雷大主教，接过朗弗朗的位子，于是他不得不卷入教会政治与世俗政治的纷扰之中。安瑟尔谟是典型的"桀骜不驯"的神职人员，不会对王权卑躬屈膝；他与征服者威廉之子英王威廉二世（William II，1056—1100）和亨利一世（Henry I，1068—1135）不和，结果两次被流放至欧洲大陆。其实，比起实际管理主教辖区的事务，他倒更喜欢这种状态——在流放中专心学术。安瑟尔谟的第二次流放到1107年才结束，两年后，他便去世了。

11世纪，安瑟尔谟这样的神学家用来构建自己理性论证的原始材料是亚里士多德的逻辑学著作。我们已经知道，6世纪时波爱修是如何翻译和注解这些著作的①。不幸的是，即使没有波爱修晦涩难懂的语言，亚里士多德文集的难度也还是太高；因为许多希腊逻辑术语都没有拉丁语等价词，波爱修只得发明一整套新词汇。这些词汇终将成为逻辑学研究的标准术语，但流行起来花了五个世纪的时间。

中世纪逻辑主要关心事物是如何被描述的，以及在何种程度上这些描述为真。这里有个有趣的例子：在今天的奥塔姆村，人们经常看见白色有绒毛的动物在田野中跳跃，这些动物被称为"绵羊"。但我们能不能说"绵羊"的概念真的存在？抑或只能说实际存在的是我们统一用那个名词称呼的生物个体？换句话讲，有没有"绵羊性"这样的东西？抑或存在的只是许多绵羊？这一争论贯穿整个中世纪。认为"绵羊"这个词只是一个我们任意加给白色有绒毛动物的名称——持这种看法的思想家被称为"唯名论者"。另一阵营则坚称，"绵羊"作为独立于所有绵羊个体的范畴实际上确实存在——持这种看法的人被称为"实在论者"。后面我们会再次涉及这两个思想流派。

另一个问题出自亚里士多德本人的重要逻辑学思想，即"实体"与"偶性"的区分。为了解释这两个术语，让我们回到上面提到的白色有绒毛生物的例子。我们已经确定它们是绵羊，但是有人马上就会问，它们被称为绵羊需要拥有什么特征？我们提到

① 见本书第二章。

的属性仅有白色、有绒毛、能跳跃。问题是，这些特征没有一个抓住了绵羊之为绵羊的本质。仅仅是白色、有绒毛、能跳跃并不能使一个动物成为绵羊。一只跛腿的、刚剪完羊毛的黑色绵羊无论如何也是绵羊。另一方面，既然是绵羊，就不可能不是动物。因此，按照亚里士多德对实体与偶性的定义，我们可以说，白色、有绒毛且能跳跃是绵羊的偶然性质；而“是动物”则是实体性质。一物的偶然性质可以变化，它不会因此失去其本质；而实体性质的任何变化都会改变其固有本质，使其成为完全不同的另一种事物。[6]

以上内容听起来与中世纪的日常关切离得有点远。事实上，在 11 世纪，逻辑学表明理性可以为战胜异端助一臂之力，从而在神学领域取得了显著成功。随着 11 世纪的展开，教会开始将非正统信仰视为日益紧迫的问题。最先引起严重关切的一位异端分子是法国神学家贝伦格（Berenger，1000—约 1088）。贝伦格在图尔（Tours）主持一所座堂学校，他对圣餐与“化质说”① 不满。天主教徒相信，在圣餐礼或弥撒期间，面包和酒会奇迹般地转化为基督的身体和血液。但对会众来说，幸运的是，它们的外观和味道还是像面包和酒而非肉和血。贝伦格对此存疑，宣扬面包和酒只是象征着基督的肉和血。他说，如果它看起来像面包和酒，那么它就是面包和酒。对于现代读者或新教徒来说，这听起来很有道理，但这与那时基督教信仰的主流是冲突的。在这件事上，如何调和信仰与理性的矛盾？安瑟尔谟的老师朗弗朗通过仔细思考亚里士多德的逻辑发现了答案。朗弗朗说，在弥撒期间，虽然面包和酒保持了饮食味道和外观的偶性，但其本质已转化为

① 或译作“圣餐变体论”。

基督的身体和血液。[7]因此，即使圣饼的可感性质维持原状，化质也可以发生。只要面包和酒具备了基督身体的本质，那么其偶性如何便无关紧要了。大部分人觉得这种解释非常有效。朗弗朗向我们展示了理性是如何驳斥一项论点的，即便这个论点看起来是基于常识。

朗弗朗和安瑟尔谟将神学推到了理性与信仰之间的中心位置。神学不仅成为饱学之士渴望掌握的学科，同时也成为高风险学科——极易被指控为异端；尤其是安瑟尔谟，他发现自己不得不小心谨慎。大约在 1090 年，一位名叫洛色林（Roscelin，约 1050—约 1125）的校长开始传播有关“三位一体”的思想。更糟的是，他宣称自己的观点得到安瑟尔谟的支持，而且安瑟尔谟大主教是他的朋友。洛色林向法国北部的付费生教授逻辑学，已颇有名气，却在 1092 年被指控为异端。

三位一体学说引起的麻烦之多，无有过者。基督徒相信，虽然上帝是一个实体，但他有三个不同的位格——圣父、圣子和圣灵。用不着熟练的逻辑学家告知，我们也知道一不能等于三，所以三位一体本身就是矛盾的。事实上，很难看出对三位一体的任何理性分析除了是异端之外还能是什么。中世纪的人们不会觉得这有什么不妥，因为他们从未傲慢到认为人类理性能理解一切的程度。天主教将三位一体学说称为“奥秘”是有道理的。但对于像洛色林这样的思想家来说，三位一体学说有如瘙痒难耐，不能坐视不管；他断定，要使三位一体有意义，逻辑上必须有三个神，而非仅仅一个。① 他的观点不可避免地与教会权威发生了冲突，他被逐出法国。

---

① 这种观点称为“三神论”。

洛色林到英格兰向安瑟尔谟求助，但是他的异端之名比他先到，大主教安瑟尔谟将他径直遣送回欧洲大陆。即使只是与这种人有所牵连都是极其难堪的事，因此安瑟尔谟决定继续攻击。他奋笔疾书，给教皇写了一封长信，讲明洛色林错在哪里。[8]教皇欣然地接受了安瑟尔谟的解释，这相当于给安瑟尔谟的所有思想以官方认可。教皇以此表明，在神学中运用逻辑是允许的，只要是以安瑟尔谟那种谨慎的方式——置信仰于理性之前。

不过，安瑟尔谟对洛色林思想的攻击似乎未对后者造成严重影响，洛色林仍继续自己的教学生涯。不久之后，一位年轻人出现在他的课堂上，我们将看到，这位年轻人后来成为哲学史上最有名且最有争议的人物之一，他的名字叫彼得·阿伯拉尔（Peter Abelard，1079—1142）。

劫数难逃的恋人

阿伯拉尔出生于布列塔尼（Brittany）南部边缘的勒帕莱（Le Pallet）城。他的父亲是骑士，母亲与当地领主是亲戚。父亲出钱让自己所有的孩子都学拉丁语——这在那个时代是不同寻常的。长子彼得·阿伯拉尔学习优异，并打消了继承父亲庄园的想法。他起身向东前往法国中部，参加洛色林的讲座。

阿伯拉尔非常自负，经常在课堂上公开挑战老师，让人受不了他。几年后，他与洛色林彻底闹翻了。我们不知道争论的内容是什么，但是两人一直都没有原谅对方。阿伯拉尔去了巴黎，开始到巴黎圣母院的座堂学校上课。那时的教育市场缺乏监管，风气不好。每位教师都不得不吸引学生以挣取学费，这样才能维持生计。巴黎作为大师云集之地已声名在外，所以求学者从四面八方来到这里学习。那时教学似乎无需任何正式的资质认证，老师们一旦觉得能吸引足够的学生来维持自己的生活，就会以自由讲师自居。名气就是一切，没有名气，就无望吸引新的学生；所以老师当然要让人知道自己不仅才智过人，而且还是一名既富于激情又雄于辩论的演讲者。一种极佳的宣传形式是来到对手的课堂上将对手卷入论战，让对方在学生面前出丑；要是这样，学生们便会为此折服，纷纷离开旧的老师，涌入那个刁难者的课堂。

彼得·阿伯拉尔无疑既聪明又雄辩。我们对于他生平的了解比对大多数中世纪知识分子都要多，因为他写了一部风格忧郁的自传，叫《我的苦难史》（*The Story of my Calamities*）①。在书的开端他便告诉我们，自己在辩论上的成功如何引起了师生们的愤恨。[9]在巴黎才待了几年，他便因与老师们格格不入而被迫离开，来到默伦（Melun）以南 25 英里处，创办了自己的学校。在那里，他继续与巴黎圣母院的老师们辩论，由此吸引了一批当时最聪明最优秀的学生。

阿伯拉尔擅长的科目是逻辑。像安瑟尔谟一样，他相信自己能驾驭理性的力量为神学服务。但是，他缺乏安瑟尔谟的谨慎，并将理性置于信仰之前。据学生讲，阿伯拉尔曾断言“没有什么能被信仰，除非它首先被理解”。[10]他也不求避开易起争议的话题。在一场著名的讨论中，他提出，将耶稣基督钉死在十字架上的犹太人是无罪的，因为他们觉得自己在做正确的事。② 阿伯拉尔说，罪恶只有在你知道它是错误的条件下才是可由上帝惩罚的

---

① 又译作《劫余录》。

② 阿伯拉尔认为一种行为的是非不在于事实，而在于行为的意图。若一个人行动时觉得自己是正确的，他可能构成犯错，但不会构成犯罪；只有明知道是错的，却仍然去做，才是犯罪。

过失行为。[11]这个观念本身并不新颖，但阿伯拉尔选择了能想到的最佳例证。他故意要引起争论。

他当然是位活跃的教师。一位学生这样描述他："阿伯拉尔来了，他为听众引爆了史无前例的惊人观点，就像在取笑成群的智者。"[12]现存手稿中发现的插图向我们展示了当时的情景。

阿伯拉尔会有一个位于讲台上的座位，比平地上听众的座位要高出一截。他手边还会有一本书，用来给学生授课。这使他对刁难者具备天然的优势。学生手中是没有书的，他们在木制浅托盘中的蜡制薄板上做笔记。纸尚未发明，书都是用羊皮纸（经过处理的羊皮）制作的。这种材料若只是用来随手记一下笔记就太过奢侈了。学生可以站起来反对讲课者的观点，但他还是会发现自己比老师矮一截。阿伯拉尔同样可以利用可观的高度优势震慑对手。资料告诉我们，对手如何想要打断阿伯拉尔，但阿伯拉尔"向他投以凶狠的目光，大肆威胁道：'你注意保持安静，小心别搅了我的课。'"。[13]当然，用疑难问题打断讲课，正是阿伯拉尔用来对付自己老师的战术。所以，若威慑无效，他便只好任其发表自己的见解，不然别的学生就有可能觉得他色厉内荏了。

在外省苦熬十年之后，阿伯拉尔于1117年以独立教师的身份成功回到巴黎。他被任命为巴黎圣母院的咏礼司铎，这给他带来稳定的收入和不少的声望。前途是明朗的——先是声名卓著的学者生涯，继而十有八九会升任大主教。不过这种预期忽略了一点——阿伯拉尔总是善于破坏自己走向持久成功的机遇。他的苦难始于与一名非凡女性的恋情。

阿伯拉尔现在虽然鲜为人知，却曾名噪一时。他不仅是著名的哲学家，也是史上著名爱情悲剧的主角。他追求的对象是爱洛依丝（Héloïse，死于1164年）——巴黎圣母院另一位咏礼司铎

图 4 一幅 14 世纪手稿插图，展现了老师向学生授课的情景

的侄女。阿伯拉尔告诉我们“她的外表不差，而学识则出类拔萃”。[14]作为女性，爱洛依丝接受拉丁语古典教育的程度是很高的。她不仅能随意引用奥维德（Ovid）、维吉尔（Virgil）和西塞罗（Cicero），还能模仿古人的风格写信。她是坚强有主见的女性，能凭自己的学识赢得同男性的辩论。爱洛依丝的叔叔菲尔贝（Fulbert，死于 1127 年）的咏礼司铎职位可能得自家族关系，他期待爱洛依丝一旦完成学业就被任命为重要修女院——如巴黎以东不远处的阿让特伊（Argenteuil）修女院——的院长。爱洛依丝到巴黎圣母院和叔叔一起生活之前在那里长大。担任女修道院院长对于像爱洛依丝一样的上层女性是份合适的工作，而且这也是

唯一一个对女性的教育程度有所要求的职位。

根据阿伯拉尔自己对双方恋情的叙述，他是被爱洛依丝的博学吸引。我们不知道爱洛依丝年龄多大，但从其文学造诣来看，她不可能小于 20 岁。阿伯拉尔叙述道：

> 对这位姑娘的渴望在我心中熊熊燃烧。我想找机会通过每天的私下会面去了解她，这样更容易赢得她的芳心；怀着这个想法，在她叔叔的一些朋友的帮助下，我与她的叔叔商定：他纳我为房客（他家离我的学校很近），至于要多少房租则随他。[15]

菲尔贝贪财，阿伯拉尔在他那里借住要出不少租金。阿伯拉尔既已是座堂的咏礼司铎，自然一直处于禁欲状态。虽然禁欲尚未成为对所有神职人员的强制要求，但若不禁欲就越来越难升到像咏礼司铎这样的重要职位。阿伯拉尔作为一个禁欲者，对于任性的爱洛依丝来说是理想的老师。阿伯拉尔明显适合这项工作，于是菲尔贝迫不及待地要求他担任自己侄女的家庭教师。阿伯拉尔不敢相信自己的运气，开始劝说爱洛依丝成为他的情人。一切迹象表明，他不用很费劲就达到了目的。他的引诱策略大获全胜，爱洛依丝深深爱上了这位风度翩翩的学者。不久，他们就开始荒废学业。

> 她的学业给了我们单独相处的机会，这正是恋人们向往的。后来，虽然书本在我们面前摊开，但在我们之间，情话的传递多过了阅读的交流，亲吻多过了教学。我的双手不知不觉频繁伸向她的胸前，多过了伸向书页。[16]

不夸张地说，他们陷入了热恋。阿伯拉尔承认打过爱洛依丝（在年轻学生与老师之间，这是意料中的事），但给人的印象是两人都很享受这种粗暴的游戏。更让人咋舌的是，他在爱洛依丝抗拒的情况下强暴了她。多年以后，阿伯拉尔在给她的信中写道：

> 即使在你不情愿、用尽全力反抗我的时候，我还是常常仗着你天性柔弱，用打你和威胁你来迫使你顺从。你柔弱的天性让你无法阻止我。[17]

这并未让爱洛依丝害怕。她对阿伯拉尔一片痴心，正如阿伯拉尔对她一样。我们不知道他们的表面关系维持了多长时间，但不久这件风流韵事就成为修道院中众人议论的话题。唯一不知情者是叔叔菲尔贝。阿伯拉尔的教学工作也受到影响，因为他的心思已不在工作上。

结局自然是悲惨的。没过几个月，菲尔贝就发现自己的侄女和她的老师有见不得人的关系，他们的情侣关系已成为不能否认的事实。阿伯拉尔带着爱洛依丝匆匆离开巴黎，回到家乡勒帕莱。不久，爱洛依丝发现自己有了身孕，便与阿伯拉尔的家人待在一起，直到产下一名男婴。他们以一个世纪前曾让列日的拉多尔夫无比激动的天文仪器为孩子命名，叫他阿斯特罗莱布（Astrolabe）①。

阿伯拉尔将爱洛依丝留在勒帕莱，自己回巴黎与菲尔贝讲和。他们商定，爱洛依丝须与阿伯拉尔成婚，但是婚礼必须保密以免毁掉阿伯拉尔的前程。爱洛依丝似乎没有反对，她回到了巴黎，但并未带上孩子，而是将其交给阿伯拉尔的弟弟抚养。不幸

① 第二章中讲到的星盘。

的是，那项约定未能维持多久。尽管说好了婚姻保密，事情还是泄露了。爱洛依丝发誓自己未婚，想用这种方式来挽救局面，但这只是激怒了菲尔贝。阿伯拉尔失望之余，将爱洛依丝转到她长大的地方——阿让特伊修道院，虽然他并未让她发出不能反悔的终极誓言。菲尔贝认为，阿伯拉尔把他的侄女藏起来这件事超出了自己的忍耐极限，他计划报复阿伯拉尔——这个使自己家族蒙羞的人。

一天夜里，阿伯拉尔在巴黎家中睡觉。他不知道，菲尔贝买通了仆人，让其趁主人入睡之际，放一伙人进来。他们得逞了。那群家伙在阿伯拉尔反应过来之前就冲进卧室，开始进行骇人的活动。可以肯定，手段非常专业。受害者被按住动弹不得，睡衣被掀起蒙住头。一个精于外科手术的家伙带有结扎丝，他将其系在阿伯拉尔的阴囊根部。他将结扎丝拉紧以止血，用一把锋利的手术刀切除了阿伯拉尔的睾丸。然后这伙人就跑了。整个过程如此迅速，以至于阿伯拉尔后来说自己当时几乎没有任何感觉。[18]这次袭击造成的精神创伤又完全是另外一回事了。阿伯拉尔叫醒守卫，他们抓住了其中一个家伙和那个背叛主人的仆人。守卫阉割了犯人并弄瞎了他们的眼睛。而阿伯拉尔不能再当爱洛依丝的丈夫，他躲入巴黎城外的圣丹尼斯修道院（Abbey of St Denis），宣誓成为修士。爱洛依丝被迫发出终极誓言，他们无望的爱情以悲剧告终。至于菲尔贝，他由于参与犯罪，失去了咏礼司铎的职位和财产。但是，许多人认为他的行为是正当的，不出数年他便复职了。

彼得·阿伯拉尔的审判

阿伯拉尔被阉割是人尽皆知的丑事，但那无法割去他对辩论的渴望。他控诉圣丹尼斯修道院的其他修士不够虔诚，旋即与他们闹翻。而修士们觉得这话从阿伯拉尔口中说出实在有点可笑，便打发他到巴黎城外的一个地方去任教。阿伯拉尔也开始撰写关于三位一体的著作。虽然他承认三一论的正确性无法用理性来证明，但认为可以用理性来反驳任何声称能证明三一论有误的论证。理性不会同信仰发生冲突，因为二者都是由上帝赋予。如果看起来有冲突，那是因为论证有误。所以，如果像图尔的贝伦格或洛色林一样的异端分子用理性构建一个论证，其结论与基督教学说相冲突，就一定可以用理性来反驳他。这就是阿伯拉尔认为自己在做的事情，但他也惯于树立一群乐于用异端的罪名来反对他的劲敌。

洛色林依然在世，他很清楚阿伯拉尔辩论的锋芒指向何处。洛色林仍对二十年前阿伯拉尔待他的态度耿耿于怀，现在他看到了向这位学生复仇的机会。他指控阿伯拉尔关于三位一体的著作为异说。在 1121 年一场摆样子的审判①之后，阿伯拉尔被迫将著作付之一炬，很不光彩地回到自己的修道院。这本来又是一个保持低调的机会，但是阿伯拉尔却再次惹恼了那些修士，因为他说他们的守护圣徒②圣丹尼斯并不存在。由于圣丹尼斯同时也是法国的守护圣徒，阿伯拉尔发现自己还被指控叛国罪。这一次他逃到一个隐居处，打算安静地生活，但以失败告终。吵吵嚷嚷的大群学生想要听他讲课，随他到了隐居的荒野。阿伯拉尔随即重新开始写作和授课。

阿伯拉尔最有名的著作《是与否》（*Yes and No*）最初是为

---

① 罪名事先已定好，审判只是走过场。

② 原文为“patron”，意指“patron saint”，也译作“主保圣人”。

学生编写的教材，其内容不外是一系列教父的引语，其排版形式使人对他们互相矛盾之处一目了然。该书的宗旨不是要证明他们到底在哪里互相矛盾，而是要辅导学生们解决这些意识到的问题。阿伯拉尔在《是与否》的序言中写道："通过怀疑，我们进入探究；通过探究，我们发现真理。"[19]他的意思是我们可以发现真理，但只能是通过一种提出疑难问题的怀疑法。他的论敌对该书的主要批评是，书中未进行任何努力来解决这些矛盾，因而给人一种印象（我们可能没觉得那么有误导性）：矛盾双方皆为真。

阿伯拉尔继续着自己的辩论生涯。他一度成为布列塔尼一所修道院的院长，却由于遭到修士们的暗算而离开。1129 年，爱洛依丝也陷入困境——她虽升任修女院副院长，却因"声名狼藉的道德败坏"与手下的修女们一道被开除。我们不知道这究竟是什么意思，但爱洛依丝是一位富有激情的女性，所以此事可能与男人有关。这一次，阿伯拉尔救了她。他把自己昔日的隐居处给她，以便她建立新的修女院。事情很成功，这所名叫"圣灵"（the Paraclete）的修女院迅速获得教皇的认可和大量划拨的土地。圣灵修女院一直存在，直到 1789 年法国大革命中所有宗教场所全部被关停。

至于阿伯拉尔，他的教学能力实在高超，总是很受欢迎。在 1133 年，他甚至以逻辑大师的身份返回巴黎。阿伯拉尔的许多敌人都已故去，看来他终于能安静地工作了。他开始修订关于三位一体的著作（他烧毁原稿之时想必已留好副本）。不幸的是，虽然宿敌已经死去，他却招来了新的敌人。1140 年，年过花甲的阿伯拉尔发现自己面前的对手是那一代人中最难对付的教士——克莱尔沃的圣伯纳德（St Bernard of Clairvaux，1090—1153）。

在传统的中世纪史中，圣伯纳德一般被归在坏人之列。他的宣教活动对第二次十字军东征有推波助澜的作用，而且他也没有太多时间留给宗教宽容。他对于将人类理性的运用凌驾于信仰之上持摇摆不定的态度。所有这些令他不受现代作家待见。不过，圣伯纳德绝非宗教保守主义者，他是一名激进分子，一生致力于与教会的罪恶作斗争。买卖圣职与非法同居（司铎在教会禁止其娶妻的情况下仍保有情人）都会激起他的义愤。同样，他也为免受世俗财富腐化、生活和工作在普通人中间的神职人员而奔走活动。他改革了修道院制度，以根除日益依附于此制度的骄奢淫逸。

阿伯拉尔卷入了一场新的争论，对手是圣伯纳德的朋友和学生——圣蒂埃里的威廉（William of St Thierry，约 1075—1148）。阿伯拉尔是那一代人中的大辩论家，威廉与之辩论力有不逮，于是写信给老师求助，以对抗阿伯拉尔的新奇思想。他在信中附上阿伯拉尔关于三位一体的新论。圣伯纳德在其中发现很多自己不喜欢的地方，他不赞成阿伯拉尔的地方多半不是某个关于圣父、圣子和圣灵三者关系的晦涩观点，而是理性应当如何用于神学领域的总体问题。圣伯纳德有神秘主义倾向，他相信直接的祈祷和沉思是接近上帝的最佳方式，而理性只会成为障碍。而且，阿伯拉尔所谓的错误表明，理性将人引入歧途时会有多么危险。圣伯纳德认为坚持信仰绝对是更好的选择。

谁都知道，如果公开辩论，非同凡响的克莱尔沃的圣伯纳德也不会是阿伯拉尔的对手，所以圣伯纳德力求回避这种套路。最后，圣伯纳德采取不给对手任何公平申辩机会的方式赢得了胜利。他在 1140 年桑斯（Sens）的一次宗教会议上将阿伯拉尔斥为异端。① 阿伯拉尔发现苗头不对，拒绝配合。他抛开会议直接

---

① 会议前夕，圣伯纳德曾私下会见与会的主教，说服他们对他归之于阿伯拉尔的异端命题逐条定罪。翌日，定罪命题的清单即呈给了到会的阿伯拉尔。阿伯拉尔拒绝回应这些命题，离会动身前往罗马。

向罗马教皇申诉。这让圣伯纳德慌了神，连连给梵蒂冈去信，要求立即将阿伯拉尔治罪。他的口才发挥了作用，教皇判阿伯拉尔永久禁言，并拘禁于修道院。

阿伯拉尔的故事给人的印象是，教会上层坚决反对理性与逻辑。阿伯拉尔在 1121 年和 1140 年两次受到异端审判，两次都败诉。即便如此，我们也必须注意，不要被阿伯拉尔高调的生涯误导了。不论我们多么同情他的苦境，事实仍然是，他的多数问题都是他自己一手造成。他昭然若揭的虚伪和令人咋舌的傲慢令他生生树立了一批乐于用异端罪名将他扳倒的敌人。不过，阿伯拉尔虽然有着明显的性格缺陷，却从来不乏有力的支持者。他两次担任赫赫有名的巴黎座堂学校的老师，以及一所杰出修道院的院长（虽然他像热尔贝和安瑟尔谟一样太学者气而不擅此道）。即使在 1140 年被最终定罪后，他仍然受到著名的克吕尼修道院（monastery of Cluny）院长可敬者彼得（Peter the Venerable，1092—1156）的支持，而这位院长与圣伯纳德本人是平起平坐的。在可敬者彼得的努力下，阿伯拉尔被拘禁在自己的修道院中，在那里生活安逸，并受到了良好的照顾。[20]

数年后，阿伯拉尔年老而终之时，正是可敬者彼得将其遗体交给圣灵修道院的爱洛依丝埋葬。到那时，给阿伯拉尔定罪的教皇已经离世，新教皇是理性的拥护者，甚至拥有两部他的前任曾要求焚毁的阿伯拉尔的著作。[21]一旦阿伯拉尔去世，他好辩而尖刻的个性便再也无法掩盖其思想的光辉，他的思想迅速统治了基督教学术。最终，圣伯纳德尽管声名显赫，让阿伯拉尔噤声不言，却已错失良机。

第四章

12 世纪文艺复兴

如果哪个时代称得上“复兴”的话，那一定是 12 世纪。[1]彼得·阿伯拉尔这位逻辑至上的斗士甚至主张，必须将逻辑应用于上帝的奥秘。几乎与此同时，其他学者也开始努力思考自然界的问题。中世纪最早的两位自然哲学家是孔什的威廉（William of Conches，1085—约 1154）和巴斯的阿德拉德（Adelard of Bath，1080—约 1160）。

对科学的未来发展最为重要的是一次翻译运动。其间，大量新发现的古希腊和伊斯兰世界的科学、医学文献被译为拉丁语。这股新知识的洪流表明西欧有能力消化那些知识，进而在已有的基础上继续前进。

孔什的威廉与柏拉图的自然哲学

孔什的威廉在沙特尔的座堂学校接受教育，可能曾在巴黎任教。他还可能做过安茹的亨利（Henry of Anjou，1133—1189，即后来的英格兰国王亨利二世）的家庭教师。除此之外，我们对他的确切生平知之甚少。我们知道，圣蒂埃里的威廉——这个曾让圣伯纳德提防彼得·阿伯拉尔的人——也曾将孔什的威廉控为异端。但除了阿伯拉尔的赫赫威名之外，从这件事也读不出什么别的东西。孔什的威廉对自己的一部著作稍作修改，便摆脱了那些指控。[2]

孔什的威廉最重要的成就是将柏拉图《蒂迈欧篇》中的自然哲学与《圣经·创世记》对创世的说法进行了调和。整个中世纪早期，《蒂迈欧篇》是见于西欧的唯一一部希腊自然哲学著作，这使该著作极具影响力。与柏拉图的大多数对话不同，《蒂迈欧篇》的主要内容是名叫"蒂迈欧"的说话者描述世界起源的长篇独白。虽然连柏拉图自己也承认他对创世的解释只是某种建议，[3]但是柏拉图的名气如此之大，只要是出自他的笔下，哪怕是一项假设也享有巨大威望。借蒂迈欧之口，柏拉图告诉我们，一个神圣的创造者从某种之前业已存在的混沌中创造出世界。因为混沌难以成形，从混沌中产生的宇宙就不如创造者创世所依据的理式本身那样完美。创造者还赋予世界以灵魂，作为天持续运动的活力。各式各样的低级神祇管理着宇宙的日常运转，创造者委派他们造出各种动物，包括人类。于是人类发现自己处在一个巨大天阶体系的中间。创造者位于顶端，其下是其他神祇；人类位于中间，野兽则在人类之下。

威廉注释《蒂迈欧篇》，以阐明如何将其与《创世记》相调和。从某些方面看，这似乎相当简单。比如，将柏拉图的创造者等同于基督教的上帝是可能的，虽然这比较天真。柏拉图的"世界灵魂"（world-soul）听起来也与基督教的"圣灵"（Holy Spirit）近似。柏拉图也相信灵魂不朽，并对基督教修士喜爱的生活方式大加赞赏。但孔什的威廉意识到，事情没那么简单。例如，柏拉图说，创造者用已有的物质材料创造出世界，但《圣经》上却暗示上帝从虚无中创世；而且，柏拉图的创造者与基督教经常干预人类事务的上帝相比，是一位消极得多的神祇。在竭力处理这些概念之时，威廉尝试从某种象征的意义上阐释《蒂迈欧篇》和《圣经》。他明确表示，《创世记》的某些部分若按字面理解将是荒谬的。他在反驳这种对经文的字面阐释时写道："真理的作者对自然哲学的事情默而不语，不是因为这些事有悖信仰，而是因为它们与保持这种信仰几乎无关，后者才是这些作者所关心的。"[4]

在孔什的威廉的时代，这种观点虽然仍有争议，却流传甚广。我们已经看到，《圣经》中支持"地平说"的章节实际上并未被解读为对自然的精确刻画。《创世记》中关于创世的说法将太阳和月亮称为"大光"（great lights），暗示它们本身均能发光。[5]但是，完全清楚"月光是阳光的反射"的教士不止教皇英诺森三世（Innocent III，约 1160—1216）一人，而且他们似乎还想当然地以为这是广为人知的。[6]

基督教干预人类事务的上帝与放手让宇宙自己运转的神祇，这二者之间的反差对于威廉来说是一个重要区别。他知道，自然哲学若要有价值，大自然就必须享有自治的权利。为了理解这种想法何以如此重要，我们不妨看看一个号称能解释科学与宗教为何互相冲突的一般说法。这个说法称，那些认为"上帝在干预世界"的宗教人士不能搞科学，因为他们相信发生的一切都是上帝的意志。换句话说，他们无法区分一件事的发生是科学定律的结果还是由于上帝的直接作用。一个不错的例子是这样一个问题：如果一个基督徒病了，他该怎么办？他的病是不是上帝对他犯下的某种罪的惩罚？抑或那只是一种自然现象，最好理解为疾病根据自然规律的传播？一句话，找神父和看医生哪个更好？实际上多数中世纪人都会倾向于两边下注，听取宗教和医学两边的意见。在瘟疫期间，或是对付其他不治之症，宗教备受欢迎。我们确实听说许多牧师将瘟疫归因于上帝的震怒和人类的罪恶，但这不妨碍人们并行不悖地使用医学手段。

孔什的威廉及其同时代人成功地调和了两种观点，而且其调和方式为后世一切自然哲学家所接受。他提出，我们在思考事件发生背后的原因时，必须既考虑“最初原因”，又考虑“次级原因”。按照威廉的说法，最初原因即事件发生的终极原因，是上帝。上帝的全能使他成为支撑一切事物的终极实在，没有什么事情的发生是违背他的意志的。但是，自然哲学家也可以追问上帝如何达到其目的——这就是事件发生的次级原因。自然遵循上帝在创世时订立的法则，这些“自然法”（natural law）便是上帝通常使用的次级原因，虽然在中世纪时期尚未在这个意义上明确使用“natural law”和“law of nature”这两个术语。所以，自然哲学家研究自然原因并未在任何方面对上帝的全能构成威胁。没有什么妨碍上帝直接干预世界和创造奇迹。但是，我们只有在已经对正常的自然法有所认识的条件下，才能意识到有悖于正常自然规律的奇迹。

为了说明这一点，请想象一下这样的情景：你刚才开始烧水。水壶中的一些水会渐渐沸腾起来。烧水的最初原因是你想喝杯茶。但是，物理学家会在你的厨房中兴致勃勃地研究壶中烧水的热力学原理，却不管你最初是出于什么原因开始烧水的。他感兴趣的只是次级原因，比如电怎样让电热丝变热，这个热量又是如何传递给水的。一天，你打开电水壶，但水没烧开就关掉了，因为你突然有事外出。这一关掉电水壶的事件对物理学家的分析完全没有影响。你将电水壶关闭直接干预了它的工作，这与电水壶按照次级原因进行烧水的工作无关。

同样，自然哲学家即使承认奇迹偶尔出现，也可以在他的研究中忽略产生奇迹的可能性。正如一位12世纪的神学家解释的那样：

> 一切事物的创造者都是上帝，但有些事物可以名副其实地称为上帝的作品，这些便是上帝亲自创造的……而其他的则称为自然的作品，它们是上帝根据某种自然的相似性创造的，就像一粒种子来自其他种子，一匹马来自其他马，相似的事物来自相似的事物一样。[7]

孔什的威廉还相信，上帝是仁慈且始终如一的，而不是反复无常、任意而为。即他认为自然法是永远保持不变的。现在，他不仅有了研究自然的正当理由而不致侵犯上帝的权威，还有理由相信自然的运行相当有规律，值得仔细探索。

威廉在沙特尔学校的一位同僚在自己撰写的《创世记注》（*Commentary on Genesis*）中对这些思想进行了如下概括：

> 因为世上的事物是可变可朽的，所以它们必然有一个创造者。因为它们的安排合理，秩序优美，所以必然是用智慧的方式创造的。但是，理智地讲，因为造物主一无所需，自身完满，所以他必然是出于仁善和慈爱才创造他所创造的事物。[8]

那时一个常见的比喻将自然想象为一本上帝写的书。另一位12世纪的神学家写道：“整个可感世界就像一种由上帝之手写成的书。”[9]《圣经》当然是上帝写的另一本书，所以基督徒可以通过两种方式认识上帝——要么阅读自然之书，要么阅读圣书。

巴斯的阿德拉德

巴斯的阿德拉德与孔什的威廉时代相近，但生活要活跃得多。他出身高贵，与阿伯拉尔一样选择了神职而非军旅生涯。除了是位学者，他还精于鹰猎这种贵族技艺，并能演奏竖琴。他可能是个经济独立的人，只接纳少量的学生，其中包括他的侄子，为的是让自己有点事做。但是，他真正的兴趣在数学与自然哲学。阿德拉德知道自己绝不想在那些技艺上成为欧洲的大师，所以在 1112 年，他离开自己在法国（之前他一直在此讲学）的学生，去了西西里（Sicily）。他的目的是学习阿拉伯人的秘密。阿拉伯人一直统治着西西里岛，直到 1091 年西西里落入诺曼人手中，而诺曼人正是那个在征服者威廉的统率下占领了英格兰的民族。但即便在西西里，阿德拉德也无法满足自己对知识的渴求，所以他继续游历到了中东。当时正是十字军东征的时代，中东的大部分地区都处在基督教势力的统治之下。阿德拉德于 1114 年抵达叙利亚并开始学习阿拉伯语。[10]

那时，关于先进数学知识的著作几乎没有拉丁文译本。波爱修关于算术的短论并不是一份实用的手册，他的几何学著作也不复存在。阿德拉德决定将古希腊数学最重要的成就翻译成拉丁文以便基督徒同胞能从中受益，这部著作就是亚历山大的欧几里德（Euclid of Alexandria，公元前 325—前 265）所著的《几何原本》（*Elements*）。不论那时还是现在，《几何原本》都被普遍认为是希腊数学的巅峰之作。书的内容是对几何学的详尽研究，其顺序安排使得每一步都必然推出下一步。欧几里德从为数不多的几个公理出发建造了几何学的大厦，其所有结论都奠定在坚实的基础之上。除了对实践有帮助之外，它还展示了逻辑如何能从确定无疑的简单公理出发构建一个完美有效的体系。依靠纯粹理性的力量我们究竟能走多远？欧几里德的《几何原本》提供了光辉的范例。难怪一些基督徒认定，上帝必然是位几何大师——他甚至被刻画为一位手持圆规丈量宇宙的神祇。《几何原本》还有关于数论的章节，内容与波爱修的《算术》（*Arithmetic*）近似；此外，其中还有关于立体图形的章节。虽然欧几里德的巨著原文是希腊语，阿德拉德在游历期间遇到的却是阿拉伯译本。他将其转译为拉丁文，这个版本在 16 世纪以前一直都是权威译本。[11]

除了翻译《几何原本》之外，阿德拉德还撰写了自己的著作。这些著作对于现代读者十分有用，因为通过它们，我们能比较好地了解那时一个受过教育的人知道些什么。在《自然问题》（*Natural Questions*）一书中，阿德拉德与他的侄子进行对话。侄子向叔叔接二连三提出了一系列关于自然界的问题，从“为什么河水源源不断流入海洋，海水却不会溢出来”到“星星吃什么”[12]。阿德拉德的回答通常十分巧妙，但是科学知识的贫乏对他构成了严重障碍。他认为海洋中的水经由产生泉水的地下溪流回到河流之中。他知道蒸发作用，但是不懂得蒸发会将水转化为看不见的蒸汽。与此类似，他相信星星有生命，因为它们能自行运动；既然有生命，它们就必须吃东西。阿德拉德认为星星以飘离大地的空气为食。

我们可能禁不住要说这些都是一派胡言。当阿德拉德的侄子问“为什么女人比男人性欲更强，体温却更低”① 时，他只不过

---

① 现代科学认为，女性的平均体温略高于男性。

图 5　上帝设计世界——13 世纪法译《圣经》抄本插图

在重复那个时代无用的陈词滥调。像古罗马人一样，中世纪的人们相信性欲来自女人，他们还将性欲与体温联系在一起。阿德拉德的回答这样解释：引起性欲的实际上是女性体内的湿气，而不是热量过剩。[13]这像是一种对希腊医学理论的曲解，其中还掺杂了某种中世纪的厌女症。在这本书中，阿德拉德左右为难，因为他想弄懂不完整的信息，同时不失理性探究的准则。他从未告诉侄子哪个话题是不虔诚的或禁止探讨的，也没有援用那些他倾向于归入超自然范畴的概念（虽然关于星星有灵魂的想法在我们看来似乎就在此列）。阿德拉德的科学常常错得很明显，但并非因为他不合逻辑或者迷信。

在孔什的威廉和巴斯的阿德拉德身上，我们看到两种截然相反的扩充自然知识的方式：威廉以柏拉图的《蒂迈欧篇》和《圣经》这种中世纪早期便已为人熟知的文献作为自己研究的基础，同时深入思考其真切的含义；阿德拉德则寻找新的材料以便将古代学术的精华带给西方读者。尽管如此，威廉和阿德拉德都无法接触到上乘的希腊科学，这对他们来说是严重的障碍。罗马陷落之后，硕果仅存的少量古书就逻辑教材而言是足够了，但就数学和自然哲学来说却是不够的。不过，这些古书成功地激起了读者的兴趣，因为那些读者无意间从中发现了其他逸书的线索，而这令他们十分渴望找回古希腊失传的智慧。这样，一场重新发现和翻译古典著作的运动便形成了，这场运动是西方历史中最重要的事件之一。

翻译者

从 12 世纪早期开始，西方学者逐渐将卷帙浩繁的希腊语和阿拉伯语文献译为拉丁语。这些著作一经恢复，便开始迅速统治整个天主教欧洲的学术。这场翻译运动的出现是因为西方基督徒清楚，他们错过了大量的知识，这些知识已为穆斯林和拜占庭人掌握。他们讲到“拉丁人的贫乏”，因为只有少量最基本的文献资料是用自己的语言书写。为了挽救这种局面，西方基督徒开始获取他们所知的其他文化的既有财富。[14]很多地方的社会都不乐于承认，他们能从自己的敌人那里学到什么东西，而这对中世纪广泛引入外来思想和发明的欧洲人来说不是问题。一开始，接受外来知识并将其译为拉丁语，只是少数掌握必要语言技能的学者才能胜任的工作；不过有时难以找到合适人选，便只能采取如下步骤：首先，由某个人将想要翻译的著作从阿拉伯语译成西班牙语或希伯来语，然后再由另一人将其转译为拉丁语。[15]

阿拉伯人当然不会将自己的图书馆拱手让给基督徒。多数图书馆都是靠武力夺取的。到了 11 世纪，穆斯林开始失去对伊比利亚半岛的控制，那是他们 8 世纪时征服的地方。基督徒逐渐占领整个伊比利亚的过程，通常被称为“再征服运动”（*reconquista*）①，这个过程用了几个世纪。伊斯兰在西班牙南部仍留有强大的驻军，直到 1492 年格拉纳达（Granada）落入基督徒之手。起初，阿拉伯统治下的整个西班牙受惠于国无二君的统一状态；但宫廷斗争与内战破坏了这种统一，统一的哈里发王国分裂成一些小公国。基督教世界的众多国王开始不断拉拢、分化这些穆斯林统治者，终于缓慢地将旧的哈里发王国纳入基督教世界。通过巧妙利用这些穆斯林公国间的矛盾，基督徒极少需要对抗联手之敌，除非情势万不得已。1085 年，随着大城市托莱多（Toledo）被卡斯

① 也译作“收复失地运动”等。

蒂利亚国王阿方索六世（Alfonso VI of Castile，1040—1109）控制，阿拉伯学术的成果便落入基督教入侵者手中。他们完好无损地占领了这座城市著名的图书馆，图书馆馆藏丰富的消息迅速传开。与大众的认知相反，基督徒已不再是最喜欢不分青红皂白地烧毁图书馆的人了。

最高产的翻译家是克雷莫纳的杰拉尔德（Gerard of Cremona，1114—1187），他多年在托莱多翻译图书馆中的手稿。他学习了阿拉伯语（作为一位意大利学者，他已精于拉丁语）并译出科学、数学和哲学领域的著作六十多部。也许他最耀眼的成就是译出了《天文学大成》（*Almagest*）①。“*Almagest*”在阿拉伯语中是“大”（the Great）的意思，但这本书的希腊语原名是《数学体系》（*Mathematical System*），远没有“大成”那么引人注目。该书是亚历山大的托勒密（Ptolemy of Alexandria，活跃于公元140—170）所著，是希腊天文学的巅峰之作。托勒密将自己能找到的对天的最佳描述汇集在一起，并将所有内容置于坚实的数学基础之上。这样的结果是一篇非常难懂的论文，论文阐释的是如何运用复杂的几何模型计算行星的位置。对想要绘制星表的人来说，不论其目的是制定历法还是预测天象，《天文学大成》都是不刊之论。实际上，这部书的内容非常难掌握，多数人都会利用现成的星表来追踪行星的运动。阿拉伯名称“*Almagest*”是穆斯林学者重视它的明证。阿拉伯人是在 9 世纪时将其从希腊语原文译出。这些阿拉伯文抄本在地中海沿岸传播，杰拉尔德在西班牙发现了它们，也就是说，他的拉丁语译本与希腊语原文中间隔了一层，译文难免出现差错。对这部复杂的专业作品来说，这是个

① 也译作《至大论》。

严重的缺陷。尽管有这些难处，随着欧几里德的《几何原本》与托勒密的《天文学大成》被译为拉丁语，希腊数学科学的精华还是向西方基督徒敞开了大门。杰拉尔德还翻译了穆斯林学者的评注与原创论文。阿拉伯语作家中最重要的两位是阿维森纳（Avicenna，980—1037）和阿威罗伊（Averröes，1126—1198），前者专于医学，后者为亚里士多德著作所作的注释非常重要，中世纪学者直接称他为“评注家”。

在西班牙，不止杰拉尔德一人在从事翻译，其他古代抄本资源也在等待发掘。在西西里，阿德拉德寻求数学知识的起点，另一些天主教徒也在古老的图书馆中搜寻，他们从中发现了希腊语原本。西西里被拜占庭人一直统治到 9 世纪，仍保存着大部分希腊化时期的文化遗产。同时，一些修士也开始在意大利的其他图书馆搜寻，找到了为数不少的当地手稿。

人人都想阅读的希腊作家是亚里士多德。当然，波爱修在 6 世纪时已经翻译了亚里士多德的一些逻辑学著作。现在，大量亚里士多德的自然哲学著作已经容易得到，其中包括《物理学》（*Physics*）、《论灵魂》（*On the Soul*）、《论天》（*On the Heavens*）、《论生成与毁灭》（*Generation and Corruption*）以及《形而上学》（*Metaphysics*）。这些著作将构成欧洲自然哲学的基础，一直到 17 世纪。在接下来的几章中，我们会更频繁地涉及它们。但是，亚里士多德的著作都不易懂，即使对现代读者也是如此，而且他的书没有一部可以称为传统意义上的文学。这与柏拉图对话正好相反，柏拉图对话不仅是哲学巨著，同时也是散文杰作。阅读柏拉图可以带来乐趣，但阅读亚里士多德通常跟乐趣沾不上边。

下面的理由可以很好地解释为什么两位哲学家的作品风格迥异。柏拉图力求发表自己的对话，所以为公之于众进行了润饰；

而亚里士多德的论文只不过是他为授课而整理的讲义，他自己从未打算发表，所以其著作便显得粗糙和冗杂。我们确实知道，亚里士多德本人也写过一些文学性的对话，但这些对话在古代就已失传。[16]虽然亚里士多德留下的论著不是全都清晰易懂，但其中充满了数量惊人的深刻思想，范围几乎涉及每一门能想到的学科。亚里士多德实际上以其关于动物的论文开创了博物学（natural history）①，这些论文明显建立在细心观察和标本收集的基础上。他的巨著中有一部主题十分新颖，无人知道该如何称呼；这部著作之所以叫"*Metaphysics*"（意为"物理学之后"），是因为它在亚里士多德著作的标准目录中排在《物理学》之后，"meta"在古希腊语中是"之后"的意思。这个学科一直到亚里士多德的时代都是没有名称的，因为他没有发明这样一个词。前面已经提到，亚里士多德有许多逻辑学著作，此外他的兴趣还涉及伦理学、修辞学、心理学甚至是戏剧学。无怪乎亚里士多德以（那个）"哲学家"（the Philosopher）著称，无怪乎伟大的中世纪诗人但丁·阿利吉耶里（Dante Alighieri，1265—1321）称他为"智者们的大师"。[17]

公元前 384 年，亚里士多德出生于希腊北部的斯塔吉拉（Stagira）②（这就是他有时会被称为"那位斯塔吉拉人"的原因），他的父亲在那里担任马其顿国王菲利普二世（King Philip II of Macedonia，公元前 382—前 336）的私人医生。菲利普于公元前 359 年登上王位，开始了一项野心勃勃的计划——他要征服全希腊。在他死前，只有尚武的斯巴达还在抵抗。亚里士多德的父

① 也译作"博物志"或"自然志"。

② 原文误作"Stagaria"。

亲将儿子送到南方的雅典接受教育，那时，雅典是希腊的学术中心。亚里士多德进入柏拉图主持的阿卡德米学园学习，在那里一直待到柏拉图去世。两人的哲学观点虽多有不同，但亚里士多德一直对自己的老师怀有一种健康的敬意①，即使是在老师去世很久以后。但是，亚里士多德未能接任园长之职，所以他决定离开雅典。他四处游历，并于婚后返回故乡，担任菲利普国王的儿子亚历山大（公元前 356—前 323）的老师。后来亚历山大即位成为马其顿国王并完全超越了父亲的成就。在十三年的辉煌统治期间，亚历山大成功摧毁了强大的波斯帝国，带着自己的军队一路向东，远达印度。难怪亚历山大会获得“大帝”的称号，难怪在他所征服的国家，他仍是令人恐惧的对象。亚里士多德没有随这位学生东征，而是回到雅典建立了自己的哲学学派，名为“吕克昂”（Lyceum）。在此，他教的是新一代学生。据传，他最喜爱的教学方式是一边谈话一边漫步，听讲者则随他四处走动。因此，后世学者称他的学派为“漫步学派”（peripatetic）②，认为这个词在希腊语中是“四处走动”的意思。不幸的是，这引人入胜的情景却是源于误译——“peripatetic”一词实际上指的是亚里士多德与学生遮阴的柱廊（portico），他们在那里躲避雅典阳光的曝晒。[18]

公元前 323 年，亚历山大大帝在波斯去世。雅典人立即推翻了本地建立的马其顿政府。亚里士多德作为亚历山大以前的老师，与马其顿政权难以撇清关系，遂成了“不受欢迎之人”（*persona non grata*）。如他所言，自己必须逃生，以防止雅典人

---

① 亚里士多德说“吾爱吾师，吾更爱真理”，是所谓“健康的”敬意。

② 也译作“逍遥学派”。

“再次对哲学犯罪”。[19]前一次犯罪是处决苏格拉底。亚里士多德流亡之后没过多久便死了，他的著作据说几经辗转才到达我们手中。这些著作在亚里士多德死后数百年大概一直藏在某个地窖中，被遗忘在那里，最后是一位富有的藏书家发现了它们并将其带回雅典。此后不久，罗马将领苏拉（Sulla，公元前 138—前 78）占领雅典，又将这些被虫蛀坏的书籍运回了罗马。[20]征服希腊之后，希腊文化一时间在罗马成了风尚。罗马人将亚里士多德的著作视为希腊哲学的典范，因而抄写了这些著作，亚里士多德的著作便这样保存下来。

第一批大学

随着中世纪翻译运动加速，教育领域一项新的发展便开始起步，这就是大学的诞生。当然，在古典世界里，高等教育也曾存在于亚历山大、雅典和君士坦丁堡。在古雅典，像柏拉图或亚里士多德这样的个体主持并实际拥有一所学校，还可以在自己死后将其传给自己的继承人。[21]亚历山大和君士坦丁堡的学校都属于王室机构，获得资金和庇护要看君主的心情。

相反，西欧新出现的大学享有特殊地位，实际上处于独立状态。利用见于罗马民法并由修道院发展的合法先例，新的大学组成了“联合体”（corporations）。[22]这意味着大学不是个人的简单集合，而是结成统一阵线面对世界的团体。同时，组成联合体的个人还可以在幕后作出他们所有的内部决定。这样，大学就不依赖于任何个体，即便全部原有成员已经离开或死亡也可以延续，也不必仰仗王公或主教。实际上，大学越来越擅长挑拨世俗统治者与教会之间的关系，以求最大化自己的回旋余地。利用自身的独立性，大学可以捍卫自己的地位，甚至还可以诉求更多特权。规模大的学校，经济影响力很大，地方上会竭力让他们满意；而且，如果这些人的诉求得不到满足，就会罢工或离开那个地方。[23]联合体的发展在别的方面也是极其重要的进步，因为联合体也适用于商业。这最终催生了有限公司，它至今仍是资本主义制度平稳运转不可或缺的成分。

世界上第一所真正的大学是博洛尼亚（Bologna）的法律学校。神圣罗马帝国皇帝弗雷德里克·巴巴罗萨（Frederick Barbarossa，1123—1190）于1158年授予这所学校皇家特许状，允许学生自治。[24]（后来）这些学生对博洛尼亚市议会不满，集体出走①，此事促成1222年帕多瓦大学的成立。[25]巴黎大学脱胎于彼得·阿伯拉尔曾执教的那些座堂学校，在1200年获得了法国国王的认可。[26]在13世纪期间，巴黎的教师有时一次罢课几年，但由于大学的重要地位和威望，他们最后几乎总是能满足自己的诉求。牛津大学的起源仍笼罩着迷雾，但记载中首次出现它的名字是在13世纪初。[27]

博洛尼亚大学专于民法和教会法，其不寻常之处在于主事者是学生，由他们雇用老师来教学；在别处，都是教师管事。有的大学在某些学科上十分突出。在蒙彼利埃（Montpellier）和帕多瓦兴起了一批医学院校，旨在以新发现的阿拉伯和希腊医学著作为基础培养职业医师。他们的基础教材是《医艺》（*Articella*）②，是一部实用的单卷本教材，由阿维森纳、盖伦（Galen，公元131—201）以及希波克拉底（Hippocrates，活跃于公元前5世纪）

① 同时离开的还有一些教师。这些出走的师生为寻求更多的学术自由，离开博洛尼亚大学，前往帕多瓦成立了新的大学。

② 又名《小技艺》（*The Little Art*）。

的短论组成。[28]但是，所有学科中最重要的是神学——所有科学的女王。神学教育成为巴黎大学的专利，但在牛津大学稍弱些。神学的核心文本当然是《圣经》，但早期教父的著作也相当重要。彼得 · 阿伯拉尔在《是与否》中提出过一个问题，那就是教父的观点也并非总是一致。为救此弊，彼得 · 隆巴尔（Peter Lombard，1095—1160）编写了一部综合性著作，名为《箴言四书》（*Sentences*），由此，阿伯拉尔尝试理解教父不同立场的工作在隆巴尔手中得以完成。[29]《箴言四书》的名称得自拉丁语“*sententiae*”，意为“观点”（opinions）。在中世纪的神学研究中，它的重要性仅次于《圣经》。[30]

12 世纪文艺复兴标志着彼得 · 阿伯拉尔对圣伯纳德的胜利。逻辑作为神学必要工具的地位已经确立起来，新兴的大学为逻辑提供了学习研究的场所。而中世纪欧洲文献遗产的守护者——修道院——的重要性已经下降。现在，自然哲学将在大学（主要是巴黎大学和牛津大学）中安家。

第五章

异端与理性

1210 年 11 月 20 日，巴黎附近香蒲（Champeaux）的市场上，一个小教派——阿马勒利派（Amalricians）的十位成员被烧死在火刑柱上。这些异端分子走向刑场时，一场暴风雨正在酝酿。神职人员的斗篷在风中摆动，接着，倾盆大雨淋湿了火刑柴堆上引火用的麦秆。将受刑者绑在柱子上之后，国王手下的行刑者冒雨点燃了熊熊大火，也算对得起他的工钱了。这些阿马勒利派门徒有理由感激天气——木材在潮湿时燃烧产生的烟会比通常多很多，在火烧到身上之前，他们早该窒息了。围观的人群中有人低声议论说，这场暴雨证明这些异端分子的灵魂受到了上帝的惩罚，注定要下地狱。这时，围观的人群目睹了极其骇人的一幕。在十名活着的受刑者身边，行刑者将一具已经腐烂的尸体扔到了柴堆上，这个人已经死了三年。那是学者贝纳的阿莫里（Amaury of Bène，死于 1207 年左右）① 的遗体，他曾在巴黎大学任教。受

① Amaury 同 Amalric，即阿马勒利派（Amalricians）名称之由来。

刑者中有巴黎大学的一位教师和两名学生，都是他的门徒。[1]

阿莫里长期在巴黎大学工作，进入神学院以前，他一直研究哲学。他在神学院时因支持一些正统基督徒绝不会接受的信仰而惹上了麻烦。虽然这些信仰的具体内容难以确知，但是阿莫里显然是一个泛神论者，他相信上帝与宇宙是同一的。他还宣称，不存在死后的生命，物质世界是存在的全部。今天，这些想法不足为奇，但是在13世纪早期，它们却是惊人的渎神言论。不过，这也不能阻挡它们的吸引力，阿莫里在大学内外都获得了追随者。最先要求阿莫里公开宣布放弃这种信仰的并不是教会，而是神学院的同事。他没有屈从这些人的要求，而是到罗马寻求教皇英诺森三世的支持。教皇听后，站在了巴黎的神学家那边。于是阿莫里别无选择，只能否定自己先前的信仰。受到教皇的谴责后，他回到巴黎，不久便死了。[2]但是，并非所有追随者都甘心认错，一小支人在巴黎周围继续发展，宣扬泛神论和唯物论思想。在大学象牙塔中讨论异端思想没有什么，一旦出了大学，就难免惹上麻烦。

阿马勒利派逐渐出名。这些门徒里有一位金匠名叫阿里亚的威廉（William of Arria），他自称先知，并向愿意听信的人宣传这个消息。1210年的一天，他开始劝化某个叫作拉尔夫大师（Master Ralph）的人。拉尔夫有礼貌地听着，但一察觉到威廉的学说是异端，便愈加留心。威廉离去后，拉尔夫去找了巴黎主教。那时，主教的燃眉之急是建造规模宏大的巴黎圣母院。经过四十年的施工，教堂正厅、唱经楼和耳堂已经占据了巴黎的中心，西面的施工进展很快。但是异端之事需要主教迅速关注。主教命拉尔夫暗中加入阿马勒利派，三个月之后回来报告他的一切听闻。拉尔夫奉命行事，当阿马勒利派的一群人去向农民传播自己的新信仰时，他也随同去了农村。拉尔夫同他们返回巴黎后，向主教报告了他们的活动情况。十四名阿马勒利派领袖马上被抓去审问。[3]

起先，教会当局采取怀柔政策，试图劝诱阿马勒利派成员浪子回头。这个方法一开始很奏效，几个犯人承认了自己的错误。但是，这些人后来似乎又反悔了，拒绝承认自己是异端。他们相信阿莫里道出了真理，是天主教会自己错了。眼见这些人如此顽固，教会当局放弃争论，将十名阿马勒利派成员移交给世俗机构。这意味着等待他们的将是恐怖的下场：不依照温和的教会法，而依照严酷的世俗法遭受异端罪的惩罚。国王手下的行刑者烧死了那十名宗派分子，而另外四人可能在最后时刻放弃了自己的信仰，被关在一所修道院了却余生。[4]

巴黎大学对亚里士多德著作的禁止

阿马勒利派信徒的悲惨故事对自然哲学有持久的影响。巴黎主教发现卧榻之侧竟有一个异端分子的巢穴，大为震惊，开始寻找问题的根源。他隐约感觉到克莱尔沃的圣伯纳德最害怕的事情已成为现实。阿莫里运用理性与逻辑，不是捍卫了基督教，而是动摇了基督教的基础。巴黎主教组织了一次当地的宗教会议，发布教令正式革除阿莫里及其门徒的教籍。教令继而禁止了那些被认为是滋生了异端的书籍，规定“在巴黎禁止公开或私下阅读亚里士多德的自然哲学著作连同相关评注，违者革除教籍”。[5]主教们认为亚里士多德是阿莫里思想的源头。我们不用追究这次会议到底在被禁著作中发现了什么让他们反感的内容，因为几乎可以确定，他们没有读过那些著作。道德恐慌最容易产生坏规定。

不过毫无疑问，亚里士多德的自然哲学在一些核心观点上与基督教是相抵触的。基督徒相信我们所有人的灵魂在死后都继续存在，上帝在过去某个确定的时间点创造了世界；最根本的是，上帝是全能的，他本身并不服从自然的法则。亚里士多德的说法与这些全都相反，他认为世界是永恒的，已经存在了无限时间并将永远存在；不存在创世的那一瞬，也没有创造者。他对于个人不朽的态度也游移不定。虽然他相信人类有灵魂，但认为灵魂在人死之后便消失了。不存在最终审判，也没有天堂地狱。这已经够严重了，但更严重的是亚里士多德几乎不相信上帝。那种对祈祷者作出回应而且干预人类生活的人格化上帝，对于希腊哲学家来说完全是无稽之谈。亚里士多德确实相信有一个“第一推动者”使宇宙持续运转，但是这个非人格化的存在对人类没有兴趣，与《圣经》中的上帝毫无相似之处。

教会很容易处理这些问题，他们只要正式宣布亚里士多德有悖基督教学说之处是错误的就行了。但是，还有另一个问题贯穿亚里士多德的自然哲学与形而上学，那就是必然性的问题，它对科学的发展至关重要。

不论亚里士多德还是基督徒，都承认存在固定不变的自然规律，但这位希腊哲学家走得更远。对于亚里士多德来说，逻辑必然性的铁链决定了自然规律存在的方式。[6]自然规律不是由上帝任意确定的一些法则，而是上帝别无选择必须使用的法则。即便世界确实是由上帝创造，他也不能选择创造世界的方式。[7]这就像他必须遵照一个事先存在的配方一样，如果他不严格按配方行事，结果就会是一团混乱。不存在神性的自由，造物主实际上并不负责世界运转的方式。这并不是说亚里士多德认为世界没有目的，只是对他来说，自然的目的与上帝的神圣计划是不同的。

显然，这些东西很危险，一旦知道它们影响过阿莫里，巴黎主教组织的宗教会议就迅速将其禁止。巴黎大学的学者继续钻研亚里士多德的其他著作，如逻辑学和伦理学，所以他们可能没有把禁令放在眼里。此外，禁令也只在巴黎适用。在其他大学如牛津和剑桥，那次宗教会议的一纸禁令没有权威性。1229 年，图卢兹（Toulouse）一所新大学的公告大力宣传说，学生在他们那里可以自由阅读在巴黎被禁的亚里士多德著作。教皇针对他们从巴黎挖走学生的放肆之举作出反应，将图卢兹也纳入了禁令的适用范围。[8]

巴黎大学毕竟是欧洲最大、最有威望的大学，对于什么能读什么不能读还需要主教来告诉他们，教授们极为愤怒。几乎所有人都觉得那次会议全面禁止亚里士多德的自然哲学著作有点过火了。但是，想让宗教会议承认自己错了并非易事。唯一能推翻这项决议的人是教皇，但他不会愿意在异端问题上示弱。解决的办法很简单——等到风头过了再设法撤销禁令。

1230 年，巴黎圣母院位于西边的正面与玫瑰窗①已经竣工，玫瑰窗至今仍俯视着教堂正厅。著名的双塔楼已经拔地而起，塔楼若建成，将使圣母院正面的建筑结构得以完成②。巴黎圣母院标志着教会恢复了自信，而教会决定重新讨论对亚里士多德著作的禁令也是这种自信的反映。1231 年，（巴黎）大学向教皇格里高利九世（Gregory IX）指出，当初的宗教会议禁止了所有自然哲学著作，反应过激。教皇表示同意，给巴黎去了两封信。第一封信赦免了所有无视最初禁令的人，第二封则写道：

---

① 一种圆形窗，形似玫瑰花，亦称“玫瑰花窗”。

② 塔楼于 1250 年完工。

> 兹悉，巴黎当地宗教会议所禁的自然哲学著作，有用内容与无用内容兼而有之。为免其有用者被无用者污染，我们要求……以合宜方式细致审慎地检查这些著作，举凡有误或易致亵渎冒犯之处一概剔除。这样，书中具有此类嫌疑之处一经删除，余下内容便可随即进行正当研究。[9]

我们不知道，当时是否因为无人肯费神去做删除的事而成立过一个委员会来删定亚里士多德的著作。阅读此前被禁的所有关于自然的著作很快就成为学校课程的中心环节。巴黎大学的教学大纲自1255年起，将亚里士多德的所有著作全部列入学生取得学士或硕士学位的必修课程。[10]

如果亚里士多德那么危险的话，教会当局为什么要让阅读亚里士多德在全欧洲的大学成为必修课程，甚至还一反常规地解除了禁令呢？如教皇所言，答案是——亚里士多德太有用了。只要解释得当，他就是对付教会最害怕的异端问题最强有力的武器，这确实有点讽刺。

异端与宗教裁判

中世纪时期，异端是个不断上升的问题。在法国南部、莱茵兰和意大利北部，异端尤为盛行。这不是说异端是近期才出现。过去八百年里异端一直存在，但教会几乎没有操心过它们。在异端分子对日渐增长的教皇权力未构成严重威胁之时，教会可以安全地无视异端信仰。只有像彼得·阿伯拉尔那样高调的事件才会引起教皇的注意，而且那还只是因为他作为神学家威望太高。在12世纪，这种松弛的态度发生了变化。

这个时期，基督教一个重要的特征是平信（lay piety）① 的高涨与教会改革的压力。[11]平信徒高昂的宗教情绪（可能随着1095 年十字军东征的开始而更加强烈）说明极端主义已日趋普遍。教皇乌尔班二世（Urban II，1042—1099）鼓动了第一次十字军东征，意在从穆斯林手中夺回圣地。但是，并非所有人都想远赴中东，一群群暴民开始就近寻找异教徒。这个事情恶名昭彰的一面，就是犹太人成了他们施暴的对象。教会法允许犹太人信奉自己的宗教，并规定不得以暴力或其他方式强迫他们的孩子受洗。[12]但是对那些暴民来说，这些法令都是大错特错的，犹太人是正当的攻击对象。1096 年，境内十字军沿着莱茵河展开一系列大屠杀，尽管当地主教努力保护受害者，死者仍数以千计。这些暴民照样袭击保护犹太人的神职人员，美因茨（Mainz）大主教因此不得不逃命。[13]

信徒之中出现异端分子被认为是内敌存在的进一步表现。普通民众害怕，如果允许离经叛道之人安然无恙地生活在他们中间，自己会受到上帝的责罚。这就是拉尔夫大师那么快就把自己与阿马勒利派的相遇报告给主教的缘故。而且如果当局对处理异端不够积极的话，暴民们就会为之代劳。1144 年在科隆，两个异端领袖被一群暴民抓去，而当时科隆大主教正在审问他们。暴民们不顾任何正当程序，将他们的猎物拉出去当场烧死。[14]

教会也越来越关注异端分子，因为异端越来越普遍。最大的异端教派是清洁派（Cathars），他们似乎起源于东欧，可能是基督教早期分支摩尼教（Manichaeism）的传人。清洁派与摩尼教信徒都相信存在两个神，一个善良的神和一个邪恶的神。两个神是否

---

① 指非神职人员的信仰。

同样强大说法不一，但创造并统治物质世界的是恶神。这意味着物质本身是邪恶的，人类应当通过完全集中于精神生活而摆脱它。[15] 最坚定的清洁派信徒称为“全徒”（*perfecti*），他们是严格的禁欲者，不吃肉并远离性行为。他们希望通过否定物质性的东西使自己从肉体的桎梏中解脱出来。清洁派在法国南部及图卢兹最为兴盛，在这些地方，他们具有相当大的影响力并受到贵族的保护。

随着异端人数的增长，加上普通民众自行其是，教会必须采取措施。虽然顽固不化的异端分子应当处死，但教会还是十分担心没有给他们回归正信的机会。显然，处理异端问题需要新的制度。鉴于此，一批活跃的教皇发展出一套称为“宗教裁判”的法律程序。[16]

在中世纪，不存在一个可以单独称为“宗教裁判所”的统一机构。宗教裁判官只是受教皇个人委派前往受异端影响的区域，行使特殊的权能处理异端问题。他们与当地世俗和教会机构协同工作。一些教皇敕令对宗教裁判官进行了授权，这种授权在教皇格里高利九世的两项敕令中达到极致，这两项敕令的颁布与他解禁亚里士多德著作在同一年。在对两名宗教裁判官的活动进行授权时，他写道：

> 我们请求、敦促和告诫你们……你们将作为法官被派遣到不同地区，在你们认为有利的场所召集神职人员与民众，向其宣教。动用你们认识的个别人员，努力找出异端分子，或号称异端者。我们（向你们的世俗助手）授予自由使用武力的权力以对付信仰的敌人。[17]

宗教裁判官的新颖之处在于，他们使用最新的法律手段来调查异端。这是博洛尼亚大学（我们在上一章末尾提到过这所大学）对罗马法的新兴趣带来的结果。直到 13 世纪，大多数国家都仍在沿用世代遵循的旧法典。在这些法典中，法律程序始于公众一员的正式“控诉”①。原告进行犯罪指控后，被告有几种方法证明自己的清白：一种方法是提供一些要求将其无罪释放的品格证人②；另一种方法是经受神裁法③的考验。两种情况中，真实证据都无关紧要。而且，如果被告被判无罪，原告容易受到诽谤罪的处罚。名声不好的人绝不可能在法庭上战胜一个普遍被认为是诚实可信的人。教会不赞成神裁法，自 1215 年起禁止神职人员参与其中。[18]

有了新的纠问制，司法诉讼中的对抗制终于被完全弃用，取而代之的方式是由官方任命一位法官来调查犯罪，询问证人，检验证据，从而形成判决。对于异端案件，法官是教皇指定的一名宗教裁判官。与旧方式相比，新制度是明显的进步，后来也逐渐为世俗法庭采用。事实上，纠问制运行得很好，它至今仍是欧洲大陆刑事侦查的重要基础之一。[19]

宗教裁判官须遵守严格的规则，而且最重的惩罚只能留给那些顽固不化或屡教不改的罪犯。每个人都有第二次机会。当一名宗教裁判官到达一个地方的时候，他会宣布自己将宽大处理所有自行悔改的异端分子，以这种方式开始其使命。然后他就会跟进收到的线索，进行拘捕和审问，宣布在他看来谁是有罪的。虽然教皇特许宗教裁判官使用刑讯手段，但刑讯并不常见。[20]人们对于

① 即“控诉式诉讼”，也称“对抗式诉讼”。宗教裁判是纠问式诉讼。

② 在法律案件中为他人的道德品质作证的人。

③ 一种古代的审判方法，让被告接受某种痛苦或危险的考验，考验结果即视为神对其有罪与否的裁断。也称“神判法”“神断法”等。

审讯地牢的普遍印象是，那个地方环境潮湿并配备有各种各样的刑具。这种景象是后世的虚构，是宗教改革之后新教作家宣传的结果。[21]如果宗教裁判官发现某人犯有异端罪，犯人会有一次悔改和补赎的机会。多数人都会接受这种选择，而且他们赎罪受到的惩罚一般都相当轻。不过，被判异端罪者会受到警告——如若再犯，宗教裁判官的处理将比之前严厉得多。故态复萌的异端分子将面临终身监禁或更重的处罚。宗教裁判官已定罪而拒不认错者与再犯同罪。在最严重的情况下，宗教裁判官会将屡教不改和顽固不化的异端分子移交给世俗机构。依例，教会不能处决嫌犯，但宗教裁判官完全清楚那些由他移交给世俗机构的人将是什么下场。

1017 年，法国国王罗伯特二世（Robert II，972—1031）开始对异端实行火刑，从此这种刑罚逐渐传播到天主教欧洲的大部分地区。[22]但是，各处情况不一。在英格兰，议会直到 15 世纪才通过异端法；而在威尼斯，对异端分子的行刑方式是溺死。[23]当局认为阿莫里本人即使在教皇面前忏悔后仍继续宣扬异端思想，所以他们挖出其尸体进行焚烧——这是对死后还惹出许多麻烦的人的残酷报复。

中世纪的宗教裁判官名声不好理所应当。在宗教分歧的问题上以残酷的死刑手段镇压民众，这没有任何辩护的余地。死刑并不常见（在现存记载中约占百分之五）[24]，因为一到关键时刻几乎没有人想当殉道者。但是，维护正统学说的斗争还有另一面。教会意识到，要想有效打击异端，必须双管齐下。在人们不知道自己本该信仰什么的情况下就以信仰有误将其定罪，这终归不好。所以，应给普通民众提供优质的布道以让他们有机会学习天主教正统信仰的基本知识。

新修道会：多明我会与方济各会

多明我·古斯曼（Dominic Guzman，1170—1221）——后来被封为圣多明我（St Dominic）——是能看到教会传教不力的人之一。堂区司铎不在自己的堂区，主教对世俗权力太感兴趣，教会整体看起来很不光彩。难怪古斯曼认为普通民众正从别的来源寻找精神养料。他还意识到，派出去传布上帝之言的人必须在德行上无懈可击。如果连自己都对耶稣的教诲不以为意的话，给农民讲耶稣是没用的。为了解决这些问题，古斯曼在1216年创立了“布道兄弟会”①，其任务是通过外出阐释基督教义，打击异端在普通民众中的传播。这个新修会的会士身穿朴素的黑色法衣（因此他们以“黑衣修士”著称），靠施舍为生，在穷人和无产者中活动，常行走于城市而非农村。[25]为了传播和捍卫基督教信仰，黑衣修士必须具备相当的学识，所以他们开始利用新出现的大学提供的教育机会。[26]

古斯曼的思想获得巨大成功。不久，修会就采用创始人的名字，改称“多明我会”，虽然直到今天他们仍在自己名字后加上字母“OP”（表示“Order of Preachers”）。多明我会士兼具虔诚与惊人的学识，成为担任教皇的宗教裁判官的不二人选。他们传教和打击异端的热忱使其获得了“主的猎犬”的绰号（他们的拉丁名“*domini canes*”的双关语），他们颇以此为傲。多明我会教堂（如佛罗伦萨的新圣母玛利亚教堂［Santa Maria Novella］）的壁画有时会展现圣多明我被嗅探异端的猎犬所簇拥的场景。

① 即“多明我会”（Dominican Order），也译作“宣道兄弟会”。

几乎与多明我建立布道兄弟会同时，阿西西的方济各（Francis of Assisi，1181—1226）以“小兄弟会”（或称“方济各会”）的形式开始了自己的传道使命。他们的名声不像多明我会那样凶恶，部分是因为圣方济各本人心性温和。但是，起步稍晚的方济各会随后也开始寻求最好的教育，产生了几位堪与多明我会中的佼佼者比肩的杰出思想家。方济各会士也担任宗教裁判官，不过他们从不像多明我会士那样热衷于此。这部分是因为方济各会士将成立之初的一百年耗费在了教义之争上——他们对自己需要保持多大程度的贫穷匮乏产生了分歧。[27]当许多修会成员本身都被指控为异端时，方济各会在向人宣讲正教的事情上便处于不理想态势。

1231 年亚里士多德自然哲学的解禁背后很可能有多明我会的介入。他们开始与清洁派异端论战时，很快就意识到自己需要亚里士多德。简单地说，清洁派是二元论者，他们相信物质世界是邪恶的，是一位恶神创造的。不必跟他们讲《创世记》的第一章说上帝创造了世界，而且世界是好的。清洁派不尊崇《旧约》，认为其中描绘的上帝与《新约》所刻画的截然不同。[28]如果没有共识，很难进行辩论。幸而基督徒与清洁派一样尊崇亚里士多德的著作。借助亚里士多德的著作，多明我会士可以与清洁派信徒辩论，证明他们视物质世界为邪恶是错误的。[29]

比如，虽然亚里士多德不相信世界是上帝的创造，但他相信自然是仁慈的。为了展现自然如何给动物提供最佳的栖居环境，他的博物学著作给出了一个又一个案例。亚里士多德的世界是美好的，是为生活于其中的生物量身定制的。多明我会坚决反对清洁派的观点，这个丰饶的世界绝不可能是一位恶神的作品。

为了成功运用亚里士多德的著作，多明我会士必须颠来倒去地熟悉它们，所以这些著作必然在大学课纲中长期居于中心地位。但如何应付亚里士多德的非正统观点所具有的显而易见的危险？所幸基督徒已有数百年处理异教哲学的实践经验。对于是否可以阅读柏拉图，早期教会曾有一场争论。一些极端分子主张完全忽略希腊哲学，坚称一切需要知道的事情已尽在《圣经》之中。希波的圣奥古斯丁表示反对，他写道：

> 被称为哲学家的人尤其是柏拉图主义者所作的任何恰巧为真且与我们的信仰一致的论断，不应引起惊慌，而应拿过来为我们所用，就像是从无权拥有它们的人手中取回来一样。[30]

换言之，从异教思想中挑选出那些最合适的要素是完全可以接受的。亚里士多德的有些思想是危险的，但这并不能成为完全放弃其著作的理由。毋宁说，基督徒应当吸收亚里士多德哲学中能为基督教服务的部分。所有人都同意，神学仍是最重要的知识分支，但现在自然哲学的角色是神学的仆人，或按照中世纪的说法，是“神学的婢女”。[31]做婢女有一些实际优势，尤其是做科学之女王的婢女。也就是说，自然哲学在大学中处于受保护状态，因为它是研究神学的必要条件。无论如何，道理就是这样。我们看到，尽管教皇在1231年解除了禁令，关于亚里士多德的争论还是贯穿了整个13世纪。虽然有婢女的比喻，但对于两门学科的界限在哪里，理性能批判和修正神学到何种程度，哲学家与神学家仍无法达成一致。现在大家需要的是两门学科的明确界限。在这个问题上要达成一致肯定不是简单的事情。

第六章

异教科学如何被基督教化

多明我会士已经意识到，亚里士多德的哲学虽然危险，但对付异端十分有用。他们需要与两种极端分子①作斗争以便能将异教思想用来为基督教的利益服务。难怪在捍卫亚里士多德的战斗中，最具威力的两尊大炮出自多明我会。这两位学者兼圣徒就是大阿尔伯特（Albert the Great，约 1200—1280）和他最著名的学生托马斯·阿奎那，师徒二人卓越的工作不但使亚里士多德受到基督教神学的推崇，而且使其哲学成为基督教神学不可或缺的要素。一位同时代人这样描述他们："无论在生活还是思想上，在同一时期无疑还有许多其他著名人物，但是这两位出类拔萃，理应摆在所有人物之前。"[1]

全能博士和天使博士

大阿尔伯特出生于德国西南部一个叫施瓦本（Swabia，德语

① 完全依靠理性和完全依靠信仰两个极端。

Schwaben）的地区，年轻时加入多明我会。多明我会吸引着许多有识之士，阿尔伯特也想投身于多明我会产生的激动人心的新思想之中。他长年在巴黎大学和科隆大学工作，在科隆时曾参与负责创建一所新大学。他的墓位于科隆精致的圣安德烈亚斯教堂（St Andreas church）的地窖中，至今仍能见到。作为最伟大的德国思想家之一，阿尔伯特直到 1931 年才终于被天主教会授予圣徒称号。由于十分好学且成果丰硕，他获得了“大”（the Great）的尊称。他的著作集的标准版本是 38 卷拉丁文。[2]他非凡的头脑仔细思考过太阳之下的一切事物，对所有阅读过的内容都提出了问题，进行了分析。他的著作内容涵盖《圣经》、早期教父以及最重要的——亚里士多德的自然科学与博物学。难怪阿尔伯特会获得“全能博士”（Universal Doctor）的称号。

所有这些知识得来不易。阿尔伯特在普通人中间获得魔法师的名声几乎是难免的事。传言说他继承了热尔贝那件会说话的黄铜头颅①，用其获取不正当的知识。事实上，阿尔伯特确实写了一些招惹嫌疑的作品，他这方面名声不好也不完全是被冤枉。那时一本叫《天文学之镜》（*Mirror of Astronomy*）的书在是否允许魔法的问题上采取了非常开明的态度，这部著作很有可能是阿尔伯特本人的作品。[3]

虽然阿尔伯特的哲学工作主要以亚里士多德的著作为基础，但他不是没有批判性的仰慕者。他警告道：“如果亚里士多德是神，那么我们必须认为他从不犯错；既然他是人，就一定像我们一样会犯错。”[4]阿尔伯特还重新阐述了自然哲学的一些重要原则，他解释道：“经验是这类研究中唯一安全的向导。”[5]但是我们要注

① 见本书第二章。

意，不要过分强调阿尔伯特这话的原创性，这并不意味着他进行了实验。“经验”更多是指被动观察而非主动探究。对他而言，研究自然更多是一种理性的、案头的活动而非经验性的、实践性的活动。这种活动通常包括阅读诸多权威著作，从中进行判断。即便如此，他也不时坚持认为自己的经验与亚里士多德的一些说法相矛盾，而亚里士多德肯定弄错了。就算是大哲学家的权威有时也值得怀疑。“这就是自然科学的任务，”阿尔伯特说，“不是简单地接受别人告诉我们的东西，而是要探究事物的原因。”[6]换言之，正如孔什的威廉已经意识到的那样，自然哲学的任务是发现自然的次级原因①。阿尔伯特清楚，奇迹的存在并不妨碍自然哲学家的工作。

纵观阿尔伯特取得的所有成就，我们必须承认，他的名气主要得自学识的广博，而非他用全部知识所做的事情。他的学识广度超过深度，有时可能更像一个事实的考订者而非不断开拓学术疆界的人。没有一个哲学体系是以他命名的。在故乡德国以外，他几乎没什么名气。另一方面，阿尔伯特的论著具有体系性，他也确实为大众吸收新译出的希腊哲学奠定了基础。也许他最大的成就是发掘、认可和培养了真正的天才。阿尔伯特最有天赋的学生是有史以来最著名的哲学家之一，直到今天我们仍然认为他是真正具有革命性的思想家，这个人就是托马斯·阿奎那。

阿尔伯特直到20世纪才被封为圣徒，而托马斯·阿奎那死后不到五十年便获得了圣徒的称号。毋庸置疑，他是个谦逊又虔敬的人，但获得圣徒称号是因为其非凡的哲学和神学作品。托马斯的著作一直是天主教的智识堡垒之一，教会甚至因此授予他

① 见本书第四章。

“天使博士”（Angelic Doctor）的称号。

托马斯·阿奎那拥有最理想的人生起点。他出生在意大利中部，与不止一个王室家族有密切关系。他是一个文静、矮胖的孩子，显然不适合军旅生活，所以家里给他规划了教会生涯。主教与世俗统治者一样有权势，所以神职对于这样一个出身良好的人来说是合适的工作，他甚至做一名修士也没有什么不妥。若成为本笃会（Benedictine order）的一员，他将在一所富裕的修道院过上奢侈的生活，成为社会上举足轻重的人物。为了给这种角色做准备，父母将他送到那不勒斯大学接受必要的教育。

但是，到那里以后，托马斯并没有像家人希望的那样做。他的虔诚完全是真的，他以加入多明我会的行动证明了这点。这与成为本笃会修士完全不是一回事。不去做教会中的上层人物①，反倒去过一无所有的生活，甚至食物都要靠乞讨得来，这让他的家人感到恼火。他母亲吩咐他的兄长们将这个任性的弟弟强行绑走，囚禁在家族的城堡中。即便被关入暗室并要求重新考虑，托马斯也拒绝改变自己的想法。根据他最早的传记作家（也是一位著名的宗教裁判官）贝尔纳多·居伊（Bernardo Gui，约1261—1331）[7]的记述，他的家人竟然雇来一名妓女，想让他相信罪恶的好处。托马斯将她赶出了自己的房间。[8]最终，家人的态度缓和下来，托马斯得以继续自己的使命。多明我会将他送到离意大利较远的科隆，受业于大阿尔伯特，这是明智之举。

托马斯这个身材圆胖、沉默寡言的新来者并没有让同学留下深刻印象，他们戏称他为“哑牛”。阿尔伯特对他的学术潜力有更好的判断。“我们将这个年轻人叫作哑牛，”他说，“但是我告

---

① 母亲希望他成为修道院院长。

诉你们，这头牛的吼声将会让全世界的人都听到。”[9]所以他邀请这位沉静的学生与自己一起去欧洲的学术中心——巴黎大学。一到那里，托马斯就迅速闯出了名气，成为备受关注的思想家。他在 1257 年获得了巴黎大学神学博士学位，然后开始了一种教学、传道和写作的生活。教会试图给他一系列荣誉，最显赫的是那不勒斯大主教之位，他一概避而不受，直到死前一直维持着普通修士的身份。

我们可以预料到，一个教会如此尊崇的人会有很多故事，这些故事充实了颇为贫乏的官方记录。其中一些故事虽不是完全真实，但也值得一说，因为它们反映了托马斯同时代人对他的理解。据说在托马斯还是大阿尔伯特的学生时，一位同学从他的沉默寡言推测他学习有困难，跟不上逻辑学的课程，于是对他赋予同情。这位好心的同学在课后坐下来和托马斯一起复习功课，想让这个“笨人”不要落后太远。尽职的“辅导老师”费力地向托马斯解释后者几年前就已掌握的内容。这位未来的圣徒耐心地忍受这种轻蔑之举。最终，这位同学犯了一个明显的错误，托马斯当即礼貌地打断了这位自告奋勇的老师。他进而对那个问题作了解释，这个解释甚至远比大阿尔伯特本人的解释更清晰易懂。托马斯·阿奎那不需要补课的消息迅速传开了。[10]

很久以后，托马斯已是巴黎大学的教师。声名稳固之时，国王路易九世（Louis IX，1215—1270）邀请他参加一次盛大的宴会。路易九世本人后来自封为圣徒，至少部分是因为他发动了十字军东征（虽然并不成功）。托马斯对宴会虽然没多少兴趣，但出于礼貌还是应邀赴宴了，不过没有参与交谈。他很快就陷入思考中。他确实忘了自己身在何处。当突然想通了一个一直困扰自己的难题时，托马斯用拳头猛击桌子，大声喊道：“就是这样！”

随后是一阵尴尬的沉默，所有人都将目光投向国王，看他如何反应。幸而国王陛下知道学者应受到宽待，所以只是命人呈上纸笔，以便托马斯不合时宜的思考不致失传。[11]

托马斯一成为神学教授，就卷入了巴黎盛行的对亚里士多德的最新争论之中。这次，争论的核心是亚里士多德著作的“评注家”——阿拉伯学者阿威罗伊。基督徒在将希腊哲学翻译为拉丁文的同时，接触了许多阿威罗伊的著作。阿威罗伊是一个在12世纪伊斯兰化的西班牙生活过的穆斯林——至少在他没有因为激进思想被放逐之前可以这么说①。他的哲学牢固地建立在亚里士多德的基础上，在某些方面甚至走得更远。比如，他认为宇宙完全是决定论性质的。换言之，我们没有自由意志因而没有道德责任。他也和亚里士多德一样，认为宇宙必须是永恒的，不存在死后的生命。[12]这些正是让阿莫里陷入困境的那种思想②。这些观念单纯讨论一下不要紧，但不能说它们是正确的。阿威罗伊说它们必然是正确的，这强调了亚里士多德的思想：自然律是必然规律，连上帝的自由行动也受其约束。阿威罗伊对于哲学做神学的婢女当然是不满意的。他的意思是，理性总是胜过信仰。

托马斯·阿奎那的经院方法

托马斯·阿奎那是高度条理化和精心组织体系的代表人物，中世纪哲学家用这个体系来构建理性论证。今天，我们将这种论

① 阿威罗伊在1195年因异端倾向被放逐到卢塞纳（Lucena），著作也遭到焚毁。作者这句话的意思可能是指阿威罗伊因异端问题被放逐后，名义上不再算是穆斯林。

② 见本书第五章。

证模式称为“经院方法”，因此中世纪思想整体上经常用“经院哲学”这个词来描述。我们可以通过取自托马斯本人思想的一个重要例子来看看这究竟是什么意思。这个例子是他对上帝存在的证明。

一个经院哲学式的论证几乎总是以一个问题开始，所以在其最伟大的著作《神学大全》（*Summa Theologiae*）中，托马斯·阿奎那在接近开始的地方提出了一个问题：“上帝是否存在？”[13] 托马斯并没有马上开始解释为什么他认为上帝存在，而是以典型的中世纪风格首先抛出一些上帝不存在的论证。虽然他讲得十分简要，但是他选择的两个论证是非常有力的。第一个是恶的问题：如果上帝存在，那么恶这样的东西就不应该存在；全能与全善的上帝应该能保证没有恶存在，但恶显然存在。第二个无神论的论证是：上帝的概念没有解释任何事情；我们可以借助科学理解世界上的一切事物，所以我们无须假定一个上帝。

下一步是陈述无神论的反面。这不是反驳，只是托马斯想要辩护的一个命题，是从《圣经》或其他权威著作中概括出来的，在这个例子中是《出埃及记》第 3 章第 14 节中讲到的，上帝说他确实存在。①

这个时候我们才接触到论证的核心部分。托马斯给我们提供了不下五种上帝存在的证明，即哲学家熟知的“（托马斯）五路”。这五路证明历来为思想家争论。虽然他的五路证明也像安瑟尔谟的本体论证明一样不能完全令人信服（否则就不会有理性的无神论者这类人存在了②），但这五路证明确实帮基督徒证明了

① 神对摩西说：“我是自有永有的。”

② 如果上帝存在的理性论证能完全使人信服，那么一切理性的人就都会是有神论者，因此在这种情况下是不可能有“理性的无神论者”存在的。

理性是他们的朋友，他们无须害怕。如果他们可以用理性论证来证明自己的信仰，那么理性论证就是值得追求的方法。这里我们只讲托马斯五路的前两个证明，因为它们能向我们很好地说明托马斯是如何运思的。

接过亚里士多德的线索，托马斯坚称，世上的每一个结果都必有一个原因，事情的发生不可能毫无缘由。但是，托马斯意识到，这个方法会导致一个问题，因为一旦确定了某一结果的原因，就必须追问原因的原因是什么。即便能找到这个原因，仍须面对无限后退的因果链条。

举一个现代的例子来说明这个问题。[14]假设一辆小汽车在伦敦特拉法尔加广场的红绿灯那里堵车了，要等很长时间红灯才会变绿，伦敦交通才能恢复正常。如果你在前面，那么后面一定会排起长长的车队。这时一辆货车突然追尾，把小汽车的后面撞出一道凹痕。小汽车司机下车去和货车司机交涉保险事宜，却发现货车司机又已经在和他后面的司机交涉了，因为货车后面又有一辆车追尾，撞上了这辆货车。以此类推，后面排队的车也依次发生了同样的事情。假设伦敦的交通现在非常糟糕，车辆排的队已经无限长，只要尽可能地回溯，每个人就都会由于后面车辆的撞击而撞上自己前面的车辆。这件事的双重不幸是，虽然维修费用和怨气都是无限多，却没有一个人为最初的一撞负责，因为队列没有终点。显然，托马斯会说，这是不可能的。如果没有第一因，便不会产生任何结果，必然要有一辆车的撞击来开启这个事件系列。

托马斯推理，事情必然总是这样：每一件事都是由另一件事引起，所以必须要有某个第一因来起头，不然根本不会发生任何事。但是，我们已经讲过，世间万事都有原因。所以我们必定得出结论：第一因、第一推动来自世界之外。那个超自然的原因，亚里士多德称为第一推动者，托马斯·阿奎那则称为上帝。

托马斯简要地答复了他一开始抛出的反面意见，以此圆满地结束了对上帝存在问题的解答。关于恶的问题，他的答复是，上帝如此伟大，以至于他甚至能从恶中得出善来。最后，他重申，自然律需要一个“第一因”来解释，这个“第一因”就是上帝。因此，按照托马斯的观点，科学永远不能解释一切。

阿威罗伊与阿奎那

托马斯在巴黎任教时，巴黎最杰出的阿威罗伊主义者是布拉班特的西格（Siger of Brabant，死于 1282 年左右），他是一名激进的哲学教授，周围聚集了一群志趣相投的学生。西格生性好斗，完全卷入了大学混乱的政治斗争。有一次他参与策划了绑架对手的事情，记载中首次出现他的名字就是在这个时候。13 世纪 60 年代不同国家的学生之间发生冲突，他在其中也起了主要作用。

西格的哲学跟他本人一样好斗。他忍不住要对亚里士多德和阿威罗伊的著作进行更激进的阐释。他相信哲学证明了大地是永恒的，人类没有个体的灵魂。西格说，我们都是一个单一的普遍心智（hive-intellect）① 的一部分，这个普遍心智赋予整个人类以理性的机能。当然，他不能有把握地说这些结论是千真万确的，所以他只能说理性证明了它们的正确性。反过来，他又断定，通过信仰我们可以知道，确实是上帝创造了世界，每个人都拥有不

① “hive-intellect”当指“hive mind”，即“universal mind”。西格的讲法来自阿威罗伊的“单一心智论”，即所有人都共享一个单一的普遍心智。

朽的灵魂。换言之，西格认为理性说的是一回事，信仰说的是另一回事。这与基督教正统背道而驰。正统学说认为理性与信仰永远不会冲突，因为二者都来自上帝。教会沿袭圣奥古斯丁和圣安瑟尔谟的观点，相信理性可以阐明信仰，且二者缺一不可。

接下来的更糟。据说西格的一些学生宣称，当理性与信仰冲突时，二者都是正确的！因此，在哲学层面，世界是永恒的；而在神学层面，上帝创造了世界。这被称为“双重真理论”。巴黎主教严厉谴责这种思想，认为完全是一派胡言。[15]主教认为，如果信仰与理性看起来发生了冲突，原因在于人类的错误。1270 年，他发布教令，将阿威罗伊的一些思想斥为非法。西格那时显然放弃了自己的意见，重新回到了讲坛。

在关于阿威罗伊主义的巴黎大论战中，托马斯·阿奎那的介入极为重要。他决心向世人证明自己可以让亚里士多德成为基督教的仆人，并证明西格认为理性会导致与信仰相悖的结论这个想法是错误的。托马斯针对西格的某些著作写过一些直接的反驳，但是他的主要精力集中在对基督教思想与异教哲学的综合上。他创造的这种综合在其《神学大全》中得到完整的表达。《神学大全》是一部鸿篇巨制，虽然实际上没有写完，但仍是中世纪学术的最高成就。托马斯融合亚里士多德哲学与基督教学说的工作如此成功，以至于一些天主教徒历来无法区分二者。

托马斯将自己对教父的尊敬与对非基督教权威的大力推崇结合起来。除了亚里士多德和阿威罗伊，托马斯还在摩西·迈蒙尼德（Moses Maimonides，1135—1204）的著作中找到了灵感。迈蒙尼德是中世纪最著名的犹太哲学家，终其一生都生活在伊斯兰教的统治之下。他最重要的著作《迷途指津》（*The Guide for the Perplexed*）是为一位学生写的，这位学生无法将自己学到的自然哲学知识同《圣经》的说法调和一致。迈蒙尼德在书的引言中解释道：

> 有一位宗教人士，他受的教导让他相信《圣经》的真理，他勤勤恳恳地履行自己的道德和宗教义务，同时，他在哲学研究上也很成功，这部论著的目的便是开导他。[16]

托马斯·阿奎那认为自己的问题也一样。阿威罗伊主义者认为哲学至高无上，其反对者认为哲学是危险的，托马斯必须调和这两种观点。像迈蒙尼德一样，他将两边结合起来，显示了其各自的价值。托马斯给人类理性以极大信赖，虽然他不认为上帝的存在对于人类理性来说是自明的，但他确实相信单凭理性就能合理地证明上帝的存在。[17]他还认为，我们对周围的世界可以作出很多发现。然而，理性有局限性，若要正确理解信仰的秘密如三位一体，我们还需要超自然的启示。实际上，确知基督教义为真（这种能力）对于托马斯来说，是圣灵赐予的礼物，它不是我们自身通过努力能够获得的。[18]

对自然哲学家来说，理性是正确的工具，而托马斯展示了如何充分地运用这个工具。按照托马斯的观点，世界是真实的，它服从因果律。事情不是无缘无故发生的，而是以可预测的方式发生的。因此，研究原因是有价值的事情。当然，大阿尔伯特的观点是（研究）原因就是自然哲学的宗旨。托马斯尤其支持次级原因的学说，认为它是基督徒研究世界的一种合理有效的方式。他不认为“瘟疫是由疾病引起而不是直接由上帝的意志引起的”这个说法不虔诚，也不认为世界是恶的。毕竟，世界是上帝创造的，上帝不可能做错任何事。亚里士多德说，世界必定是永恒的，但托马斯证明了这位希腊人的论证错在哪里。不过，他承认单凭人类理性不能最终证明宇宙有开端。所以，按照他的想法，必须参考《创世记》来寻找真理。托马斯也反对决定论，赞成人类有自由意志。与阿威罗伊主义者相反，他相信人人皆有自己的灵魂。

在托马斯晚年离开巴黎返回意大利之前，西格和托马斯的一些小册子的内容仍互相针对。托马斯去世前不久在祷告时有过一次神秘体验，这件事让他放弃了写作。他宣称自己所取得的一切不过是稻草，至少与自己体验到的上帝之荣耀相比是如此。几乎无人赞同托马斯本人对其著作的评价。

1277 年大谴责

托马斯·阿奎那离开巴黎后，西格及其学生继续以激进理论挑起事端。巴黎大学对平息争论进行了新的努力，他们开始进行一项改革，旨在将卷入争论的两派分开。正如我们提到的，教会接受亚里士多德著作的主要困难在于哲学与神学之间缺少清晰的界限。

托马斯·阿奎那在提供边界的道路上已经迈出了几步，因为他一直清楚，什么只能通过理性认识，什么需要信仰。为了保险起见，巴黎大学要求哲学家同意不插手神学的事情。从 1272 年起，新的毕业生必须发誓，决不争论教义，如果不得不涉及教义，始终要站在正统一边。[19]从中世纪的观点看，这是合情合理的安排。律师与医生在 13 世纪就已采取行动来抵制那些宣称在相关专业领域拥有相应知识的业余人士。所有人都同意，神学是高高在上的学科，它在所有领域中对专业技能的要求是最高的，只有接受过最严格训练的人才能以此为业。成为合格的神学家需要七年，而且那是在用不少于四年时间攻读完第一个学位之后。难怪神学家都十分珍视自己的特权。如果一位哲学家确实想处理信仰问题，那么他完全有权进入神学系接受神学训练。

到 1277 年，这项改革显然也没能解决问题。阿威罗伊的思想仍在继续传播，原因可能是既有的毕业生无须进行新的宣誓。酒馆客栈中依然回荡着两派的争论，这种争论既威胁到大学的团结，也威胁到大学的声誉。

西格断定，情势太危险，他不能留下。虽然他即便是在缺席审判的情况下也从未被判为异端，但当地的宗教裁判官要拿他问话。[20]西格去了意大利，可能是想向教皇提这件事。此时的教皇是若望二十一世（John XXI，约 1215—1277），他不可能对西格抱有多大的同情。他已经给巴黎主教去信，要求对阿威罗伊主义采取措施。值得一提的是，若望二十一世在成为教皇之前，自己也曾是巴黎大学的学生，那时名叫西班牙的彼得（Peter of Spain）。他在学术生涯中写过一本逻辑教科书，此书在该领域长期占据主导地位，直到中世纪结束。他接受过医学训练，拥有锡耶纳大学（university of Sienna）的医学教席，名下有本医学手册非常流行。当然，教皇不反对正当运用理性。当选教皇之后，他在罗马附近维泰博（Viterbo）的教皇宫加设了一个私人书房，以便在空闲时间能不受打扰地研究哲学。不幸的是，担任教皇未满一年，若望二十一世便在一次奇怪的事故中遇难——他在新书房中工作时，屋顶坍塌，将他压在了下面。[21]

巴黎主教在接到教皇的来信之前就已着手编写一份清单，打算在其中列出西格和阿威罗伊思想中一切令他反感的内容。结果，这份清单很长，共有 219 个命题受到谴责。这份文件禁止大学里的任何人讲授或持有那些被谴责的观点，违者革除教籍。而西格不知出于什么原因被自己的秘书杀害了。他死后享有重要思想家之名，这名誉又被但丁·阿利吉耶里巩固，在《神曲》(*Divine Comedy*) 中将西格放在天堂。[22]

1277 年的 219 项谴责在科学史上占据十分重要而有争议的地位。这些谴责牵涉的主要问题是：上帝本身是受到自然律的约束，还是超乎自然律之上。这些谴责的文字读起来十分费劲，因为其内容只是告诉人们什么不能讲，而不是说明人们应该相信什么。有一些谴责处理的是上帝不受限制的特殊情况，例如在一些被斥为异端的命题中，有的说上帝“不能创造多个宇宙”，有的说他不能“在一条直线上移动宇宙，以免产生真空”，也不能“让三个以上的维度同时存在”。巴黎主教将谴责归纳为：禁止任何人说“上帝不能做那些自然中不可能发生的事”。[23]

根据我们目前的判断，没人认为上帝确实创造过其他宇宙，或者确实存在三个以上的维度。这不是关键。巴黎主教只是在告诉人们，永远不要把话说得太绝对。科学不能作终极宣言，尤其是不能作那些限制上帝自由的论断。也就是说，主教没有阻止人们研究世界运行的机制，他只是不许人们说上帝在如何构建世界的事情上是受限的。这些谴责不仅没有限制自然哲学家的工作，反而解除了他们的束缚。他们不再需要亦步亦趋地跟随亚里士多德，而是可以把上帝的自由当成依据，用不同的方式做事，在亚里士多德范式之外发展理论。我们在接下来的几章将会看到，他们立刻就抓住了探索这些可能性的机会。

在剩下的一些被禁命题中，有一些断言世界并非上帝创造，并且是永恒的。有一些命题对人类的自由意志和道德义务提出了疑问。还有一些命题让我们了解到，阿威罗伊主义者和神学家间的论战曾变得多么激烈。属于这类命题的有“神学建立在谣传的基础上”和“你无法从神学中学到任何东西”等。[24]

通读1277年的大谴责，可以明显感觉到其内容是匆忙写就。它们排序混乱，似乎是由某类教会集体会议讨论形成的产物。没有人坐下来仔细考虑它们要实现什么目标，这让它们的功劳愈加显著。这些谴责确实阻止了阿威罗伊主义者，也最终解决了关于基督徒应如何阐释亚里士多德的争论，但没有妨碍自然哲学家开拓其学科的疆域。事情原本可能大不相同。如果阿威罗伊主义者将教会逼得无路可走，那么亚里士多德立马就会被再度禁止。较为明智的意见占了上风，不管是谴责的内容还是其施行，都给自然哲学的繁荣发展留下了空间。

1277年大谴责没有被进行太宽泛的阐释，这在很大程度上要归功于托马斯·阿奎那，虽然他已在两年前离世。他经常提及阿威罗伊的著作，这就确保了这些著作本身不会被禁止。而且，被禁的命题中有一些很可能是他支持过的观点。巴黎主教明显想要纠正这位大学者，但结果是他高估了自己的能力。多明我会士为了让托马斯得到圣徒的封号而竭力游说，终于在半个世纪内达成了目标。当托马斯在1323年被封为圣徒时，那一任的巴黎主教不得不宣布那些谴责必须修正，使其不至与托马斯的思想发生冲突。[25]在托马斯·阿奎那成为圣徒之后，没有人能说一个结合了亚里士多德哲学与基督教学说的思想体系会自然而然地导致异端观点。

大谴责与托马斯的《神学大全》创造了一个框架，自然哲学家在这个框架中可以安全地开展研究。这一框架首先在哲学与神学之间划定了清晰的界限，这就使得哲学家能够在不受非法的形而上思辨的诱惑的情况下研究自然；其次，框架确立了一项原则，即上帝制定了自然律但不受其约束；最后，框架明确了一点，即亚里士多德有时是错的。世界并非“按照理性来说是永恒的”同时“按照信仰来说是有限的”。世界不是永恒的，结束。而如果亚里士多德在他认为确定无疑的事情上都能出错，那么他的整个哲学就成问题了。中世纪自然哲学家彻底超越希腊人成就的道路已经扫清。

将 1277 年大谴责对自然哲学家的限制视为教会反科学的证据是不对的。不错，不存在完全自由的探究，但是限制一个学科与反对一个学科不是一回事。加在自然哲学上的限制有双重效果，这些限制既防止了自然哲学侵犯神学的领地，又保护了自然哲学家，使其免受那些倾向于进一步缩减他们活动范围的人干扰。哲学可以和平、安全地发展，无忧无虑，就像一个国家有可靠的国境线一样。

哥特式大教堂

随着对自然哲学的争论得到解决，巴黎主教们可以投身于新教堂的建设之中了。双塔楼在 1250 年就已竣工，但是内外装修直到 1300 年才完成。[26]巴黎圣母院只是 12 世纪法国北部出现的最著名的哥特式教堂。如果你有机会去这个地区看看，那么奥尔良、兰斯、鲁昂、沙特尔这些地方同样美丽的教堂都值得一去。在这些地方，你将能尽情欣赏建筑，不像在巴黎那样会被成群的游客打扰。即便是最偏狭的中世纪文明的批评家，也不能否认哥特式教堂世界奇观的地位。在七个多世纪以后，哥特式教堂仍然能让游客和朝圣者肃然起敬。近些年的修缮计划已让它们变得比任何时候都更好看。煤烟及其他污染被尽力清理干净之后，教堂露出了尘垢覆盖之下的华丽装饰。现在，这些装饰在阳光下金光闪闪。

哥特式建筑基于三项创新——尖形拱门、肋状拱顶与飞扶壁。这种风格那时并不叫“哥特式”。“哥特式”这个术语是16世纪发明的，本是用来讽刺中世纪的挖苦话①。这种风格最初被称为“法国式”，因为真正最早的哥特式建筑是巴黎近郊圣丹尼斯修道院的新教堂，[27]就是当年彼得·阿伯拉尔做修士的地方。

尖形拱门源自印度，在11世纪某个时期传入欧洲。所有的拱都是用来承重的，不论是屋顶上的拱还是桥梁上的拱。圆拱将所有承重都向下转移到支撑它的墩柱上。尖拱并非如此，它有一种天然的外扩倾向，这导致两个结果：其一，没有必要将尖拱放在厚重无比的墩柱上，因为它们不需要支撑全部承重；其二，需要某种外部支撑来防止尖拱向外侧推建筑的墙壁。中世纪工匠想到的外部支撑方式是飞扶壁。飞扶壁在墙的外侧，所以建筑内部开阔而简洁。这种新的想法很快就变得格外流行，为此，一些教堂的建造者甚至半路临时改变他们的建筑方案。在巴约，教堂正厅的下半部分由立于宽大石墩上的圆拱支撑；在其上方，精美的尖拱以纤细得多的圆柱为窗户定好了框架。

哥特风格的最后一项元素是肋状拱顶。屋顶由一系列肋拱支撑，但它们不是垂直地伸向墙壁，而是斜向地伸到对面。也就是说，两根肋拱可以相互交叉，相互加固，从而减少它们之间必须填充的空间。

中世纪工匠将这三种元素糅合在一起，创造了一系列艺术杰

① 哥特是蛮族部落，曾洗劫罗马（见本书第一章），因此“哥特”实为“野蛮”的代名词。

作，这是哥特式建筑的非凡成就。工匠们想要将教堂往高处建，以创造巨大的内部空间。因为飞扶壁在建筑物外面，所以他们可以在墙壁中镶嵌玻璃而无需大量的石块。这种成果经受住了时间的考验。

高度是工匠们的野心，主教们也都想让他们的座堂高出自己的近邻。追求更高建筑的倾向在宏伟的博韦（Beauvais）唱诗区上达到极致。当你步入博韦大教堂的大门时，眼睛会禁不住朝上看。那些拱顶与地面的距离是空前绝后的 160 英尺（48 米）。[28]两排细长的柱子构成厚厚的屏障围住教堂后殿，形成唱诗区。柱子之间，彩色的玻璃窗组成一道弧线横贯整个视野。那效果就像站在一个精致的彩色万花筒中。不幸的是，博韦大教堂的工匠与巴别塔的建造者一样太不自量力了。只须简单地观察一下教堂，便会发现有什么地方很不对劲。因为这座教堂虽然比周围的建筑高，却只建了一半。博韦大教堂有唱诗区和耳堂，但本应是基督教世界最长教堂正厅的地方却空空如也。耳堂另一端的墙只是简单地用木板加固了一下。

唱诗区的施工在 1272 年完成，但是十二年之后却由于超重而坍塌。唱诗区林立的圆柱虽然是一种艺术成就，但它们能支撑到今天却是工匠们不断努力防止其再次倒塌的结果。接下来两个世纪没有任何进展，到了 1500 年耳堂才终于开始施工。这项工程耗费了五十年时间，在完工的时候耳堂貌似很牢靠。此时，建造者又骄傲起来，他们在建筑顶部竖起一个巨大的钟楼，最后又给它加上了尖顶，上面再加上沉重的铁十字。简单地说，博韦大教堂是那时欧洲最高的建筑。实在简单过头了。在 1573 年的耶稣升天节（Ascension Day），集会的人群刚刚列队走出教堂，钟楼便倒下来砸穿了屋顶。虽然拱顶很快得到修复，但是博韦大教堂一直没有建正厅。[29]即使在今天，这座教堂也处于不稳定状态。为让耳堂站稳，横越耳堂上方拉起了一道巨大的支架，而其对面的墙体则由一具嵌入地基的巨型木制扶壁支撑。大教堂的高度使它极易受到横扫皮卡第（Picardy）平原的大风影响。虽然耸立了几个世纪，但是这座见证了人类野心勃勃不知收手的纪念碑已时日不多。

我们现在必须暂时离开哲学家和教堂建造者，去和声誉较次的一群人度过一些时光。因为现代科学同样要归功于那些涉猎过魔法、炼金术和占星术的人。

第七章

惨败：中世纪的魔法和医学

魔法有时管用。

这不是说魔法起作用的原因与超自然事物有关，原因可能是运气、心理作用或骗术。中世纪人在思想上对所有可能性都保持活跃，但这并不意味着他们会自动排除神秘因素；即便魔法没有任何效果，也是如此。魔法治疗师成功背后的主要原因是他们极少造成伤害。他们不会像中世纪的职业医师那样给病人放血或催吐；他们开的药一般是没有毒性的，而且常常只能外用。在圣地祈祷是最安全的办法，因而十有八九也最见效。职业医师开的药与魔法和圣迹的效果不相上下，但是这种“治疗”产生有害作用的可能性要大得多。职业医师在把自己的病人加速送入坟墓的过程中可以大赚一笔。[1]

在中世纪城市里生病

假如你在 1300 年的巴黎，狭窄的街道上挤满了学生、工匠和乞丐。在人群中穿行的时候，你偶尔会看见神父或衣着光鲜的朝廷官员。你几乎顾不上这些，因为你生病了。你头疼，而且疼得越来越厉害。这个病让你夜不能寐，现在你的视力也变得模糊不清了。怎么办？

一般来说你有两种选择，如果你有钱，便有三种选择——教堂、土医或职业医师。三种方式都会产生费用，但是前两种的收费相比之下更可能维持在穷人能负担得起的较低水平。教会自然可以提供精神粮食，但教会也管理着欧洲的医院。巴黎圣母院的隔壁就是主宫医院（Hôtel Dieu），这所早期医院给看不起病的人提供医疗援助。[2]但是这类医院人满为患，不会接纳你，它们本是为病情严重不能自理又无家人帮衬的病人所设。

你当然该去教堂，祈求上帝治愈你的疾病。你可能会认为请求神父的祝祷或祈求圣徒的治疗与求助于当地女巫（witch）无异。然而对于中世纪的人来说，魔法治疗与奇迹治疗有重大差别。魔法师只要操作得当，就有望用魔法达到自己想要的治疗效果。如果施法得当，那么魔法咒语应该总是起作用。宗教治疗则不同。祈愿者知道上帝可能会、也可能不会为他治疗，这取决于一系列未知因素。他无权期望上帝的治疗，也绝不能强迫上帝提供治疗。而魔法师可以宣称能强迫魔鬼完成自己吩咐的事情，不存在要求上帝做什么事。[3]所以，尝试不同方法是明智的，多数人都不会只依靠一种疗法。

教会不反对职业医师，甚至也不反对那些不使用邪恶魔法的乡村土医。按照基督徒的观点，上帝虽为疾病负有终极责任，但在自然中已经提供了对付疾病的工具。教会法明令禁止神职人员兼职做医师，部分是因为世俗医师不喜欢竞争，部分是因为那不是神职人员的本职工作。[4]只有遇到像1347—1350年的黑死病那么大的灾害，医师的医术对其无能为力时，人们才会无一例外地依靠宗教援助。

所以，如果你在中世纪患有慢性头痛，最好是去找土医。她住在一个不起眼的小屋里。她格外受人尊重，也许人们还有点怕她，除此之外她便与普通邻居没多大差别。她收费合理，而既然你是本地人，她也已经认识你。她的家就是问诊室。你觉得一个白女巫（wise woman）① 应该有的用具，那里都有，包括装草药的土罐和一口小铁釜。角落里放了几本小书，这些书可不仅仅是摆设——土医能读会写。她的师傅同样是女性，她用来炼制各种药膏的配方都是师傅传下来的。[5]你坐下以后，向她说明症状。紧邻大学医学院意味着这位土医可以自称拥有职业医师的方法。她替你把脉，然后拿出一个小玻璃烧瓶，请你采集尿样。你毫无尴尬地做好样本交给她。她仔细检查尿样的颜色，晃动烧瓶以确定其中是否含有异物。最后，她闻一闻尿样的气味，并啜饮一小口。

不论你的脑袋有什么问题，1300 年的白女巫或任何其他医师都不能在治疗学意义上使你康复。你的病要么自然痊愈，要么恶化直到你死去。她能提供的只是姑息性支持，用来缓解疼痛并增强身体的自我恢复能力。她会对你进行两项处理。第一项是在你头上贴护身符，护身符由一小块公羊皮制成，上面有她写的一行经文；她将羊皮卷紧，并系上一小撮羊毛。第二项是一种用核桃制成的草药酊剂。你只是个病人，不可能知道这些成分为什么有效，但如果你无论如何都信其效果，那么这些药物就可能会对你

---

① “witch”与“wise woman”两者都指女巫，但其含义有别：前者一般带有邪恶的联想义，指那种给人带来危害的女巫；后者指对人们有用的那种，也称为“white witches”（白女巫）。

有益。尽管如此，白女巫的方法背后有一种逻辑，它建立在当时流行的魔法理论的基础之上。

中世纪魔法

中世纪魔法建立在两个二元对立的基础上：小宇宙与大宇宙的对立，共感（sympathy）与反感（antipathy）的对立。人们相信魔法师能通过理解这些东西而操控宇宙的隐藏力量，使这些力量为他所用。大宇宙是宇宙整体，尤指恒星、黄道十二宫和行星；小宇宙指我们大地表面的领域，或是人自己的身体。14 世纪炼金术士特雷维索的贝尔纳德（Bernard of Trevisan）道出了大宇宙/小宇宙这个二元对立的精髓。他解释道："当上面的由下面的构成，下面的与上面的相类之时，奇迹便会出现。"[6]治疗师相信，一切地上的东西都与天上的东西有某种对应关系。如果你能弄清楚这些对应关系是什么，你就能将其运用于治疗和魔法。

古人知道七种纯金属：金、银、汞、铜、铁、锡、铅。他们将这七种金属与七颗行星联系起来，这七颗行星依次为太阳、月亮、水星、金星（Venus）、火星、木星、土星。① 很容易发现金与太阳如何对应，或略带红色的锡与火星如何对应。相比之下，其他的联系似乎较为牵强。铜与金星联系在一起只是因为维纳斯（Venus）女神的出生地塞浦路斯岛（Cyprus）是古代世界主要的铜矿产地。[7]所以，铜这种金属适于制作定情信物之类的小饰品。

这些行星也与身体部位及一些动物相关联。比如，中世纪的

---

① 古代行星的概念参看本书第二章。

魔法巨著《智者的目标》（*Picatrix*）上讲：

> 水星是理解力的源头。在人体外部，它与舌头有特殊的关联；在体内，它与脑有特殊的关联……在矿物中，是与水银相关……在动物中，是与人类、小骆驼、猴子和狼相关。[8]

与此类似，黄道十二宫也与不同的身体部位相联系。许多中世纪流传下来的精美手稿都说明了特定器官与星座间的这种对应关系。头部对应着白羊座，这就是为什么中世纪的巴黎土医要用羊皮（公羊皮更佳）制作护身符并系上羊毛。写上一段经文是想借基督教上帝的力量进行治疗——这种侵犯了教会特权的事情最好别让教会知道。

弄懂所有的对应关系是项艰巨的任务，权威们几乎无法就基本问题达成一致。人们将自然想象成一个巨大的药橱，其中装满了形状大小不一的各种药丸和药片，但是没有一种药物上面贴着表明其用途的标签。作为等效替代物，每一小包药物上都有一幅神秘的图像，帮助人们确认其用途，人们必须根据这类图像猜测特定药物的用途。现实中，个别植物的外观提供了弄清其用途的线索，但不论怎么说，原理都是一样的。

人们之所以相信这些对应关系存在，首先是因为魔法世界观。对于魔法师来说，宇宙的不同部分是联系在一起的，各种相互对应的事物是这一事实的某种外部标志。这就是“共感”的意思。有时这是显而易见的，甚至体现在我们对植物的命名上。比如，地钱（liverwort，*Hepatica*）的叶子据说像肝脏（liver）；这种相似性被称为植物的“药效形象”，它能让熟练的观察者确定每种条件下的最佳用药。当然，极少会那么容易。通过一种草药的外形判明其用途需要高超的技巧，或者说，需要凭灵感进行猜测。

我们的巴黎土医为什么会给你开一剂核桃制成的头疼药呢？原因即使在今天也显而易见，你看到核桃的那一刻立马就会明白，无须凭灵感猜测。核桃坚硬的外壳裂开后就会露出满是褶皱的核桃仁，核桃仁分为两个半球。草药医生一定对核桃仁与大脑不可否认的相似性感到震惊。对基督教治疗师来说，这种药效形象是自然或上帝的指引方式，它告诉人类该用哪种植物对付头疼。不幸的是，大自然是狡猾的。不管是核桃还是地钱都不能真的治好人们认为可以治好的疾病。治疗师用柳皮为病人减缓疼痛获得了更大的成功，现在我们知道，这种植物含有水杨酸，即阿司匹林中的有效成分。[9]

中世纪医学

作为平民，当地女巫是你唯一的选择。但是，在皇家法院工作的富有律师无须在生病时去找当地老巫婆。他会躺在自己的床上，大学出身的医生会上门。巴黎的医学院受到人们的好评，但是与南方的蒙彼利埃和帕多瓦的大型学院相比，规模要相对小一些。这意味着巴黎吸引着那些对富有的议员和神职人员的巨大市场嗅觉敏锐的外国医生。大学试图确保只有那些取得正当资格的人才能做开业医生，尤其希望不受欢迎的人群比如女性或犹太人远离病人的床榻。给律师上门看病的医生（有钱人通常会咨询不止一位医生）与女巫的诊断方式相似，也会把脉、取尿样。但是，治疗可能要复杂、昂贵和痛苦得多。

医生受的训练要求他们将每位病人当成个体来对待。为了提供有效医疗，他们会记录病人的全部病史和饮食细节，并尽可能多地了解疾病的相关信息。职业医师进行把脉和尿检的过程比女巫（她可能只是作秀）长得多。他们会记下脉搏的强度、间隔、深度和节律。单是病人的动脉形状，医生就能分出超过二十四种。至于尿液，这是十分常见的诊断介质，在中世纪插图中辨认出医师的一般方法，就是看一个人是不是手持烧瓶对着光在观察。[10]

职业医生不仅开药，还倾向于给病人规定一种生活方式，或称为“摄生法”。最常推荐的是卧床休息、特殊饮食和放松消遣，这至少不会造成多大伤害，还可能有助于身体自己恢复。医生也会开出软膏、饮剂和其他草药。医生本人不会亲自动手配药，而是雇请专门的药剂师来做。虽然医生可用的草药不计其数，但是病人摄入的任何药物的主要功能是催吐。

中世纪名声最坏的疗法是放血，这种办法直到 19 世纪依然普遍。[11]同样，医生也不会亲自动手放血，因为这个工作有专业人士负责。一位理发师外科医生①会过来按照指定次数为病人放血。现在我们知道，放血十分有害，但是许多病人坚持要做。克吕尼修道院院长可敬者彼得——这位在彼得·阿伯拉尔晚年为其提供保护的人②曾抱怨说，因为推迟了常规性的放血，自己的呼吸道感染恶化了。[12]在中世纪，有些病人甚至威胁医生让他放血，结果被放血弄到半死。即便如此，放血并非不合理性，它与所有医生尊崇的疾病理论是一致的。要理解放血的合理性，我们需要了解一下中世纪学术医学的理性基础。

---

① 在中世纪，医生极少亲自动手，像拔牙、放血等工作甚至截肢手术一般都由理发师来做。

② 见本书第三章。

图 6　一幅 13 世纪手稿插图，医生手持盛有尿液的烧瓶

学术医学的起源

大约在 12 世纪以前，受过教育的人并不认为医学是一个专业领域，因为医生靠自己的双手给病人治病，他们的技能与那些手艺人的技能性质相同，而不同于学者。[13]随着 12 世纪阿拉伯和希腊医学文献的出现，这一切都发生了变化。很明显，在古代医学实践的背后，有一系列令人印象深刻的理论。由于有了这些理论作为压舱物，医学便在许多新的大学中获得了自己的一席之地。

博洛尼亚的塔代奥・阿尔德罗蒂（Taddeo Alderotti，约 1223—1295）是这种新进路的提倡者，在这个过程中大赚了一笔。他作为学者的威望加强了其治疗师的名声，连教皇也付给他可观的薪水。[14]阿尔德罗蒂之后，博洛尼亚大学医学院的影响力几乎与法学院并驾齐驱。

学术医学被接受的一个重要原因是，它可以追溯到与亚里士多德一样受人尊崇的希腊学者。比如生于公元 129 年的帕加马的盖伦（Galen of Pergamum），他是中世纪许多医学知识的源头，在回家行医之前曾在亚历山大接受医学训练。他的第一份工作是给当地竞技场中受伤的角斗士进行包扎。这不是最有吸引力的工作，而且他很快意识到，在帕加马这样的外省城市，自己不会找到成名和发财的机会。公元 161 年，他离开帕加马来到帝国首都罗马，在那里行医获得成功，顾主延伸到社会上层。他最后甚至给皇帝本人治病。

盖伦似乎是一位娴熟的表演家，其公开演讲以动物活体解剖为特色。他最喜欢演示对猪的解剖。他向听众展示如何通过切断一头成年母猪的脊髓使其后腿和前腿先后瘫痪。[15]盖伦自然是位多产的作家，他的医学著作有两百万字流传下来。这里面不包括他的哲学著作，那些哲学著作在他生前毁于罗马和平寺（Temple of Peace）图书馆的火灾。[16]盖伦死于 3 世纪早期，当时他庞大的创作量已经让其遗产得以稳固。他成为罗马世界和穆斯林世界公认的医学权威。不过中世纪的西欧人接触不到盖伦的太多原著，因为他用希腊文写作。人们只能凑合着读 12 世纪译成拉丁文的阿拉伯评注和医学百科全书。

盖伦医学理论的精髓是身体包含四种体液，即血液、粘液、黄胆汁和黑胆汁。这是从更早的希腊作家那里继承下来的说法。这四种体液没有纯粹的形态，即使是真正的血液也混有所有其他种类的体液。黄胆汁是脓液的主要成分，粘液主要存在于肺里，黑胆汁负责腐化作用（putrefaction）。但是四种体液见于身体的所有部位，而且对身体发挥正常功能都是必不可少的。

健康的关键是使体液的比例保持在合适的平衡状态。每个人的最佳平衡比例各不相同，正常情况下四种体液中会有一种占上风。血液天然地过多的人是多血质（sanguine，源自拉丁语的“血液”）。相应地，如果其他种类的体液占优势，那么一个人也可能是粘液质（phlegmatic）、胆汁质（bilious 或 jaundiced，后面一个词源自拉丁语的“黄色”）。这些形容词现在已经超出医学范围，成为一般性的英语词汇。

一旦体液比例失调，恢复平衡的最佳方式就是排出目前身体中过多的那种体液。首先，医生必须确定是哪种体液引起的问题。按照理论，每种体液的性质分为“热”或“冷”还有“湿”或“干”。比如，血液的性质是“湿”和“热”，而“粘液”的性质则是“湿”和“冷”。如果一个人某种体液过量，那么他就会表现出那种过量体液的性质。比如，一个摸起来冷而湿的病人就是粘液过量，因为粘液具有冷而湿的性质。如果他发烧流汗，那么医生就会识别出热（体温高）和湿（流汗）的性质，通过这些症状，医生就能诊断出病人的病因在于血液过多，正确的治疗方法便是放血，排出过剩的血液。热与冷、湿与干这些性质也被应用于草药。要处理发烧，便要用性质为冷和干的植物比如榅桲或玫瑰来对抗发烧的热与湿。医生还用催吐剂使病人呕吐。呕吐物被认为含有胆汁，所以生病会让胆汁大量减少。

又是放血又是催吐，一定非常不舒服。这两种办法不仅毫无益处，还很可能会让病人在正需要力气抵抗疾病时更加虚弱。医生的任何成功都是因为“安慰剂效应”，即“病人相信自己正在接受治疗”这种信念帮助身体加强了固有抵抗力。声称用魔法治病的治疗师的情况与此基本一样，只不过他们对病人造成伤害的可能性更小，因为他们的治疗具有更少的侵入性。中世纪最有效的医疗方式可能是拜访圣地。若把奇迹放在一边不论，“安慰剂效应”被宗教信仰激活与被医生在病榻旁激活一样容易，而且祈祷至少不会导致任何不良后果。照这么分析，中世纪的医学职业能够存在真成了咄咄怪事。医学的古希腊出身所带来的威望，加上大学学位，想必弥补了医生在治病上彻底的无能。

中世纪医生确实有一项真本事，那就是鉴定疾病的能力。也就是说，他们常常能预料到患者的病后来会发展成什么结果，虽然他们对其束手无策。而且，医生受到的教导告诉他们，对疾病的预后持悲观态度是有好处的。一份指导手册建议：“离开病人之后，对他的家人说一些话。告诉他们，病人病得不轻。因为，如果他康复了，你的技艺会得到更高的称赞；如果他死了，他的亲友会作证说你早已放弃了对他的治疗。”[17]塔代奥·阿尔德罗蒂有一次忘记了这项忠告，宣布自己正在检查的一个贵族正在好转。第二天他回到病人那里时，发现病人的病情急转直下，几乎已经濒死。病人家属对他提出抗议，似乎他的诊费要告吹了。塔代奥找到一个借口，他注意到自己离开后一扇窗户被打开了。他宣称这是病人的病情出现逆转的原因，这不能怪医生。[18]

杰弗里·乔叟（Geoffrey Chaucer）的《坎特伯雷故事集》（*The Canterbury Tales*）中的医生使用的是一种结合了自然魔法（可能源自传统草药知识）与基于盖伦的古希腊医学理论的医术。在《总引》（*General Prologue*）中介绍那位良医时，乔叟写道：

> 因为，基于天文学的理由①
> 他观察病人的吉星

① 《总引》中关于医生的部分在这一句前面还有几行，大意是：没有一个活着的人能像他一样谈论医学（接下来就是“因为……”）。

他的自然魔法让他知晓
要在怎样的吉时与星位
制作护身符与魔法人偶
你所患的每一种病的原因
不论冷热干湿他都了解
他知道成病的部位、体液和性质[19]

在第一行，乔叟告诉我们中世纪医生的另外一些事情，这些事情可能是我们没有料到的——他们在工作过程中十分依赖占星术。星象决定着进行放血或其他治疗的时机。著名的医生贝尔纳·戈尔东（Bernard Gordon，约 1258—约 1320）——实际上也是乔叟提到的人物——承认自己有一次虽然弄错了放血的时间，却未给病人造成任何有害的后果。[20]然而就连他也建议固守既有的知识。星象也是病历的一部分，因为知道病人出生时的天象有助于确定他的身体成分。但是占星术能做的远不止为医疗确定时间。我们将看到，占星术与炼金术一样，也是一门独立的学科。

第八章

炼金与占星的秘术

占星术是最普遍也最受推崇的魔法学科。占星术不只是按照太阳星座将人分为十二种类型，它比这复杂得多。占星家需要精通数学，以便能够推算众星的方位、主要星座以及其他天文特征。在古罗马，表示占星家的词是“*mathematicus*”（数学家），他们是生活中无处不在的面孔。一些皇帝，不论他是异教徒还是基督徒，都把占星家管得很紧，经常把他们逐出城市。皇帝提比略（Tiberius，公元前42—公元37）曾邀请一些占星家到他在罗德岛（Rhodes）的崖顶别墅进行私人咨询。只有一条险峻的小路通向别墅。占星家们沿这条路折返时，提比略的奴隶会把他们扔进海里。这样，这位未来皇帝星运图的详情就会完全保密。提比略让一位名叫斯拉苏卢斯（Thrasyllus，死于公元36年）的占星家预测他自己的未来，而斯拉苏卢斯预见到自己即将死去。这令人印象深刻的预言救了斯拉苏卢斯的命，他进入提比略家族①，成为宫廷占星家。[1]提比略之后的皇帝在自己星运图的保密问题上跟他一样敏感，阅读皇帝的星运图是死罪。

星象的影响力

基督徒总是觉得难以接受占星术。从理论上讲，《圣经》禁止任何形式的占卜活动，《使徒行传》（Acts of the Apostles）中有一个著名的片段讲到新的改宗者焚毁自己宝贵的魔法书的情形。[2]一些基督徒全然否认占星术的效用。在 4 世纪，圣奥古斯丁指出，双胞胎必然出生在同一种星象下，他们的命运却常常不同。他由此推断占星术是胡说八道，但也不得不承认有些占星家确实取得了显著的成功。不过，他说："虽然占星家确实给出了很多奇妙的答案，但这是因为他们得到了隐秘精灵的指点，这些精灵远非善类……占星家的成功不是来自对星象进行观察和研究的技艺，因为这种技艺不存在。"[3]

在中世纪早期的西欧，占星所需的复杂计算可能超出了大多数人的能力。但是，来自阿拉伯人的新知识和 12 世纪重获的古希腊文献表明，最有见识的古代作者包括像托勒密这样的人物，都相信占星术。托勒密甚至著有占星手册，称为《占星四书》（*Tetrabiblios*），所以占星活动得到了他巨大威望的支持。[4]从这部书和其他经典文献出发，阿拉伯作家撰写了一些占星学指南，基督徒将这些指南与阿拉伯人的其他著作一并译出。尽管奥古斯丁持反对态度，但这些希腊和阿拉伯权威仍值得重视，他们的到来

---

① 斯拉苏卢斯从提比略那里取得罗马公民权，全名"Tiberius Claudius Thrasyllus"（提比略·克劳迪乌斯·斯拉苏卢斯）。

给西方带来了占星学技艺的重生。

即使在今天也没有人否认，天体确实会影响地球上的事件。太阳是热和光的来源，甚至在中世纪早期，也有一些人正确地认为月亮是引起潮汐的原因。在 12 世纪，巴斯的阿德拉德在《自然问题》中探讨并驳斥了这种可能性。[5]从那里开始，到人们问“行星还可能有什么别的影响”，并不是一次很大的跨越。

中世纪的占星术与现在小报上关于星座的内容有重大差别。中世纪占星家不会那么强调黄道十二星座。那些只是描绘行星运动的一种方式，更重要的是在和预测相关的时刻七颗行星各自所处的位置。包括太阳和月亮在内的这些行星，进行横越天空的运动，而固定不动的恒星提供背景。天空被分为十二个部分（术语称为“宫”），每一宫都以落入其中的最显眼的黄道星座命名。因此，每颗行星在任意时刻的位置都可以用它在哪一宫来定义。

今天人们谈论自己属于哪个星座时，指的是自己出生时太阳所在的宫。当然，在有太阳的时候你看不见星星；它们虽然不可见，却仍在那里。人人都知道自己的太阳星座是天秤座、狮子座或是别的什么座。太阳在一年中会遍历十二宫。月亮在一个月之中绕地球运行一圈，穿过每一宫的时间是两天半。如果一个人要知道自己的月亮星座，那么他们就需要知道自己出生的确切时间。我们同样有金星、火星、木星和土星星座，以这些行星来定义的星座属性，取决于我们出生地相应的星当时在天空中所处的宫位。

有了一个人出生的确切地点和时间，便可以利用一些网站进行计算，制作一份列有他所有行星星座的清单以及其他关于其出生的占星信息。据说有了这些信息，占星家就能告诉我们许多关于占星对象的个性情况，以及星象对他们生活的影响。按照占星家的观点，太阳决定着我们的外在人格，金星自然支配着我们的性生活，火星则支配着活跃的生活。另外，对我们每个人来说，某一颗特定行星的作用超过其他行星，决定着我们的个性。如果这颗星是木星（Jupiter），那我们便是天性快乐（jovial）的人①；如果是水星（Mercury），我们就是机敏（mercurial）或诡计多端的人。我们今天仍在使用这些形容词，与此类似的还有性欲的（venereal）、尚武的（martial）和忧郁的（saturnine）②，虽然它们已经失去了占星学的意味。“疯癫的”（lunatic）这个词原指被月亮统治的人③。

现在那些期望从自己的星座运势中获得有用信息的人，也很难有多少时间去报纸上查看。但是，中世纪占星家的技艺虽然终究不过是赘疣，却理应受到某种程度的尊敬。他们有充分的理由相信天上的星象影响着地上人们的生活。在这点上他们得到古代权威的支持，其方法还需要精通数学。即便使用大多数占星家所依靠的星表，追踪行星的轨迹也需要相当的技巧。他们还得掌握星盘的使用方法，以知道确切时间。他们需要知道自己的确切方位，还要阅读数量惊人的高难度文献。当然，很多占星家不过是骗子，但我们从保留至今的书籍和手稿得知，也有其他的一些占星家异常勤奋地工作，解读星象传达的信息。

最成功的占星家从来不缺赞助者。据我们所知，最早的职业占星家之一是圭多·博纳蒂（Guido Bonatti，约 1210—约 1290），他在弗利（Forli，意大利东北部城市）领主的保护下工作。据说，圭多的保护人做任何事之前都要先向他询问星位。1282 年，

---

① “快乐”（jovial）一词来自“Jove”（即 Jupiter）。

② 分别对应金星（Venus）、火星（Mars）和土星（Saturn）。

③ 罗马神话中月之女神是 Luna。

忠于教皇的军队向弗利城进攻。为了能向市民提出最佳策略以应付数量越己的敌人，圭多用占星术进行了预测，他认为佯装撤退会让教皇军队放松警惕，使其更容易被伏击。弗利人采用了他的建议，取得了重大胜利。圭多本人在战斗中救治伤员时负伤，他让担忧的同胞相信，自己的伤势也在预料之中，而且将来会痊愈。[6]

虽然圭多·博纳蒂生前没有因为占星吃过苦头，但是占星之事也没有给他留下身后的善名。但丁·阿利吉耶里在14世纪早期写作的《神曲》中将圭多打入了地狱，因为圭多在魔鬼的帮助下占卜；他被诅咒脑袋永远向后看，这是对他为了预测未来而太过热衷于向前看的惩罚。[7]尽管圭多被但丁关入地狱，但他的占星术指南在17世纪以前一直是权威著作。

君王们也热衷于占据星象上的优势。1235年，神圣罗马帝国皇帝弗雷德里克二世（Frederick II，1194—1250）娶了一位年轻的英国新娘。但是，他以令人钦佩的自制力推迟了圆房的时刻，直到占星家告诉他怀男孩的吉时已到。星象没有撒谎，九个月之后，皇位的继承人诞生了。[8]弗雷德里克以赞助科学而闻名。此外，他还有其他功绩，比如立法规范了医疗职业，厘定了药价，还写过一篇出色的研究鸟类的论文。[9]他学识广博，被人称为“世界奇观”，不过素来与他不和的教皇并不认同这个称号。

起初，教会倾向于效法圣奥古斯丁，以占星术有邪恶的内涵为由反对它。占星家们为自己辩护，坚持认为行星的影响力不过是自然力，对其进行研究是完全合法的。既然如此，教会也就没有太多能反对的。随着占星术越来越普遍，神职人员的看法也越来越宽容。托马斯·阿奎那仔细考虑过这个问题，他的观点几乎可以代表中世纪的共识，值得引述：

> 如果有人从星象预知未来的盖然（contingent）或偶然事件，或人的特定活动，他便在进行错误的、无根据的推测，会使自己易遭邪恶力量的侵害。所以，这种算命行为是迷信和错误的。但如果有人借助天文观测来预报实际由物理规律决定的未来事件，比如干旱或降雨等，那么这种行为便既非迷信也非罪恶。[10]

所以，对教会而言，占星科学只要是研究星象对地上事物的自然影响，便是可以接受的。在这种情况下，占星家无法预见未来，但是可以根据天的可预测运动作出预报。然而，依靠纯自然手段不可能进行真正的占卜，因此占卜对正经基督徒来说是出格的事。

教会还划定了占星家不得越过的其他界限。中世纪一个颇有争议的问题是：星象是能决定人的命运，还是仅仅有一定的影响？阿奎那确信答案是后者：

> 恒星与行星及其运行不能直接导致人的自由意志的选择。不过，它们仍然可以使人愿意或倾向于做这而不做那，影响程度与它们对人体的影响相当。[11]

这很重要，因为如果我们出生的有关事实决定着我们的生活进程，那么任何自由意志或道德责任的观点就都站不住脚了。1277 年的巴黎大谴责明确了一点，即对教会而言，命运不是固定不变的，星象只能影响其趋势。[12]关于星象决定论的整个讨论与当下盛行的关于先天与后天的争论极为相似。我们的个性是由基因决定的吗？还是我们在生活中进行的选择使我们成了如此这般的人？将你出生时决定你命运的星象换成你父母基因的结合，整个决定论问题就变成了 21 世纪的紧迫问题。正如中世纪的教会，我们大多数人对于“自由意志可能是一种假象的想法”同样深感不安。

中世纪教会一再攻击决定论，维护自由意志的观念。[13]没有人怀疑这点：那种认为我们无法逃脱自己宿命的观点不仅是错误的，而且是异端。一些占星家肯定不会乖乖听话，有一两个很快就越过了界限。博洛尼亚大学的天文学讲师切科·德阿斯科利（Cecco D'Ascoli，约 1269—1327）便是其中一位。

切科·德阿斯科利的厄运

14 世纪的博洛尼亚是一座高塔之城。一个博洛尼亚家庭如果不甘落在邻居后面，就必须保证自家的塔楼比邻居的高。虽然这些建筑学上的怪物现存不多，但现存的塔楼当中有一座阿西内利塔（Torre degli Asinelli）高达惊人的 300 英尺（约 91.4 米）。在切科·德阿斯科利的时代，有几百座这样的塔楼分布在城市各处，显示着当地豪族的财力。当时博洛尼亚大学已经有两百多年历史，正在蓬勃发展，在原有法学院的基础上又增设了医学院。想学医的人在正式开始医学课程之前，必须掌握亚里士多德的自然哲学和基本的数学知识。虽然切科是天文学讲师，但是对于医学生来说，占星术实际上是认识星辰的基础。切科是以占星家的身份建立名气也就不足为奇了。

他上课用的教科书是英国人约翰·萨克罗博斯科（John Sacrobosco，死于 1256 年）写的《天球论》（*The Sphere*）。关于萨克罗博斯科，我们除了知道他大部分时间在巴黎任教之外，几乎一无所知。他的书是13世纪流行的对天文知识的简短导论，是为新大学的学生专门编写的。中世纪人与古希腊人一样，认为宇宙是完美的球体，而地球在宇宙的中心——书的标题即与这一事实有关。因为《天球论》非常简短，讲师们往往将它用于入门而不是用于精深研究。这本书的简洁性也就意味着极强的适应性——17世纪初的大学讲师仍在使用它。[14]直到反对地球是宇宙中心的意见被广泛接受，《天球论》才最终被弃用。

切科·德阿斯科利是远远超出萨克罗博斯科所阐述的基本知识的讲师之一。他将自己的占星术思想建立在物质的基础上，并且附加了许多不相干的想法。萨克罗博斯科本人根本没有提过占星术。在切科为增加课程趣味性而补充的材料中，有关于星灵（astral spirits）的思考，甚至还有一些更低俗的魔法知识。与他在公开发表的著作中愿意承认的那些内容相比，切科在实际讲课的过程中可能走得更远。

博洛尼亚的教授受人尊敬，薪水也相当高，而切科还有一项赚钱的副业，这使他生活得非常舒适。他利用自己天文学家的名声兼职做占星家，为那些想知道自己未来的主顾进行预测。切科不怀疑占星术的有效性，也不怀疑星象是预知未来的可靠向导；他认为地上的事完全由星辰的位置决定。这种观点越过了可容忍的界限，违背了教会的指令。切科对占星术的信赖让他做出即使今天看来也是极其愚蠢的逞能举动——他竟然非常不明智地计算了耶稣基督的星命。他宣称自己的计算结果表明耶稣的卑微出身和惨死是因为出生在扫帚星之下。[15]这是爆炸性的言论。按照三位一体学说，耶稣是上帝的化身。切科声称救世主的经历是由其出生时的天象决定的，这种论断让神本身成了众星支配的对象。[16]

关于切科此举的谣言传了出来。我们不知道是他的学生还是主顾背叛了他，总之有人发现他言论越轨，举报了他。最关注这种越轨行为的是博洛尼亚当地的宗教裁判官——一个名叫兰贝特·德钦古卢姆（Lambert de Cingulum，活跃于1316—1324）的人。与许多宗教裁判官一样，他也是黑衣修士会（托马斯·阿奎那加入的多明我会）① 的成员。也就是说，他不是那种会被自己不理解的东西吓到的愚昧的神职人员。兰贝特是有教养的学者，是研究亚里士多德伦理学的专家，也是名副其实的教授。[17]他可能认识切科本人。

宗教裁判官依靠线人和密探组成的网络及时掌握自己辖区的异端情况。这种制度极易被那些出于个人或贿赂的原因而告发自己仇敌的人滥用。宗教裁判官受的训练要求他们警惕这种可能性，并对提出不实指控的人予以惩罚。我们不知道切科是宿怨还是嫉妒的受害者，但是不管怎么说，切科发表异端言论，兰贝特给他定罪几乎不会有困难。1324年，兰贝特剥夺了切科的讲师职位，罚款70英镑，罚他在接下来的一年里听大量的布道。罚金的数额表明罪行相当严重，也说明切科足够有钱，交得起这样的罚款。总之，兰贝特禁止切科继续研究和实践占星学。[18]我们应当指出，尽管切科犯下了让上帝服从星象这样恶劣的罪行，宗教裁判官也没有关押他，更不用说处决。这告诉我们，宗教裁判官对被告的全盘招供和认罪很满意。被传唤至宗教裁判官面前问话时，除了完全坦白之外，其他任何策略都将是严重甚至致命的错误。

切科只要从那时开始坚持主流天文学观点，就可以继续自己的职业生涯，而不会给自己的声誉留下太多污点。时机一到，他

---

① 见本书第五章、第六章。

就有望重操旧业，再次跻身上流社会。不幸的是，他没有放弃占星活动。他离开博洛尼亚去了佛罗伦萨，在那里开业做了自由占星家。关于他后来干了什么，怎样在重要人物中树敌，有很多不靠谱的故事。但对于解释后面发生的事，这些故事均非必要。宗教裁判官之间交流了情况，不出几年切科便旧戏重演。

佛罗伦萨的宗教裁判官是方济各会士，名叫阿库尔休斯（Accursius）。他在1326年关押了切科，然后遣使到博洛尼亚询问上次审判的细节，并要来一份切科授课的讲义。阿库尔休斯极其小心谨慎，用了一年时间仔细调查此案。这种彻底调查的必要性是由于一个非常简单的原因：切科的行为现在已构成死罪。我们知道，宗教裁判官不会将初犯的异端分子移交到世俗政府手中，但对再犯者决不轻饶。切科继续从事占星活动，这是故意无视宗教裁判官的命令。如若论罪，不会从宽处理。最终，阿库尔休斯相信切科的罪证已滴水不漏。佛罗伦萨方济各会的圣克罗切教堂（Franciscan Church of Santa Croce in Florence）的开庭审判裁定切科是顽固的异端分子，下令将他移交给世俗机构。囚犯被带出来的时候会近距离地经过巴尔比小教堂（Barbi chapel），在那里，乔托（Giotto）的湿壁画还未干透。这一组庄严的湿壁画描绘了阿西西的圣方济各的生平。能用湿石膏创作出如此柔美作品的社会，也能用我们几乎无法认可的罪名让一个人走向痛苦的死亡。教堂前的巨大广场就在城墙外。1327年9月16日，切科在那里被处以火刑。

切科及其同侪有充分的理由相信，在他们生活的世界中，他们的技艺可能以某种自然规律为基础。即便如此，占星家也必定有兴趣提高自己所从事工作的可靠性。星象的影响力可能是纯粹的空谈，但是靠它挣的钱却相当实在。重要的是，占星术还让天文学在单纯的好奇心和天文表的重要市场之外有了用武之地。[19]这就导致了对更高精确度的需求，鼓励了对刚从阿拉伯语转译为拉丁语的希腊著作的研究。只是因为占星术有利可图，人们才会不厌其烦地去掌握托勒密那异常难懂的《天文学大成》。如果天文学不是一种能带来真金白银的技能，那么学习它就几乎没有意义。对无用知识不带功利性的追求，不是众多不够富裕的人做得起的事。

贤者之石与长生不老药

炼金术曾是占星术的孪生科学。人人都知道，炼金术士想把贱金属（base metal）转变为黄金，但是事实远不止如此。要进行转化，他们必须先制出一种特殊的物质用作催化剂。这种催化剂的名字很多，诸如“长生不老药”（Elixir）① 和“贤者之石”（Philosopher’s Stone）等。制备这种物质是炼金术的主要目标，炼金术士认为这种玄秘的物质有各种各样的奇妙性质。

炼金术文献常常充满混乱与矛盾，而且故作晦涩。不过，有一件事是所有炼金术士一致同意的，那就是应当始终用一颗纯洁的心去对待这个学科。就像当时的传奇文学中不断发展的“寻找圣杯”的故事一样，寻找贤者之石的任务也仅仅是为那些德行无缺的人准备的。只想着挣钱的人必定会失败。这是经验之谈，炼金术士在研究上花钱多是出了名的。许多中世纪作家都讽刺过炼金术士，认为他们更适合消费金子而不是创造金子。格奥尔格·阿格里科拉（Georg Agricola，1494—1555）在他关于采矿的论文

---

①　也译作“炼金药”。

中问道，是不是没有“富裕的炼金术士”这回事?[20]杰弗里·乔叟在《坎特伯雷故事集》中揶揄这些人，他书中的教士跟班对于寻找贤者之石感到绝望：

我们找了又找，只要能找着
我们就有了保障，抵了开销
但没有办法，什么路子都试了
我对上帝发誓，寻找确实无效
我们想尽一切办法，用尽一切机巧
那石头任谁也找不到[21]

我们可以从一本据说是“大阿尔伯特”写的相当清晰的指南中了解到一些炼金理论的情况。这本指南阐明了转变发生的过程。伪阿尔伯特写道，“水银是一切金属的来源”。其他物质，包括硫和砷，是水银的一种染色剂。在实验过程中，炼金术士试图利用一种贱金属的化合物生成金或银。伪阿尔伯特还提出了炼金新手要进一步遵守的规范，他建议对炼金活动要保密，要有专门的实验场所，并且要使用玻璃仪器。最后，他还重申了资金充足的必要性。[22]

炼金术名声不佳主要是因为人们担心骗子会把假黄金充作真的。1317 年，教皇若望二十二世（John XXII，1249—1334）发布教令谴责那些自称造出了新黄金的人；讽刺的是，有一篇炼金术的论文归在他的名下。教令虽然没有禁止炼金术本身，却明确否定了实际转变的可能性。教皇说：“从本质上讲，炼金术士不能制出真正的金银。”[23]托马斯·阿奎那更富同情心地分析了炼金术士能否正当出售他创造的黄金的问题。他推断：“如果用炼金术的方法确能生成真正的黄金，那么将其作为名副其实的黄金出售便不是违法的，因为没有理由不让科学利用自然原因去产生真实的自然结果。”[24]

哲学家也怀疑炼金术的有效性。穆斯林作家阿维森纳确信炼金术永远不会奏效，因为从逻辑上讲，人类不可能改进自然。他的攻击不只是针对炼金术士，也是针对所有类型的技术和机器。[25]另一方面，世俗统治者却又希望人能对自然做点什么。英格兰国王亨利六世（Henry VI，1421—1471）向自称能随意创造黄金的人颁发执照，而他似乎没有意识到这会给经济带来通货膨胀的问题。[26]

迄今为止，还没有人能将贱金属转变为黄金。但中世纪炼金术士在其研究过程中确实取得了一些重大突破。其中最重要的是发现了酸。有三种主要的酸：盐酸、硫酸、硝酸。这些都是矿酸①，因为它们比较容易从相应的矿物中制备。硝酸尤其让人兴奋，因为可以用来溶解黄金，溶解黄金的壮举在《圣经》中被归于摩西。[27]

酸与酒精一样，似乎最早是由基督教炼金术士用一种称为“冷凝”的方法于13世纪分离出来的。[28]但许多年来，人们一直认为阿拉伯人分离出酸和酒精的时间要早得多。我们现在知道，这个误解是因为基督徒将自己的文献归到了阿拉伯人的名下。那种将秘传的手稿归于著名作家以增加其可信度的倾向，我们在前面已经看到过。炼金术士尤其热衷于此，他们最喜欢假托活跃于9世纪的阿拉伯学者贾比尔（Geber）的名号。那些归到他名下的作品是真是假，目前还不清楚，但是这种假托让人们相信他是各

① 即无机酸。

类发明的创造者，比如说酸的蒸馏，而酸的蒸馏实际上并不是他发明的。[29]

虽然炼制黄金是他们力不能及的，但中世纪晚期的炼金术士确实将金属的范围扩大到了古希腊人所知的七种金属之外。16世纪前他们分离出了锌、铋、锑这些金属元素以及从现存文献难以鉴定的其他元素。[30]

炼金术除了制备新物质之外，主要成就是在实验技术领域。炼金术士的实验不仅使蒸馏和煅烧技术得到完善，而且促进了执行这些操作所需的玻璃仪器的发展。[31]这些方法代代相传直到18世纪，那时实验方法开始在化学中崭露头角。要取得重大进展，化学家必须掌握精确的定量测量方法，尤其是要知道化学反应前后物质的重量。在中世纪，似乎无人有耐心或技巧完成这样精细的工作。

神秘力量

本章及上一章讨论了魔法、医学、占星术和炼金术，这些技艺的共同点是它们都依靠神秘力量。魔法对世界持一种整体观，认为有一些看不见的线将天和地、大宇宙和小宇宙联结成一张紧密的影响力之网。占星家称，众星发光影响着人类生活。金属的性质是其内部隐秘力量产生的结果，炼金术士说，控制这些力量，你就能转变物质。连职业医生也会研究草药中能治病的有效性质。

现在，“神秘”（occult）一词特指“魔法的”或某种与唯灵论有关的东西，但这个词以前的意义要比现在宽泛得多，它可以指任何隐秘的力量或性质。说得直白点，某个东西如果你看不见，就可以被归为“神秘”。亚里士多德几乎很少谈到这个概念，他认为一切作用都必然是物质性的。他说，一物只能通过接触才能影响另一物。近代科学反对这种极端观点，承认从重力到磁力的一切超距作用。我们将在第九章谈到，亚里士多德对于重力有自己的解释，而且他忽略了磁力。很长一段时间，这事无关紧要，因为磁石很罕见，几乎难以成为推翻物理定律的理由；后来在 13 世纪，磁力变得重要起来。我们将在下一章看到，阿拉伯人听说东方有一种新的航海工具，这种工具不久便传到了西欧，这便是指南针。

对于占星术和炼金术，中世纪教会的典型态度是怀疑而不是完全反对。也许这种态度恰到好处，它既防止了魔法世界观凌驾于其他世界观之上，同时又让占星术和炼金术在实践层面最终能够影响现代科学思想。不过，我们马上就会看到，中世纪后期进步最显著的是自然哲学和技术领域。

第九章

罗吉尔·培根与光学

1277 年，为了解决关于亚里士多德对神学的影响之争论，巴黎主教发表了对 219 项哲学观点的谴责。这些谴责的反响远远超出了主教辖区的范围。就在几周以后，坎特伯雷大主教罗伯特·基尔沃比（Robert Kilwardby，死于 1279 年）也发布了一份他在牛津大学禁止的异端命题的清单，这份清单要短得多。教皇若望二十一世曾命令巴黎主教解决巴黎地方关于亚里士多德的争论；基尔沃比本人与他一样，也是一位不好对付的哲学家。[1]基尔沃比简短的谴责看起来更像是要报复其学术对手，而不像是要处理牛津大学的纷争。不管怎么说，他的行为似乎没有吸引多少注意。他的继任者约翰·佩卡姆（John Peckham，死于 1292 年）除了大主教的身份以外，还是一位颇有名气的学者。佩卡姆不得不给大学去信，询问是否有基尔沃比谴责的副本，因为他自己找不到，最终只得问林肯（Lincoln）① 主教借一份。[2]

① 英格兰东部城市。

虽然牛津没有巴黎那么有名，但到1277年时，牛津的大学已经培养出了多位一流思想家。牛津许多最优秀的思想家都横渡英吉利海峡到巴黎任教。西欧的共有宗教以及对拉丁语的广泛了解，使中世纪学者形成了一个比以往任何时候都联系得更加紧密的、统一的国际性知识阶层。不幸的是，尽管欧洲的精英之间有一种共同的语言，欧洲人仍把大量的时间用在了相互争战上，而新技术可以帮他们干这件事。

军事物理学

中世纪的西欧受益于大型帝国所具备的优势，同时又没有统一的世俗控制所具有的弊端。政治的分裂与宗教和文化的统一结合在一起，意味着基督教国家的学者享有很大的自由，他们不受世俗统治者的控制，并享有教会的广泛保护。而像奥卡姆的威廉（William of Ockham，约1287—1347）这样与教皇闹翻了的神学家，同样可以加入皇帝的阵营以寻求保护。其他学者也可以四处游历，寻找接纳他们的教会或职位。托马斯·阿奎那在意大利长大，但在巴黎成名，而他的宿敌布拉班特的西格来自尼德兰。教皇若望二十一世是西班牙人，而大阿尔伯特是德国人。

众多天主教徒将自身视为一个统称为“基督教世界”的单一实体的成员。尽管贵族和王室之间经常发生冲突，但事实上所有人都承认，对基督徒同胞发动战争是不可接受的。这就是没有一位统治者能用查理曼那样的方式进行统治的原因之一。虽然仍有一个神圣罗马皇帝存在，但他要把分裂的德国人和意大利人联合起来以征服法国、英国或西班牙，麻烦已经够多。教皇们不希望有一个独一无二的政治统治者来对抗自己的教权，因而把阻止神圣罗马帝国皇帝取得这种至高无上的权力视为自己的首要任务。这并非难事，因为欧洲其他君主全都明确支持限制帝国的影响力。

要控制欧洲贵族的好战情绪，让他们参加十字军远征是一个行之有效的办法。虽然十字军远征是教会批准的战争，但是领导权却牢牢掌握在世俗领主手中。今天，我们最常记得的是失败的东征。这些十字军未能永久征服伊斯兰化的巴勒斯坦，而且在1204年洗劫君士坦丁堡时，他们对基督教阵营的拜占庭帝国可能造成了更大的破坏。较不知名却更成功的是对波罗的海地区残余的异教徒发动的北征，这些异教徒中的最后一批在1386年才皈依天主教。[3]

世俗统治者发现神职人员非常有用。毕竟，他们识字，有教养而且游历广。国王雇用他们担任议员和大使，而任何财力允许的人都会雇用一名教士做子女的家庭教师。正如我们所知，教会甚至不得不通过立法来防止修士和神父从医。更令人惊讶的是，攻城技师有时也由神职人员充任。[4]虽然按规定，神职人员不许参与屠杀，但这项法律的实施力度并不大。从远处向人们抛投巨石似乎是可以接受的行为，因为神父比大多数人更有可能拥有攻城武器准确射击所必需的数学和工程学知识，所以那些愿意担任这一职务的神父需求量很大。如果敌人是异教徒或异端分子，神父对执行这项任务便不会有太多顾虑。

破坏城墙的首选武器是投石机。西欧关于这种巨型机械的最早记载是在1200年左右。投石机主要由一根枢轴偏靠一端的长木杠杆构成，[5]也就是说杠杆的一端比另一端离支点远得多。杠杆的短臂一端挂有一筐岩石或其他重物作为配重，长臂的最远端连有弹兜，投石机抛射的石头正是放在这个弹兜里。一架大型投石机

图 7　一架大型投石机

的弹重可达 300 磅（约 136 千克），射程可达 500 英尺（约 152.4 米）。[6]发射时，操作者从长臂一端向下拉杠杆，让配重扬吊到空中。配重被释放时会由于重力而下落，杠杆便陡然翘升至竖直位置；连在杠杆（长臂）一端的弹兜将所载石弹释放，抛向目标。没有人知道投石机是谁发明的，但不管发明者是谁，他们都对杠杆的工作原理有很好的理解。杠杆支点两侧特定的长度比例使弹兜在释放石头的那一刻能以最快的速度运动；同理，杠杆也使人们能够将沉重的配重拉回高处以备下一次发射。

杠杆是一种实践性的数学知识，投石机的发明者对这种知识可能只有某种直觉，虽然计算杠杆效应的正确数学公式已经为古希腊人所知。不幸的是，希腊人关于石头或箭支在空中运动的动力学思想非常不靠谱。这里值得简要地解释一下，因为对抛射体运动理解的进步是中世纪科学的伟大成就之一。

亚里士多德在《物理学》中讲到，有两种运动，他称为“自然运动”和“受迫运动”。[7]自然运动是指物体由于重量而下落。亚里士多德解释说，这是“自然”的，因为下落的物体出于本性努力想要达到自己的固有位置。物体的固有位置取决于它的重量。岩石很重，所以它们想要尽可能低的位置；水不那么重，所以甘愿居于下面的岩石和上面的气之间；火是最轻的，所以它要升到气之上。希腊人推断，一个看不见的火区构成了大气层和外层空间之间的边界，这颇像今天流行的臭氧层概念。因此，亚里士多德的理论是不需要重“力”（force）① 的。导致物体下落或上升的，是物体想要占据自己固有位置的天然渴望。

受迫运动是除自由落体运动之外的任何一种运动。因此，当你举起一块石头时，石头的运动便是受迫的；但当你放手时，石头的落体运动则是自然的。亚里士多德的观点有一个令人惊讶的推论——这两种运动是完全不兼容的。也就是说，物体不可能在进行受迫运动的同时进行自然运动。对任何抛射体（例如投石机上的巨石）来说，这种观点都会导致一个非常奇怪的结果。由于受迫运动和自然运动不能共存，巨石在理论上必须一直沿着发射方向前进，直到减速以至最终停止。就在停止的那一刻，巨石从空中掉落。也就是说抛射体的运动轨迹将是直线，而不是现代科学所预测的曲线。中世纪的意见是有分歧的，但毫无疑问的是，阿维森纳及其思想的追随者完全接受了上述观点。[8]这种运动的效

① 一旦说物体受到重力作用，物体由于重量而下落的运动就成了受迫运动。“force”（力）一词本来也有被迫的含义。

果很像一个无意中跑到了悬崖边缘的卡通人物的下场。只要这个可怜的家伙的冲力使他保持前进，他就不会下落，但他一旦停下来，就会像石头一样掉下去。

历史学家长期以来一直迷惑不解的是，人们怎么会相信抛射体能先沿直线飞行，然后从空中坠落。毕竟，经验所展示的应该是另一种景象。但经验可能会有误导性。弓箭手很清楚，他们可以直射目标，以达到最大精准度；或者向空中放箭，以获得最大射程。那些箭雨之下的人会注意到箭是从上面来的，在这种情况下，没有人会去管入射角究竟是多少。投石机也将石弹送入空中，而由于空气阻力，石弹落地的时候已失去了大量的前冲力。在那些受到攻击的人看来，投石机的抛射物是从上面来的。

到 13 世纪中叶，亚里士多德的《物理学》已成为巴黎、牛津和其他多数大学本科课程的核心部分。我们可以肯定，亚里士多德关于运动的思想有着同样广泛的传播。神职人员能被雇为攻城技师这一事实告诉了我们大学学术界与军营之间的某种联系。指导攻城武器可能正是某个叫朝圣者彼得（Peter the Pilgrim，活跃于 1269 年）的人在做的事情。当时（1269 年）他正随安茹的夏尔（Charles of Anjou，1225—1285）的军队围攻意大利南部的卢切拉城（Lucera）。[9]守城部队是一支穆斯林雇佣军，他们表现出相当顽强的抵抗能力，但最终还是投降了。[10]

事实上，我们对朝圣者彼得知之甚少，甚至不能确定他是不是神职人员；尽管考虑到他的文化水平和教育程度，几乎可以肯定他是。显然，他发现围城漫长而乏味，许多战友都有这种感觉。为了打发时间，他决定写一篇简短的论文，阐述导航石“确定无疑却又隐秘的力量”，他称，“对此，哲学家迄今为止没有给我们提供任何信息”。[11]导航石是一种天然的磁铁矿。当然，磁性是典型的神秘属性，它实际并不符合亚里士多德否认超距作用的质料主义哲学。很明显，磁铁可以影响另一个物体，即使二者没有接触。彼得不只关心理论问题，他决定用经验方法研究磁铁的行为。

彼得是第一个意识到磁铁有极性（北极和南极）的人。他发现，即使它们被切成碎片也总是如此。至于指南针，他正确地断定，针必然被某个巨型磁铁所吸引，这个巨型磁铁的影响可以被世界各地的指南针感受到。他猜想天本身是有磁性的，指南针指向北极星，而不是地磁北极。他的另一个错误产生了非常积极的影响，由于认为整个宇宙是一个磁铁，而宇宙又是球体，他推断球形是磁铁的最佳形状。这是错误的，因为条形磁铁的磁性要强得多，但是这个想法在 16 世纪会被一个相信神秘力量、能够推翻亚里士多德物理定律的人拾起——这个人便是威廉·吉尔伯特（William Gilbert，1540—1603），我们将在第十八章中谈到他。朝圣者彼得在磁铁上的工作有着漫长而有收获的未来，因为他的工作引起了一个人的注意，这个人的名气比他大得多，这位彼得的同时代人称赞彼得是“实验大师”，是炼金术、测量术和战术方面的专家。[12]这一赞语来自罗吉尔·培根（Roger Bacon，1214—1292），他可能是英国最知名的中世纪学者。

托钵修士培根的生平

罗吉尔·培根出生于英格兰西部的一个富裕家庭，十几岁就被家里送到牛津大学学习。1230 年之后不久，他去了巴黎。不晚于 1237 年，他开始在巴黎讲授关于亚里士多德的课程。十年后，他辞去自己的职务，投身于个人研究。他花了大量的时间和金钱

（据他自己估计，大约 2 000 英镑）用于炼金术研究。[13]他似乎对奢侈的生活没什么兴趣，但炼金术是出了名的费钱，很快他就没钱了。

这对当时的学生来说并不是一种不寻常的状况，许多人因为无力支付学费而被迫离开大学。幸运的是，有一个可行的解决办法。多明我会和方济各会正在积极招募学者，他们需要受过训练的布道者来执行传播福音的任务。加入这些修会对我们来说可能不太有吸引力，因为那将意味着生活在赤贫中，还要服从上级的命令；好处是修士们在牛津有自己的小修道院，那里提供食宿，更重要的是，这些修会为其成员支付学费。[14]我们知道培根笃信宗教，大约在 1257 年，他正式加入了方济各会，方济各会保证了他能够继续自己的学术生涯。

作为方济各会的一员，他活跃于巴黎大学和牛津大学的修士之间。他在巴黎认识了枢机主教居伊・勒格罗・德富尔克（Guy le Gros de Foulques），即后来的教皇克莱门特四世（Clement IV，死于 1268 年）。培根给他留下了非常深刻的印象。当选教皇以后，克莱门特请求培根制订基督教的改革方案。这一请求的结果是《大著作》（*Opus Majus*，即 Larger Work），培根在忙乱的年月中编写了此书。在同一时期，他还设法印行《小著作》（*Opus Minus*，即 Lesser Work）和《第三著作》（*Opus Tertium*，即 Third Work）作为后来又增补了大量原始材料的《大著作》的摘要。不幸的是，克莱门特在收到自己委托编纂的巨著之前就死了。我们很难知道，如果他有机会读这些书会作何感想。

关于克莱门特为什么要培根写下自己的观点，最近有一个较为可信的解释：他们对世界末日有着共同的担忧。[15]在《大著作》中，培根写道："我写作的原因是，基督徒和神的教会因不信者尤其是敌基督者（the Antichrist）正面临或将要面临重大危险。”[16]当然，对即将来临的世界末日的恐惧，可以解释他为何要如此迫切地在一年内写出那样庞大的著作。培根作品的主旨是捍卫基督教真理。没有任何迹象显示其宗教观点有丝毫的怀疑论性质。他担心的是教会没有利用科学的全部武库来推动基督教的传播。他特别关心犹太人和穆斯林在世界末日到来之前是否能皈依基督教，而且他觉得末日很快就要来临。

在第六章中我们看到，巴黎大学当初在最终接受亚里士多德的自然哲学著作作为哲学基石之前，是如何禁止它们的。培根写作的当时，这场争论正在激烈地进行。因此，我们应该将他的三部著作解读为在基督教教育中运用亚里士多德自然科学（更不用说数学和语言学）的例证。他十分详细地阐述了科学究竟是如何帮助宗教的。[17]毫无疑问，培根对自然哲学本身也有兴趣，然而仅此无法使他成为宗教的颠覆性批评者。他坚持当时思想家中普遍流行的那种观点，即科学是神学的婢女。

牛津的方济各会士在培根加入之前已经有了很高的学术声望，因为罗伯特·格罗斯泰特（Robert Grosseteste，约1170—1253）大概于1230年到1235年间在他们的小修道院教过神学。[18]格罗斯泰特从卑微的出身成长为大学校长，后来又成为辖域广大的林肯教区的主教。他的故事说明，来自贫困家庭的才俊可以利用大学作为超越自己出身的门径，他们的家人可以期望从中受益，特别是如果这个神职人员不过于严格地遵守自己的独身誓言而拥有情妇和孩子的话。然而，对格罗斯泰特而言，誓言必须遵守，他本人由于强烈反对神职人员的腐败行为而令人生畏。在职业生涯的早期，他患了一种近乎致命的疾病，所以放弃了普通牧师的身份，转而遵守方济各会的戒律（尽管他不太可能真正加入这个修会）。

我们对他的早年生活知之甚少，但他很可能在1200年以前就在牛津获得了艺学硕士学位，被当时的作家威尔士的杰拉尔德（Gerald of Wales，1147—1223）称赞为“精通自由技艺”①。[19]格罗斯泰特于1214年（至少按长久以来的传统说法是这一年）[20]成为大学校长，其后于1235年被任命为林肯主教。成为主教后，他恪尽职守，因而与更加世俗气的神职人员产生了大量政治纷争。

虽然格罗斯泰特最终以主教和神学家作为职业，但他早期的许多作品都是关于自然哲学的。他年轻时就写过关于自然的书，后来将聪明的头脑转向了自己认为更高级的神学问题。格罗斯泰特还无法读到亚里士多德著作的所有新译本，尽管如此，他仍然取得了相当大的进步。格罗斯泰特思想一个重要的方面是他经常提到的 *experimentum*——这是拉丁语，现代术语“实验”（experiment）就是出自这个词，但这个词更准确的译法是“经验”（experience）。因此，当自然哲学家写到 *experimentum* 如何告诉我们自然的某些特性时，他们指的是自己观察到的东西，而不是指他们所做的受控实验（controlled experiments）。[21]这项区分很重要，它继承了古代和中世纪哲学家的共同信念，即不能指望自然现象在实验室中会像在自然环境下一样发生。对格罗斯泰特来说，研究自然意味着必须被动地、不刻意地观察现实世界中发生的事情。

托钵修士培根的传奇

罗吉尔·培根是继格罗斯泰特之后的自然哲学家，他将确保

① 关于中世纪的自由技艺，下一章有详细解释。

中世纪后期牛津大学在自然哲学上的显赫声誉。尽管培根的成果很重要，但他今天的声誉实际上来自两项误解。首先，我们听说，他的作品有一种独特的现代气息，提到了实验和未来的发明，如轿车和飞机。其次，有一个经久不衰的传说：他因为领先于时代，与教会发生了冲突。

我们先谈第二个说法。根据几本权威传记，培根晚年被方济各会监禁了十年。对于那些寻找科学与宗教冲突的证据的人来说，这是教会不宽容的一个主要例子。一些历史学家毫不怀疑，教会是因为培根危险的科学观点而囚禁了他。对其他人来说，注定要将他送入地牢的是他对占星术和炼金术的同情态度。今天，通过重新审视现存文献，很难证明培根曾被监禁，更不用说他被监禁是因为危险的科学观点。

故事的源头是《方济各会二十四会长编年纪事》(*Chronicle of the 24 Ministers General of the Franciscans*)，这份文献可追溯到约1370年，即他被捕后整整一个世纪。这份文献称培根是神学大师，因某种“可疑的奇谈怪论”而被监禁。[22]因为我们知道培根从未具备神学大师的资格，所以很难相信这一说法。此外，《纪事》暗示培根参与的争论与科学无关。比较可信的是，一个极端禁欲主义的方济各流派在制造事端。这些人和培根一样，相信世界即将终结，教会应效仿基督的贫穷，立即放弃一切财产。中世纪教会的物质财富是惊人的，主教们当然不想像乞丐一样生活。如果培根是这个精神性的方济各流派的支持者（从他著作中所表现出的巨大虔诚和千禧年主义来看，这是可能的），他可能会陷入很大的麻烦。[23]然而，认为培根因为科学被监禁的观点无法在历史记载中找到证据。

事实上，他作为未来学家和实验家的名声有着更坚实的基础。在第一章中，我们看到，中世纪早期是一个技术快速发展的时代，这一趋势持续了几个世纪。中世纪传入欧洲的最重要的发明之一是中国人的火药。西方提到这种爆炸物的最早文献是罗吉尔·培根的作品，其中对爆竹——一种流行于中国的玩具——进行了描述。《第三著作》中的一段讲到：

> 在世界各地有一种由硝石、硫黄和榛木炭的粉末制成并能发出声响和火光的儿童玩具。那种粉末装在一包手指大小的羊皮纸里。它发出的响声会使人的耳朵感到不适，特别是在人们无意识的情况下。而它发出的巨大闪光也非常吓人。如果使用大尺寸的玩具，没有人能忍受响声和闪光带来的恐惧。如果玩具用坚固的材料制成，那么爆炸威力就会大得多。[24]

从最后一行可以清楚地看到，培根知道这种玩具能以何种方式改造成武器。他可能听说过像马可·波罗（Marco Polo，1254—1324）这样的方济各会传教士带回的鞭炮，这些传教士正受益于蒙古帝国开辟的贸易路线。成吉思汗（1162—1227）的征服给中亚带来了血腥的和平，它使从欧洲到中国的旅行自公元7世纪波斯帝国陷落以来首次成为可能。

罗吉尔·培根的一些作品反映了遍布欧洲的发明精神。在一封叫作《论人工与自然的伟力》（*On the Marvellous Power of Artifice and Nature*）的著名书信中，他对飞行器和非马力的四轮车之类的事物进行了推想：

> 有可能造出一辆以无法估量的速度行驶的车，而且其运动无须借助任何生物的帮助……有可能造出一种飞行装置，

使人能坐在其中，只要转动曲柄便能使人造翅膀按鸟飞行的方式拍打空气。[25]

今天我们知道，培根关于飞行器的想法是完全无效的，但是维多利亚时代的历史学家基于这份文献称他为超越时代的天才。一种更为温和的观点是，他拥有活跃的想象力。我们应该记住，他在多大程度上是因为那个时代的共同看法而犯了错误。培根的不寻常之处是对工匠工作感兴趣，而大多数中世纪学者都没有时间从事技术和手工艺。这部分反映了希腊哲学家如柏拉图和亚里士多德的观点，他们认为任何一种手工艺都有损知识分子的尊严。在这个领域，基督教为"异教优越论"提供了一个有效的反例，毕竟耶稣自己就是木匠。但是，旧偏见的消失是一个缓慢的过程，当时，大多数受过大学教育的人都不愿参与手工艺。

在《大著作》中，罗吉尔·培根努力让教皇相信"实验科学"的重要性，但这也不完全是我们所理解的意思。培根的思想中有很大成分显然是魔法性质的，他进行的实验工作似乎很大程度上都是为了炼金术，他在这上面耗费了大量的金钱。虽然在魔法实践中他可能确实进行了大量的干预，但他并没有提出我们今天认为具备科学性质的那种研究计划。

实践技能与炼金术和魔法的结合可能会让大学学者望而却步。培根本人最终获得了魔法师的名声。在16世纪，他被认为是与浮士德一样的"黑魔法师"。传言说他得到了热尔贝那件黄铜头颅，这是难免的，我们最近一次讲到黄铜头颅是在大阿尔伯特那里①。据说牛津的布雷齐诺斯学院（Brasenose College）的名

① 见本书第六章。

字便来自那具魔法头颅，有人说大学餐厅里保存完好的黄铜门环就是培根曾拥有的那样东西。

更正面的说法来自罗伯特·雷科德（Robert Record，1510—1558），一位重要的都铎王朝的数学家兼作家，他将某种玻璃制品的发明归于培根："通过这种玻璃制品，人们可以看到其他地方发生的事情。"[26]这听起来像魔法，但雷科德接着解释说，培根利用他的光学理论和自然哲学知识造出了这种东西。事实上，培根从来没有说过自己真的制造了这样的装置，但确实暗示过这种可能性。"我们能从极远的距离看到最小的字母……"他写道，"那么，我们同样可以使日月星辰的外观下降到这里，并以同样的方式出现在敌人的头顶上。"[27]尽管如此，雷科德的意见无疑证明，早在 1608 年望远镜被正式发明之前，望远镜的概念就已存在。

神圣的光

罗吉尔·培根对透镜放大性质的思考并不是孤立出现的。到 13 世纪中叶，阿拉伯文和希腊文的光学著作已有了拉丁文译本。培根消化了这些篇幅惊人的著作，对截至当时的一切进展作了一次出色的综合。

他的许多方济各会同修也被光迷住了。对罗伯特·格罗斯泰特来说，光是神圣的。上帝创造世界时，第一句话便是"要有光"。这意味着光是宇宙的基本属性。格罗斯泰特猜想，光来自上帝，上帝用荣耀充满宇宙以使自己的存在周遍各处。神圣的光不只起照亮物质世界的作用，它还有一个能使人类"看到"（或者说"理解"）信仰之奥秘的形而上的组成部分。因此，格罗斯泰特认为，理解光也会告诉自己一些关于上帝的重要事情。[28]不幸的是，他的写作发生在欧洲人能够接触到相关的希腊和阿拉伯知识之前。由于缺少对前人工作的适当了解，除了能对下一代学者有所启迪之外，他取得的进展微乎其微。

在研习物理的大学生中，光学似乎是他们遇到的最困难的学科之一。如果他们知道即使对昔日最聪明的头脑来说，光的本质也会导致类似的问题，也许会释然。核心问题是解释人类如何看见事物。撇开关于视觉主观体验的心理学问题不谈，自然哲学家们想要理解眼睛是如何将来自各个方向的光线组织成一个连贯的图像的。按理说，我们除了一团无形的模糊物之外应该看不到任何东西，因为来自不同角度的光线应该会互相干扰，使我们无法形成一幅清晰的图像。然而，我们的眼睛却以某种方式将这种混乱再现为周围世界的表象。

视觉问题无疑也难住了希腊人。一些希腊人认为，我们必须把物体看作整一的实体。于是，在看一只狗时，我们的眼睛会收到一种看不见的“狗性”的信号，这个信号会将完整的图像传递给我们的心智。[29]更难解释的是，每种信号在传播过程中如何能不与其他信号混淆。

其他希腊思想家，特别是欧几里德和托勒密，则从不同的角度处理光的问题。他们发现光以直线传播，镜子按照固定的规律反射光线。这意味着他们可以运用自己的几何学技能制图说明光线是如何传播的。[30]但这依然没有解决那个问题，即眼睛如何用不同的光线生成一个连贯的图像。欧几里德显然是通过假定眼睛向外发射光线与环境相互作用来解决这个问题。这对反射定律没有任何影响，反射定律在互逆的两个方向上一样有效。他可能设想过这种情形，即眼睛发出的光线从物体上反弹回来并沿原路返回。这是一个相当深刻的见解，因为它非常类似于声呐和雷达探测的工作方式。不论是声呐还是雷达发出的脉冲，都会在遇到一个大小和密度足以构成障碍的物体时发生偏转。一部分偏转后的脉冲会返回检波器，从而使雷达或声呐生成环境的图像。蝙蝠实际上是通过听自己高频尖叫的回声来“看”的，所以它们可以在完全黑暗的条件下确定方向。因此，作为视觉模型，欧几里德的“出射论”（emission theory）并不像听起来那样遥不可及，它只是不适合人类。

欧几里德的理论使他可以运用几何学来模拟光的反射和折射。但他的想法有很多问题。最要紧的是，发光体如太阳或火炬，显然在发出光线。这与我们“通过眼睛发出的光线看到物体”的理论是矛盾的。这导致培根追随亚里士多德和穆斯林学者的观点，并拒绝欧几里德的理论，但他没有放弃欧几里德在反射问题上的几何成果。

不幸的是，他无法在视觉的核心问题上取得进展。核心问题是：眼睛如何分辨来自不同方向的光线，将其构成一个连贯的图像？对于这个问题，他采用的是穆斯林学者阿尔哈曾（Alhazen，965—约 1039）的解答，即只有正对眼睛射入的光线才参与构成我们所看到的图像。[31]他说，任何斜向射入的光线都会被减弱，以至于光线本身无法在视网膜上产生影响。当然，这也引发了一个问题：为什么与垂直方向只有几度之偏的光线不会产生模糊而微弱的图像？这个理论要求完全忽略任何偏离垂直方向的光线，不管这个偏离量有多小。因此，尽管这是当时所知的最佳想法，后来的理论家却从来不是完全满意。

罗吉尔·培根的光学著作证明，他关于实验科学重要性的某些华丽辞藻是不实之谈。虽然他似乎摆弄过镜片，但并没有显示出对光的性质进行过系统研究的迹象。他的理论看上去就像纸上谈兵，而且他似乎想将各种权威的观点整合成统一的整体。[32]他甚至不准备彻底放弃认为眼睛会发出光线的理论，因为这个理论得到了像欧几里德那样德高望重的希腊人的支持，培根不得不为这个理论找个归属。

光学这门在中世纪被称为“透视学”的学科，也吸引了另外几位13世纪的自然哲学家。约翰·佩卡姆是继罗伯特·基尔沃德比之后的坎特伯雷大主教，与培根一样是方济各会士，他对光也是同样的痴迷。他撰写了自己的光学理论教科书，这部教科书主要取自阿尔哈曾的思想，在大学的教学大纲中一直保留到16世纪。[33]培根本人的工作成果也对在罗马工作的波兰神学家维泰洛（Witelo，活跃于1250—1275）撰写的一篇宏论有影响。这篇论文将希腊人和阿拉伯人的所有想法与他那个时代的见解结合在了一起。[34]维泰洛的书一直到16世纪都是透视学的不刊之论，正如我们在第十八章中将看到的，它构成了现代光学理论的基础。

培根如果活得久一点，也许就能解开视觉之谜，因为就在他生命的最后几天，意大利出现了一项新发明——眼镜，它提供了视觉之谜解决过程中的缺失环节。眼睛是通过其晶状体来解像的，晶状体会折射从特定点发出的所有光线，将这些光线在视网膜上聚焦成单个点。那些用透镜制成的眼镜可能会给培根提供必要的线索。

最早提到眼镜的文献可以追溯到1300年的威尼斯行会条例。[35]1306年，多明我会士比萨的焦尔达诺（Giordano of Pisa）在佛罗伦萨新圣母玛利亚教堂的一次布道中指出：

> 从制作眼镜的技艺被发现、眼镜帮助人清晰视物以来，

> 还不到二十年。这是世界上最好、最不可少的技艺之一，发现这种史无前例的新技艺的时间还如此之短。那个发现并实践了这种技艺的人我亲眼见过，我还和他交谈过。[36]

所以我们可以凭这项证据将眼镜的发明时间定在 13 世纪末。一些作家怀着爱国之心，试图把这个发明者说成是他们自己所在城市的居民，但这些人的说法极不可靠。[37]

最初的眼镜是用凸透镜制成（中间凸起，边缘较薄）的阅读眼镜。与矫正近视所需的凹透镜相比，这些眼镜对打磨精度的要求要低得多，其他方面的制造难度也相对较低。[38]眼镜使修士和其他学者即使在年纪渐老、视力下降以后也能继续工作。我们在下一章将会看到，机械钟在英国和意大利几乎同时开始嘀嗒作响。这些发明使中世纪欧洲在争当地球上最先进的技术文明的竞赛中跃居第一位。中世纪人已经超越了中国、伊斯兰和古希腊罗马世界，虽然他们自己并不知道。

第十章

钟匠：沃灵福德的理查德

沃灵福德的理查德（Richard of Wallingford，1292—1336）最早的记忆之一，应该是他父亲铁匠铺中的热度和火焰。作为小镇的铁匠，理查德的父亲是社区不可或缺的一员，他制造马掌、修理犁铧、打制铁器。这虽是艰苦的体力劳动，但也需要精湛的技艺。小男孩理查德从父亲那里继承了对机械技艺的浓厚兴趣和对工匠品质的欣赏。

铁匠家庭的生活是相当富裕的，但若遭遇不幸，便几乎没有什么保险措施可用。这意味着，理查德本可能陷入贫困，因为父亲去世的时候他只有十岁，年纪还太小，无法接手父业。然而，教会充当中世纪福利国家的角色也是常有之事。理查德被当地一位本笃会修士收养，他努力让理查德在拉丁语的阅读和写作方面接受良好的教育。[1]事实证明，理查德是一个早熟的学生，而且神职生涯对他的合适程度远远超过父亲的行当。成年以后，他被送到本笃会修士在牛津主持的学院学习。

牛津大学与剑桥大学的成立

在中世纪的大学读书并不适合胆小的人。这么多年轻人聚集在一个远离父母监管的小镇上，确实易生事端。酗酒、暴力和堕落是活生生的现实，学生既是受害者，也是肇事者。记载显示，受害居民对闹事学生屡有控诉。据说，在 1269 年，

> 居民怨声四起，持续不断，他们说巴黎的一些学生和学者……打着学者生活的幌子，日夜利用自己的武器干违法犯罪之事，残忍地伤害或杀害了许多人，他们强奸妇女，欺凌处女，闯入旅馆，并一再实施抢劫和其他一些上帝所痛恨的暴行。[2]

在牛津，学生对当地处女不止是欺凌。1209 年，一位大学成员谋杀了一名年轻女子，引发了一场重大危机。情况并不明朗，我们不清楚受害者是凶手的情妇还是拒绝了与他交欢。凶杀发生在城郊，犯罪团伙很快就让凶手成功逃脱。一群愤慨的居民聚集到罪犯的住处，发现他已经逃走，于是绞死了与他同屋的数人以泄愤。大学方面竭力反对这种私刑，要求将元凶绳之以法。[3]

这场争执由于英格兰约翰王（King John，1167—1216）与教皇英诺森三世之间在坎特伯雷大主教人选问题上的冲突而加剧。教皇想让斯蒂芬·兰顿（Stephen Langton，1154—1228）担任这个职务，兰顿是一位令人敬畏的政治家和教士。而约翰王要求一个总体上更符合自己意愿的人任职，拒绝让兰顿进入自己的国家。为此，教皇革除了国王的教籍，并对英格兰发布禁行圣事

令。即使约翰对自己被革除教籍无所谓，他的臣民们也会对禁行圣事令的影响感到恐惧。这项禁令是教皇的终极武器，它实际上将英格兰全境革除了教籍。教堂的宗教仪式被取消，圣礼被撤除，日历上的节日也被废止。只有修道院里自称与约翰王的宗教政策无关的修士得到了某种特许，他们被允许每周关起门来举行一次宗教仪式，只要不声张。

牛津的危机卷入了这场更大的争论之中。这一禁令意味着，到那场谋杀发生时，大多数神职人员已经离开了牛津镇，而满怀敌意的当地人很快就把其余的人也赶走了。整整五年，这所大学没有任何教学活动。一群教师带着自己的学生迁到了东边一个叫剑桥的镇里。剑桥镇地方很小且位于沼泽中央，那不是一个讨人喜欢的地方。但是，学者们受到欢迎，在那里开始讲学。这所新大学的声望在中世纪从来不能与牛津相提并论，但在 16 世纪，王室的赞助使剑桥逐渐获得了与牛津同等的尊重。在宗教改革期间，剑桥声名显赫，远至匈牙利的学者都来剑桥听课。因为有拉丁语作通用语言，所以这种学术上的异花传粉是普遍现象，但误解仍然是可能的。我们的匈牙利人发现自己在肯特郡的坎特伯雷（Canterbury）四处游荡，寻找讲堂。“剑桥”的拉丁语是“*Cantabrigia*”，难怪他会弄混。[4]

1212 年，英诺森三世宣布废黜约翰王，并请法国国王进军英国。由于民众呼吁重新开放教堂，约翰最终屈服于教皇的要求。他把整个王国移交给教皇，教皇又恩准他任英格兰君主。斯蒂芬·兰顿最终在坎特伯雷定居，并在一场运动中迅速倒向男爵一边，这场运动在两年后以约翰签署《大宪章》（Magna Carta）而告终。

作为约翰和教皇之间协议的一部分，牛津镇的居民不得不对出走的教师进行赔偿并邀请他们回来。协议的这一部分赋予大学众多优惠和权利，成为牛津大学后来取得成功的基础，罗伯特·格罗斯泰特可能参与过这一部分的磋商。当地居民成了本镇的二等公民，必须每年向大学缴纳罚款。[5]因此，到 14 世纪初沃灵福德的理查德开始学习之时，牛津大学已成为牛津镇的实际控制者。

三艺课纲

沃林福德在牛津以南，离牛津只有约 15 英里（约 24 千米），但是理查德去格洛斯特学院（Gloucester College，现在并入伍斯特学院［Worcester College］）的旅程可能是他走过的最远的路。16 岁的理查德比许多 14 岁就开始自己学业生涯的一年级学生稍大一些。在大多数情况下，他们都被当作成年人对待，而且他们加入学生团体时，还会成为受教会法而非普通法管辖的神职人员。这就是学生被称为“clerk”（教士，学者）的缘故，这个词是“cleric”（神职人员）的简写。乔叟的《学者的故事》（*Clerk's Tale*）就是借一位勤奋钻研亚里士多德著作的、正直的牛津学生之口说出的。[6]

理查德学术生涯的第一步是获得艺学学士学位，这通常需要三四年时间。不管他上哪所大学，他要遵循的教学大纲都是相似的。这三四年间，他的学习将涵盖三个入门科目，即语法、辩证法和修辞，合称“三艺”（*trivium*）。这就是英语中“trivial”（琐碎的，不重要的）这个词的起源。这在词源学上是一个尴尬的例子，因为这三个科目都是至关重要的。

语法的作用是培养学生用一种文风严谨的拉丁语写作。与理查德一样，学生们在开始接受更高程度的教育之前，应该已经掌握了用拉丁语阅读、写作和会话的能力。这是大学唯一认可的语言，校方会对用英语交谈的人处以罚款，甚至私人谈话也不例外。大学认为新生应该已经能在书面上表达自己的观点，所以试图限制语法教学的课时，但学生经常要求补课。

辩证法的意思就是日常用语中的“逻辑”，这似乎是中世纪知识生活中最让我们觉得陌生的一面。中世纪的思想家远不是非理性的，相反，他们对逻辑的痴迷程度在现代批评家看来完全不合情理。学生会反复练习被称为三段论的逻辑结构，直到烂熟于心。学生学习时虽然有不少助记手段，但逻辑终究需要大量的死记硬背。权威教科书是西班牙的彼得所著的《逻辑小纲要》（*Summulae Logicales*），通常被称为《小逻辑》（*Little Logicals*）。我们在第六章中首次提到彼得是因为当时他作为教皇若望二十一世下令对巴黎地方的阿威罗伊主义进行调查。在 16 世纪对中世纪学术进行强烈抵制的时期，托马斯·莫尔爵士（Sir Thomas More，1477—1535）不公正地讽刺道：“也许《小逻辑》之所以称为‘小’逻辑，是因为它的逻辑内容少得可怜吧（it contained little logic）。”[7]辩证法与许多中世纪的学问一样可以追溯到亚里士多德的著作，但它被提升到了这位古代哲学家做梦也想不到的高度。

第三个科目是修辞。这是一个比学会在公众场合得体地讲话更广泛的话题。除了演讲之外，学生们还要学习构造论证的方法和写信的正确格式。

理查德掌握了语法、辩证法和修辞之后，就可以接受艺学学士学位的“裁定”。“裁定”这个术语不过是指他为了获得学位而必须通过的口试。口试是考生同考官进行的高度形式化的辩论，考官随后会向大学官方汇报考生是否顺利通过。获得学士学位也需要有道德品行方面的证书，有些学生肯定会觉得这比通过考试更难。

中世纪的科学课纲

理查德获得学士学位之后，还需要经过三年的学习，才有望成为艺学硕士。在此期间，他将学习自由七艺中被称为“四艺”（*quadrivium*）的其余四门科目，以及哲学的三个分支（伦理学、形而上学和自然哲学）的基础知识。自由七艺可以追溯到罗马时代晚期，当时这些学科被认为是适于自由人而不是奴隶学习的科目。四艺是由算术、几何、音乐和天文组成的数学学科。这意味着，所有想将学习进行到基础水平以上的学生都必须学习数学。

计算的基础知识源自阿拉伯人，统称为“*algorismus*”（算术），这是穆斯林数学家花剌子米（al-Khwarizmi，约 780—约 850）名字的拉丁文误写。他作品的原创性是有争议的，但正是通过拉丁文翻译，代数的原理才传到基督教西方。“*algebra*”（代数）这个词本身就是他最著名的书《代数》（*Al-jabr*）标题的讹传。[8]

花剌子米使用了我们所说的阿拉伯数字（实际上起源于印度），并引入了数字“零”的关键概念。以前，大多数西方人都使用他们从古代继承下来的罗马数字系统。这对计数和表示日期来说都没问题，但是这种数字把简单的求和运算都弄得非常复杂。对于基本算术来说，使用算盘要容易得多，但这又涉及一个完全不同的计数系统。用算盘有效率地计算需要一些技巧，这一点，任何去过印度集市的人都能证明。前面我们讲过，热尔贝在 10 世纪第一次将阿拉伯数字引入西方，用以改进算盘。然而，直到 13 世纪，阿拉伯数字的使用才因为花剌子米的《代数》而变得广泛起来。

近年来，一直有人宣称教会曾抵制阿拉伯数字的引进，特别是数字“零”。事实上，职业的算盘使用者才是真正感受到新系统威胁的人，因为这似乎会使他们的技能变得多余。关于哪个符号对应哪个数字也无法达成一致。晚至1299年，佛罗伦萨银行家协会才禁止在官方文件中使用阿拉伯数字，因为阿拉伯数字造成了太多的混乱。[9]最终确定下来的数字系统与穆斯林化的西班牙所用的那种相似。它与其他阿拉伯人所使用的版本有显著不同，而且这些差异今天仍然存在。例如，在中东，欧洲的“零”表示“五”。不过，随着1300年算术成为多数大学教学大纲的一部分，阿拉伯数字逐渐占据主导地位。多数大学生需要掌握加减乘除运算以及开方和基本的代数演算。

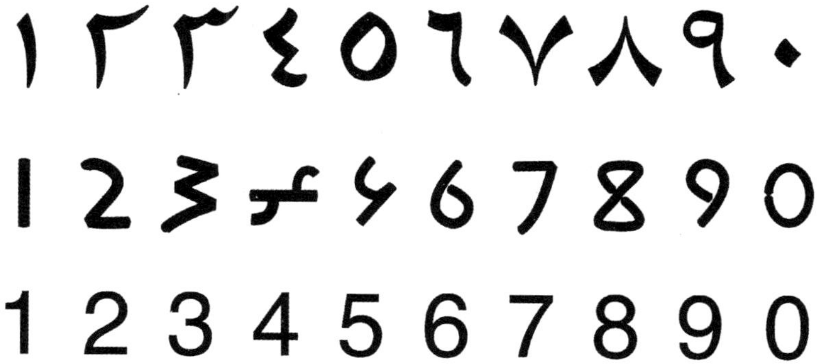

图8 东西方阿拉伯数字与现代西方数字对比

除了学习计算，中世纪的学生还要掌握理论数学。这方面的资料来自波爱修的《算术》（*Arithmetic*）。它主要讲的是素数和完全数（perfect number）的性质以及现代数学家所说的“数论”。这是为了给学生理解数字的神秘性提供必要的知识准备，同时使他看到逻辑上的完美。今天，任何人读这本书都会觉得费劲。首先，波爱修的书并没有告诉你怎样求和，“算术”（arithmetic）这个词的意思与现在完全不同。毋宁说，这门课是以一种用来训练更高级哲学思维的方式来处理数和比例的性质。波爱修说，算术“占据首要地位，是其余一切学科之母”。[10]这是一种最远可以追溯到毕达哥拉斯（Pythagoras，约公元前569—约前475）和柏拉图的希腊传统。对柏拉图主义者来说，数是超越物质世界存在于更高层次上的事物的最佳例证。哲学家可以通过思考数来理解永恒的真理，不必用尘世的事物来玷污他的思想。与算术密切相关的是音乐。我们可能会认为这涉及学习唱歌或演奏乐器。远非如此。学生们要学习的是和谐的理论和对宇宙节律的欣赏，而不是任何实际的东西，比如保持正确的调子。

至于几何，关键的文本是欧几里德的《几何原本》，比如巴斯的阿德拉德的译本。大多数学生可能只须掌握前三卷，但即便只是这几卷也包含了大量简洁而有启发性的材料。中世纪学者喜欢欧几里德的地方是其证明方式，他的每一步证明都是从之前的论证中逻辑地推演出来的，没有任何错误的可能。

四艺中的最后一门学科是天文。学生使用的天文学教科书是英国人约翰·萨克罗博斯科编写的《天球论》，这本出色的小手册曾被切科·德阿斯科利用来讲课。这本书囊括了学生们理解中世纪宇宙运行方式所必需的全部知识点：宇宙以地球为中心，七颗行星（包括太阳和月亮）围绕地球运行，恒星所在的天球，最后是天本身。学完自由七艺之后，未来的艺学硕士将学习一些伦理学、形而上学和自然哲学。亚里士多德是所有哲学分支的主要权威，但他的作品难度太大，大多数学生都要依靠注解来阅读这些著作。

中世纪大学的现代批评者指责他们过分专注于无用和晦涩的逻辑，牺牲了真正的知识。逻辑无疑是教学大纲的重要组成部分，而且在中世纪后期变得越来越复杂。作为一种智力锻炼，学者们会构造荒谬的情境，并试图从这些情境出发进行推理。大学会时不时举办一次特别的集会，学生可以在会上向一位资深教授提出最刁钻的问题。毫无疑问，为了刁难自己的老师，学生会绞尽脑汁地提出自己能想到的最复杂的谜题。教授通过干净利落地处理学生抛出的问题获得了一个炫耀自己才智的机会。这样产生的结果是一种非常高蹈的智力娱乐形式。这些活动留给后人的问题包括："一个生来有两个头的人是应该作为一个人还是两个人接受洗礼？""一位死后复活的主教是否可以复职？"就连托马斯·阿奎那也不得不回答这样的问题："十字军战士是在前往圣地的路上死好一些，还是在返回的路上死好一些？"[11] 人人都知道的中世纪逻辑谜题是："一根别针的针尖能供几位天使跳舞？"遗憾的是，这个问题是 17 世纪剑桥学者为了讽刺公认深奥难懂的托马斯·阿奎那神学而炮制的。[12]就算哪位中世纪学者真的问出过这种问题，他也肯定是在开玩笑。

沃灵福德的理查德的生涯

理查德于 1308 年进入牛津大学，到了 1314 年，在获得艺学硕士学位之前，他的钱用完了。目前尚不清楚他上学是由本笃会慈善机构资助，还是靠父亲留下的遗产，但不论哪样都不是无限的。没有钱的理查德面临着与罗吉尔·培根同样的问题，他选择了类似的解决方案。他在智力上很有天赋，如果他加入本笃会，本笃会将乐于资助他完成学业。怀着这个目的，这位年轻的学者一路跋涉来到圣奥尔本斯（St Albans）正式宣誓成为修士，那是英国最宏伟、最富有的修道院之一。三年后的1317年，他被任命为司铎。在修道院认定他表现出了充分的宗教热情之后，他便回到牛津完成学业。[13]

不久，他就成为艺学硕士。此后，他必须先给本科生上几年课才被允许进入神学院。进入神学院后又过了几年，理查德才以自己对彼得·隆巴尔《箴言四书》撰写的评注获得神学学士头衔。虽然这是一本神学教科书，但其第二卷中的大量章节涉及世界的创造和物理学的其他方面。这给学生充分的机会就自然哲学发表意见，如果这是他们最感兴趣的课题的话。[14]

我们知道这正是理查德的情况。在表面上研究"诸科学之女王"的时候，他抽空发明了一种新的天文仪器，叫作"阿尔比恩"（Albion）。这是一种计算仪器，使用者借助它确定恒星和行星的位置比用通常的星表更快。阿尔比恩的另一个优势是不依赖于使用者是否拥有一套准确抄写的星表。每当需要这些位置时，使用者都可以从第一原理出发重新计算出来。也就是说操作阿尔比恩确实需要相当的技巧，所幸使用者不需要完全理解底层的数学原理。[15]

阿尔比恩由围绕一个共同枢轴旋转的黄铜盘片组成。盘片上刻有大量曲线，从这些曲线可以读取所需的结果。一些丝线从枢轴上引出来，帮助使用者尽可能准确地读数。[16]理查德既然能绘制出必要的刻度线，想必是那一代人当中最有造诣的数学家之一。在1326年离开牛津后，他用这些天分做了更惊人的事情。

理查德回到圣奥尔本斯修道院，开始他的司铎和修士生涯。

他刚安定下来没多久，修道院的老院长便去世了。在随后的选举中，年仅35岁左右的理查德被选为继任者。这位从牛津回来的学者出身卑微且相对年轻却当选院长，这令人非常惊讶。修道院的编年史讲到：

> 新当选的院长大人，沃灵福德的理查德，被领入教堂时带着战栗和敬意，他循例被带到主祭坛前站立。向人们宣布选举结果的人是……副主教。他的当选在大家的意料之外，尤其是平信徒。[17]

在远涉欧洲大陆使自己的任命得到教皇的批准（须支付大量费用作为酬金）之后，理查德接手了圣奥尔本斯修道院的管理工作。奥尔本斯修道院虽然古老并且拥有大片土地，却由于一些院长的恣意挥霍而陷入债务。这位新院长是个令人畏惧的管理者，他的卑微出身并没有使他对治下的农民和市民手下留情。很不幸，理查德需要用他们的钱来实现自己的抱负：建造世界上有史以来最先进的时钟。

时间的发明

大约在意大利出现眼镜的同时，机械钟被发明出来，地点很可能是在英格兰。最早提到机械钟的文献来自诺里奇（Norwich），时间是1273年。[18]这之后不久的另外一些文件也提到机械钟，随后机械钟便迅速传遍欧洲。罗马人和中国人都曾制造过水钟和其他计时设备，但是机械钟是某种新的东西。擒纵机构（escapement）的发展或许让机械钟的发明成为可能。中国人制造过某种擒纵机构，但没有证据表明这一知识曾传入欧洲。西方的擒纵机构似乎是在 13 世纪末独立发明的。[19]

擒纵机构是一种使时钟具备计时能力的机械装置。动力由悬挂在横杆上的重物提供，悬挂重物的绳子缠绕在横杆上。重物受到重力拉动，便会使横杆转动。然而，横杆不能自由转动，因为它靠接在一个齿轮上，齿轮的齿控制着它的转动速率。擒纵机构本身就是一个挂有重物的不断旋动的横杆，它让齿轮每次只转动一个齿槽。齿轮每转动一个齿槽，钟便滴答一声，而重力驱动轴也会转动一个非常小的量。上述齿轮的转动会通过一系列其他齿轮的传递转化为钟面上指针的运动。

最初，机械钟非常不准确，而且原是用作天文模型而非计时器。随着这些早期装置的出现，宇宙本身可能是一种时钟的观念迅速形成。世界是一部机器并非新概念，但是由于机械钟可以为显示行星相对位置的浑天仪（armillary sphere）提供动力，这种类比就变得更加直观。不久，“天本身就像钟一样有自己神圣的发明者”的观念便在基督徒的脑海中生根。

最早使用这项新发明来报时的人可能是修道士。祷告与赞美诗的日课（divine office）要求修士们凌晨起床，在自己的教堂参加晨祷（Matins）。修士们是被修道院的钟声从床上唤醒的，但必须有人不睡觉，负责敲钟。我们在法国童谣《雅克兄弟》（Frère Jacques）中仍能见到这个情景，其直译如下：

> 詹姆斯兄弟，詹姆斯兄弟
> 你在睡觉吗？
> 晨祷的钟声已敲响
> 叮，当，咚[20]

在机械钟上加装一个只唤醒敲钟者而不影响其他人的报时装置是相当容易的。不久，钟进入了世俗生活，钟在其他方面的应用也很快开始出现。城镇中安设了每小时响一次的公共时钟，这意味着，附近的所有人第一次能就当前的时刻达成一致。更重要的是，一小时变成了一个固定的时间。传统上，日出到日落之间有 12 个小时。然而，白天的持续时间因季节的不同而变化，冬季的白昼时间比夏天的短。不管季节如何，机械钟都会在同样的时刻敲响。现代以正午和午夜为起点计算时间的做法是由一位意大利钟匠在 14 世纪 40 年代提出的，他在为帕多瓦市建造的一座著名时钟上使用了这个计时方案。[21]这只有在一昼夜的每个小时都一样长的条件下才是合理的。

随着机械钟的发明，时间不再是个人的时间，它成了支配着我们生活的一个普遍事实。[22]从此，工人们可以按钟点工作，要求固定的小时工资，但反过来，他们的雇主也可以坚持让他们工作一定的时长，而不仅仅是完成一定量的产品。这些发展历经几个世纪才趋于成熟，但同许多其他事物一样，它们的根源是中世纪。

沃灵福德的理查德的钟是为圣奥尔本斯修道院的教堂建造的。计时只是它最基本的功能。钟面是一个巨大的星盘，而不是时针和分针，星盘上有沿轨道运行的太阳和月亮。这部钟还提供了伦敦桥附近的潮汐时间，伦敦桥对圣奥尔本斯修道院的修士来说是距离最近的主要港口。理查德仔细记录了这部钟是如何组装起来的，这些手册保存在牛津的博德利图书馆（Bodleian Library），在现代曾被用于将此钟复原。钟的原件被忽视了几个世纪，因为理查德死后，几乎无人有能力维护它。钟的修复也不是拮据的修士们最优先考虑的问题。然而，这部钟在 16 世纪仍然完好，直到宗教改革期间才遭到破坏，英格兰大量的中世纪遗产都是毁于这一时期。

理查德院长本人生前没能长时间地目睹自己建造的时钟的运行。他在 1328 年觐见完教皇回来时抱怨眼睛疼。病情逐渐加重，很快就诊断出了可怕的麻风病。[23]作为重要人士，理查德不能被放逐到麻风病人隔离区，他继续留在院长的职位上。麻风病影响到社会各个阶层。这种病在 1185 年杀死了耶路撒冷王鲍德温四世（King Baldwin IV of Jerusalem），在 1329 年杀死了苏格兰王罗伯特·布鲁斯（Robert the Bruce）。面对早逝，理查德用全副身心来完成他那伟大的时钟。他在 1336 年去世时留下了一份举世无双的机械遗产。[24]

第十一章

默顿计算者

沃灵福德的理查德和罗吉尔·培根都是中世纪受人尊敬的人物，但牛津大学作为一个领先的哲学中心的声誉并非他们的功劳。培根只是在中世纪结束后被重新发现时，才获得了他今天所享有的名气。相反，是一群从 13 世纪晚期开始活跃的创新思想家短暂地将牛津大学推至学术上的卓越位置，他们中的许多人是在欧洲大陆完成自己的职业生涯的。

这些人当中最重要的是约翰·邓斯·司各脱（John Duns Scotus，约 1265—1308），他是托马斯·阿奎那神学最重要的发展者和批判者。他曾获得“精细博士”（the Subtle Doctor）的尊号，其工作构成了一整个神学流派的基础。邓斯·司各脱受业于牛津大学是在 1277 年大谴责之后，像罗吉尔·培根一样，他也加入了方济各会。他一取得神学家资格，修会就把他调到巴黎，后来又调到科隆，他最终在科隆去世。[1]

邓斯·司各脱在许多方面推进了始于托马斯·阿奎那的一系列思想。像托马斯一样，他也十分相信人类理性的力量，坚持认为我们仅凭理性就可以证明上帝的存在。但邓斯·司各脱也认为阿奎那在使上帝服从理性支配的这条路上走得太远了。托马斯认为，在自然哲学上，宇宙的运转方式必然要反映上帝的品格。邓斯·司各脱说，这对上帝的行动自由构成了不必要的限制。上帝可以用任何他乐意的方式来创造宇宙，宇宙根本不需要反映其他任何东西。[2]同样，在伦理学上，托马斯认为上帝会意愿善的东西，而邓斯·司各脱认为，事物之所以是善的，乃是因为上帝意愿它（我们将复杂的论证作了大幅度简化）。正如邓斯·司各脱所言，“神圣意志是善的原因，因此，如果它意愿着某一事物，这一事物便是善的”。[3]

因此，不论在伦理学上还是自然哲学上，邓斯·司各脱都附和了 1277 年大谴责的一项主张，即强调上帝随心所欲的行动自由。上帝说它是善的，它就是善的；上帝说宇宙应如何运转，宇宙就如何运转。对科学来说，这是一个积极的转变。现在没有理由认为一切都是按亚里士多德所说的理性方式运转了。自然哲学家可以对此前被他们排除在外的各种各样的可能性进行自由的思辨了。

奥卡姆及其剃刀

赋予上帝绝对的行动自由和权威的趋势由于另一位英国方济各会士奥卡姆的威廉（William of Ockham［或作 Occam］）的工作而延续下来。奥卡姆的威廉出生在英格兰东南部的萨里（Surrey），于 1300 年左右进入牛津大学。他可能在同一时间加入了方济各会。大约在 1320 年，他在完成神学课程并获得博士学位之前就离开了大学。[4]在方济各会修道院生活的三年是他哲学著作的高产期。[5]他离开大学的原因仍不清楚，但可能与他对彼得·隆巴尔《箴言四书》写的一篇评注有关。撰写这样的评注是神学家标准训练的一部分。如果发现其中有教理上的错误，攻读学位者要么纠正错误，要么退出课程。只须按要求改正错误，评注中的异端言论就不会对神学家未来的职业生涯有任何负面影响。这个程序和今天的学生必须给出正确答案才能通过考试没有什么不同。而如果辩称错的是考官，风险就会大一些。这似乎就是奥卡姆的威廉所做的事，这件事最后受到教皇若望二十二世（我们在第八章中曾提到他）的关注。若望二十二世不仅禁止了带有欺骗性的炼金术，最终还镇压了方济各会的苦行派，罗吉尔·培根可能曾与这一派有牵连。

当时，教廷设在法国南部的阿维尼翁（Avignon）。教皇克莱门特五世（Clement V，1260—1314）是法国人，他在 1309 年迁到阿维尼翁，以回避罗马持续不断的冲突和在罗马被谋杀的风险。法国国王对他的到来感到高兴，并将教廷实际变成了法国朝廷的分支。①

教皇若望二十二世至少有独立的精神，但他也很乐意留在阿维尼翁，而不是冒险回到难以控制的罗马人那里。他将奥卡姆的威廉传唤到阿维尼翁，在那里，牛津大学前任校长约翰·勒特雷尔（John Luttrell，活跃于 1317—1323）领导的一个委员会审理了他的案子。一些现代学者认为勒特雷尔丢掉大学工作的直接原因是谴责了威廉的工作。如果是这样的话，二人的关系一开始就不会友好。另一些人认为这不可信，如果这件案子与勒特雷尔的个

① 从 1305 年到 1377 年的七十多年间，教廷设在阿维尼翁，教皇由法国人出任并完全听命于法国国王。史称“阿维尼翁之囚”。

人利益有这么大的关联，他便不会卷入其中。[6]确切情况我们永远无法知道。不管政治阴谋如何，委员会宣布威廉对《箴言四书》的评注中有 51 个命题是异端。威廉没有接受这一事实，也没有修改他的作品，而是和其他几位学者一起离开，寻求未来的神圣罗马帝国皇帝的保护。与法国结盟的教廷那时正继续与神圣罗马帝国争夺对欧洲的控制权。据称，威廉曾向神圣罗马皇帝提出："你用剑保护我，我用笔保护你。"[7]所以，威廉余生一直在皇宫里工作，为他的主人写政治宣传的文章。

从离开牛津到 1324 年前往阿维尼翁期间，奥卡姆写了几本重要的著作。他最有争议的作品的主旨是，对于发现上帝或世界的很多东西而言，人类理性并不是一个足够有力的工具。我们甚至不能用理性来证明大多数关于因果的陈述——经验是认识事物的唯一途径。[8]这使科学和神学一样变得非常困难。正如大阿尔伯特所言，努力找出原因就是自然哲学的全部。威廉认为，许多关于上帝和灵魂的命题我们只能通过信仰之光获知，而托马斯·阿奎那则认为它们可以用理性证明。显然，威廉的思想是对托马斯和邓斯·司各脱所倡导的理性神学的严峻挑战。难怪保守派会不高兴。

当然，对年轻一代来说，威廉激进的怀疑主义是令人兴奋和新颖的。把上帝置于人类理性所能思及的范围之外似乎是在荣耀上帝。在中世纪剩下的时间里，基于邓斯·司各脱的神学被称为"旧路线"，而追随奥卡姆的威廉的思想被称为"新路线"。[9]巴黎学生对新路线倍感兴奋，他们的教授的反应却是试图在 1339 年将其禁止。[10]神学家持续不断地争论新旧路线的相对优点，直到 16 世纪整个争论才被宗教改革完全平息。那时，天主教会重新回归托马斯·阿奎那的工作，而新教徒则完全否认中世纪神学的许多成就。

奥卡姆和邓斯・司各脱的支持者之间的大部分争论代表了实在论和唯名论之间的哲学分歧。在第三章我们简要地分析了这一点。总之，争论的焦点是共相的地位。“共相”这个术语是指一类事物的集合，比如“狗”指所有的狗（包括想象中的狗）。实在论者认为共相拥有真实的存在，而唯名论者则认为共相只是人类为了方便而创造的名称。正如你可能已经料到的那样，奥卡姆的威廉是唯名论立场的明确支持者。他坚持认为，我们只能感知个别的事物，我们在个别事物之间进行的任何联系都归于我们自己。如果我们可以用世界中实际存在的个体来解释世界，就没有必要假设有真实共相的存在。发明像共相这样的新概念是不必要的。

这是对后人所熟知的“奥卡姆剃刀”这一著名原则的一种应用。这个原则的出名是理所当然的，它经常作为理据被援引，用来支持简洁的科学理论，反对烦琐理论。然而，“奥卡姆剃刀”这个词又是一个 19 世纪的发明，奥卡姆的威廉本人从未使用过。他的真实观点非常不一样。实际上，他是这样讲的：“如无必要，切勿增加实体。”[11]这话的意思是，如果一些物理和哲学解释预设了我们对之没有直接经验的事物（比如共相）的存在，我们就应该摈弃这些解释。从现代科学的观点来看，这不是一个非常好的主意。物种、元素和电子都是具有真实和特定属性的共相。碳元素确实具有独特的原子结构，在燃烧（另一种共相）过程中确实与氧（又一种共相）结合在一起。碳不只是我们随意贴上了某种特定标签的一些黑块的集合。

另一方面，由于中世纪的唯名论者不承认共相，他们就比自己的实在论对手更偏向经验主义。因为唯名论者只处理个别的实在，所以如果他们不能亲眼看见某事物的话，从第一原则出发作再多推理都无法使他们相信事物确实就是如此。我们将在下一章中发现，这种态度意味着他们已经做好充分准备摈弃亚里士多德的结论，不管这些结论多么合理。这种摈弃很重要，因为这位哲学家的结论经常错得离谱。

亚里士多德的错误

重的物体会天然地比轻的物体下落得更快吗？许多人认为确实如此。他们会指出，从同一高度落下的羽毛和锤子不会同时落地。无疑，锤子几乎会在一瞬间着地，而羽毛将缓缓飘落。但是如果你用豌豆和滚珠做同样的实验，会发生什么呢？沉重的滚珠会比豌豆下落得更快吗？如果你不确定答案是什么，试着从头部的高度释放两个重量不同但形状相近的物体，比如一把茶匙和一把大的公用勺。你会发现它们在几乎完全相同的时刻着地。锤子比羽毛下落得更快的原因与它们各自的重量无关，而与它们受到的空气阻力不同有关。美国宇航员大卫·斯科特（David Scott，生于 1932 年）于“阿波罗 15 号”任务期间在月球上（那里没有大气）进行了一次著名的验证实验。他放手落下锤子和羽毛，二者以相同的速度落地，只是由于月球引力较小，它们的下落速度要比在地球上慢得多。

大自然厌恶真空吗？真空能把物质吸进去吗？太空中的真空能把人从出了故障的密封舱里吸出来是科幻小说的常见内容。事实大不相同。真空实际上什么也不是，所以什么也做不了。它就是提供了空的空间，物质可以进入其中。它不能把你从宇宙飞船的窗户里吸出来，但是空气从窗户洞里跑出去的时候可能会把你一同带出去。

亚里士多德确信，较重的物体自然会比较轻的物体下落得更快。[12]他还坚持认为大自然厌恶真空。事实上，他认为真空根本不可能存在。[13]按他的说法，一个空间绝不可能不含任何东西。虽然亚里士多德用谨慎的论证来为自己的观点辩护，但他经常站在常识一边。例如，他认为地球是静止的，它位于宇宙的中心。在我们无法感觉到地球在运动而且恒星和行星似乎都在围绕地球运行的情况下，这是一个合理的看法。亚里士多德说，天是不朽不变的，因为他那个时代的所有记录都表明恒星和行星的运动从未改变过。他也不相信原子。这在一定程度上是因为相信原子是以相信真空为前提的，这样原子才有运动的场所。也没有充分的理由认为物体有一个最小的尺寸，或者说物质不是无限可分的。此外，也没有人见过原子或任何关于它的直接证据。

他最显著和最持久的错误之一，是相信任何物体在没有其他物体推动的条件下都不可能保持运动状态，这一点他在《物理学》中明确讲过。[14]许多时候确实如此。如果你不再沿着地板推椅子，它就会停止移动。但同样地，在很多情况下，事物在你不再接触它们之后，仍会继续运动下去。最好的例子就是抛球。亚里士多德确信，一定有什么东西在球离开你的手后推动着它。他唯一能想到的是，球背后的空气在推着它前进。[15]这个想法很容易反驳。要让一个球在空气的推动下运动，就需要一股非常强劲的风，我们抛出物体时，应该会注意到这阵狂风。我们知道，空气实际上是对物体的运动起阻碍作用的，所以它不可能同时又提供动力来维持物体的运动。

亚里士多德的威望如此之高，哪怕是他的粗率想法都必须被严肃对待。问题是，尽管批评者不相信“空气推动”的概念，但他们仍然接受亚里士多德的基本定律，即一个运动着的物体必定由别的什么东西推动。这就使得替代理论很难形成。一位确实采取了不同思路的作家是约翰·菲洛波努斯（John Philoponus，约490—570），他是亚历山大港著名学校的一位基督教哲学家。他认为，扔球的动作把某种力“印入”其中。这一被印入的力负责将球向前推进，但在推进过程中被逐渐用尽。[16]这样，菲洛波努斯就可以维持亚里士多德的权威论断：一个运动着的物体（这里是球）必定由别的什么东西（这里是被印入其中的力）推动。

奥卡姆的威廉也意识到，亚里士多德的理论存在某种问题。不幸的是，他提供的方案几乎没有更大的启发意义。威廉认为被抛的球自己推动自己，这样它就为自己提供动力。他还解构了运动的概念，声称运动只是一个物体占据前后相继的位置。运动作为一种真正实体的观念也被无处不在的奥卡姆剃刀剃掉。不幸的是，威廉对运动的整个讨论只是在谈论一个完全不相干的问题之时附带提及的。[17]这意味着他实际上从未阐发过自己的激进思想。

尽管亚里士多德的理论受到批评，但明显合理的常识和令人信服的论证相结合使他的理论极具吸引力。而且，他的诸多理论形成了一个对现实进行了完整描述的融贯整体。总的来看，亚里士多德的哲学形成了一整套令人叹为观止的理论体系。这就是为什么自然哲学家们用了那样长的时间才意识到他在那么多的事情上弄错了。

问题是，仅仅在边缘修补亚里士多德的自然哲学是不可能的。变革自然哲学的任务比这要深入得多。他的哲学是一个完整的关于实在的理论，拒绝其中任何重要部分都会导致整个大厦坍塌。不足为奇的是，因为缺乏证据，古代和中世纪的评注家常常会承认亚里士多德并未弄错而不是习惯性地质疑他的话。变革自然哲学必须从根本上进行。即便有人想提出一种新的理论，哲学的语言也是亚里士多德的语言，所以他不得不以亚里士多德的方式表达自己的思想。

尽管如此，在 14 世纪，中世纪的思想家也开始注意到，亚里士多德自然哲学的各个方面都有一些严重的问题，不单是那些与基督教信仰直接矛盾的部分。中世纪学者自主追求知识进步的时机已经来临，他们可以开始批判和纠正他们的前辈，开辟希腊人和阿拉伯人不曾探索过的新方向了。他们的第一项突破是将数学和物理学这两门学科结合在一起，这是以前从未有人做过的事。这是迈向现代科学至关重要的一步，迈出这一步的背景是牛津大学默顿学院（Merton College）的方形庭院。

坎特伯雷的数学大主教

默顿是牛津大学最古老、最宏伟的学院之一。它于 1264 年由罗切斯特（Rochester）主教沃尔特·德默顿（Walter de Merton，卒于 1277 年）创立，旨在为需要学习神学多年的学者提供住所，他们需要完成多年的学习才能成为神学博士。这所学院仍然收藏着数百份中世纪手稿，这些手稿存放在一个已经持续使用了六个多世纪的图书馆里。图书馆中还陈列有 14 世纪的星盘，传统上称为“乔叟星盘”。除了《坎特伯雷故事集》和其他诗歌外，杰弗里·乔叟①还用英语写了一本指导手册，说明如何使用星盘来测定季节和星辰的位置。[18]

14 世纪的默顿学院是中世纪一些最重要的自然哲学著作和

① 原文为威廉·乔叟（William Chaucer），似作者笔误。

数学著作的诞生地。默顿学院的一系列学者以拓展了物理学的疆域而闻名于整个欧洲。这些人被统称为“默顿计算者”（Merton Calculators），他们的影响力直到 16 世纪还能在意大利被感受到。事实上，正如我们将要看到的那样，几乎可以肯定，他们为伽利略和现代科学的其他奠基人开辟了道路。

最早的默顿计算者托马斯·布拉德沃丁（Thomas Bradwardine，约 1290—1349）于 1323 年进入默顿学院，在那里待了大约十二年，其间，他成为神学学士。离校之际，他被任命为爱德华三世（Edward III）的牧师，爱德华三世参加过英法百年战争。布拉德沃丁曾跟随国王远征法国。他甚至可能亲历过 1346 年的克雷西战役（Battle of Crécy），在这场战役中英国长弓兵消灭了大量的法国重装骑士。不久之后，布拉德沃丁被提名为坎特伯雷大主教，就像沃灵福德的理查德一样，他不得不艰难地穿越饱受战争蹂躏的法国，前往阿维尼翁的教廷，以获得教皇对任命的认可。1349 年，刚回到家没多久他就去世了。[19]今天他的墓就在坎特伯雷大教堂，离 12 世纪理性倡导者圣安瑟尔谟的圣祠只有几英尺远。乔叟在《修女的教士的故事》（*Nun's Priest's Tale*）中将布拉德沃丁与波爱修和希坡的圣奥古斯丁相提并论，表现了同时代人对他的看重。[20]乔叟对他的赞誉是再高不过了。

布拉德沃丁在自然哲学方面的所有重要工作都是在默顿完成的。他的不朽成就迈出了今天看来似乎是显而易见的一步。但在当时，这是对古希腊人传承下来的公认学术准则的根本背离。我们在上一章中看到，学生是如何用几年的时间来学习数学的，随后他们继续学习自然哲学。这两项学习被分开了。虽然人们承认恒星是按照可预测的几何图形移动的，但亚里士多德不赞成用公式来表述物理定理。他认为不可能用一门学科（比如数学）中进行的演绎推理来证明另一门学科（比如物理学）中的某些东西。[21]这意味着他的自然哲学著作中几乎没有数学。他对运动的描述是用一些例子和概括来说明的，他并没有试着提出一个普遍有效的公式。

布拉德沃丁和他的同事们对此持相反的观点。他说，数是成功的自然哲学的关键因素。他写道：

> [数学] 是一切货真价实的真理的揭示者，因为它知道每一个隐藏的秘密，并掌管着解开每一种微妙含义的钥匙。那么，谁要是胆大妄为地追求物理而忽视数学，他从一开始就应该知道，他永远不会踏入智慧的大门。[22]

将这种诗化的语言翻译为常规话语便可以知道，布拉德沃丁想要证明的是，如果亚里士多德所说的物体的运动方式是真的，就一定有办法用函数来描述它们的运动。此外，他推断，要使公式有效，它必须适用于所有情况，包括很大和很小的数值。以往所有试图使亚里士多德建立在数学基础上的努力都失败了，因为它们不可能对每一种情况都适用。对布拉德沃丁来说，这意味着那些东西不可能是对的。他决定集中精力寻找能将物体受的力与物体的速度联系起来的正确公式。

布拉德沃丁修改亚里士多德的运动定律，提出了一个在任何情况下都能正常起作用的公式。不过，我们应该清楚，这个公式是完全错误的。这不是布拉德沃丁的错，而是亚里士多德的错。布拉德沃丁用数学描述的基本运动规律一开始就有严重的缺陷。他可能准确地模拟了事物在亚里士多德宇宙中的运动，但这不是事物在现实世界中的运动方式。这不能抹杀布拉德沃丁工作重大的进步意义，当时的人们也认识到了这一点。[23]他的工作表明，用数学方法来描述运动规律是可能的，而更重要的是，他的工作十分有助于证明，任何合格的物理定律都必须用数的形式来表达。

研究布拉德沃丁著作的现代历史学家注意到他的运动公式有某些奇怪之处。转写成我们今天使用的符号便可以看出，他的公式使用了一种叫作对数函数的特殊函数。根据权威数学史的说法，对数是苏格兰人约翰·内皮尔（John Napier，1550—1617）发明的，他的著作发表于 1614 年。[24]对数在发明前已在有限的意义上被使用了三百年，这确实有点让人惊讶。事实上，几乎可以肯定，内皮尔的发明是独立于他的中世纪先驱的，他所发现的对数的应用方式是布拉德沃丁或他的同时代人从未想过的。

布拉德沃丁取得进展的另一个领域是自由落体问题。亚里士多德当然认为一块沉重的巨石下落得比一颗小卵石快。有人断然否认这一观点，对此我们拥有的最早记录出自 6 世纪的约翰·菲洛波努斯的著作。他写道：

> 如果你从同样的高度释放两个重物，其中一个比另一个重很多倍，你就会发现它们下落所需的时间之比并不取决于它们的重量之比，相反，它们落地所用的时间差别很小。[25]

菲洛波努斯的这段话很明显地指向他亲自做过的一个实验。七百年后，可能一辈子都没做过实验的布拉德沃丁仔细考量了物体在没有空气阻力的理想条件下的落体运动。自 1277 年大谴责以来，自然哲学家们一直在考虑，如果上帝屈尊创造真空，真空可能会呈现出何种性质。布拉德沃丁富有成效地揣测到，在某些情况下，真空中较轻的物体和较重的物体会以同样的速度下落。[26]因此，到了 14 世纪，不同重量的物体以同样的速度下落已经得到证明，不论在实践上（由菲洛波努斯证明）还是在理想化情况下（布拉德沃丁对真空的思考）。不过，还要经过一些时间才会有人把这两项成果结合起来，进而提出一项一般性的定律。

中速度定理

默顿最有才华的数学家是理查德·斯温斯黑德（Richard Swineshead，活跃于 1340—1355），在托马斯·布拉德沃丁离开学院时，他可能还只是初来乍到的新人。斯温斯黑德的成就使他从后世作者那里获得了“计算家”（The Calculator）的荣誉称号，但我们对他几乎一无所知。他的《计算之书》（*Book of Calculations*）尽可能地吸纳了当时的数学思想，并对它们进行了广泛应用，虽然这些应用未必合适。

斯温斯黑德尤其感兴趣的是，如何分析像热或速度这样的性质以不同速率增加和减少的情况。在《计算之书》的一章中，他用布拉德沃丁的公式来分析这样一个问题：如果你在地球上钻一个穿过地心到达地球另一边的洞，然后把一个重物丢进这个洞，会发生什么情况？斯温斯黑德试着对朝地心下落的重物进行详细的数学描述，他的第一次尝试得出了一个荒谬的结论，那就是重物会随着下落而减速，于是它永远无法完全到达地心。[27]他摈弃了这一结论，尝试用一种更简单的解决办法，以使重物最终停在地心。事实上，这也是错误的。我们预计重物会下落得越来越快，在地心达到最大速度。然后，在向另一边上升时，它会不断减速，最后停在地球的另一边（至少如果我们假设洞里没有空气阻力的话）。正如这个例子所显示的，斯温斯黑德和其他默顿计算者十分乐意将他们的心思应用于想象中的情况。他们设置一个虚构的问题，然后试着计算出数学结果。然而，要将数学应用于现实世界，进而以实验的方式对结果进行验证，仍有很长的路要走。

提出适用于一切情形的数学方程是可能的。一般性的运动定律在初次尝试时可能很难得出，但可以用同样的方式处理稍简单一些的情况。这正是最后一位默顿计算者，威廉·海特斯伯里（William Heytesbury，约 1313—1373）所做的事情。除了他曾在默顿学院短暂驻留，于 1335 年出版过名为《解决逻辑疑难的规则》（*Rules for Solving Logical Puzzles*）的著作之外，我们对他的生活同样知之甚少。他在这本书中记录了 14 世纪物理学最重要的成果。至于究竟是他自己发现了这个公式，还是仅仅有幸成为第一个把它记录下来的人，存在一些疑问。因为与布拉德沃丁的公式不同，海特斯伯里的公式经受住了时间的考验。如果你曾经学过基础力学，对它想必不会陌生。

他提出的问题是：一个运动物体以恒定比率加速，会是什么情况？和他的默顿同事一样，海特斯伯里对经验性的检验也不太感兴趣。他也只是构建了一个问题，并尝试用数学方法来解决。说明这一点的最好方法是用一些非常简单的数值来处理匀加速运动的问题。

假设你以每小时 50 英里的速度行车一个半小时。很容易计算出你会走多远——50 乘以 1.5 等于 75 英里。然而，用汽车业的行话来说，假设你在 10 秒内以恒定比率从零加速到每小时 60 英里，你会走多远的距离？首先，我们应该把每小时 60 英里转化为每秒 88 英尺。威廉证明，正确的方法是计算出你在 10 秒内以 44 英尺每秒的中速度能走多远，答案是 440 英尺。正如他所说的：

> 运动物体在给定时间内运动的距离，与它以中速度在相同时间内连续运动所走的距离完全相等。[28]

这一被历史学家称为“中速度定理”的结论是物理学的核心定理，因为它描述了物体的运动，描述了重力作用下任意物体的落体运动。注意，这个定理没有提到物体的重量是多少。（也不考虑空气阻力，因此严格来说只适用于真空中的运动。这就是羽毛和锤子在月球上以同样的速度下落的原因。）

不幸的是，威廉·海特斯伯里和他同时代的人无从知道中速度定理的重大意义。尽管如此，他们发现讨论其众多可能的应用非常有趣。由于 1277 年的大谴责，他们甚至可以谈论真空中的运动。然而，出于某种原因，海特斯伯里之后的自然哲学大部分出现在巴黎和意大利而不是牛津。1350 年是一个分水岭，此后近两百年时间，英国再也没有出现过任何著名的数学家或哲学家。因此，我们现在必须向欧洲大陆出发，跟随罗吉尔·培根和约翰·邓斯·司各脱前往巴黎大学。

第十二章

中世纪科学的巅峰

到了默顿计算者的时代，希腊哲学已被完全融入基督教神学。12 世纪时，西方学者曾抱怨过“拉丁人的匮乏”。[1]那时，他们缺少上乘的数学和自然哲学，他们自己也知道这一点。但到了 1300 年，富足已经取代了匮乏。最先进的古代思想已被发现和移译。阿拉伯作家贡献了算术和代数，在古代已知的几何学和数论的基础上增加了新的数学分支。托马斯·布拉德沃丁和他的同事开始把数学作为一种工具来进行物理学上的发现，并逐渐将数值分析和自然哲学结合起来。尽管牛津大学不再产生堪与黄金一代相媲美的原创思想家，但那一代人的思想传播到了法国，在那里被中世纪最杰出的自然哲学家接受。中世纪科学正是在巴黎达到顶峰。

巴黎校长

让·布里丹（John Buridan，约 1300—1361）是 14 世纪最引人注目的哲学家。他出生在法国北部的阿拉斯（Arras），据我们所知，他从未离开过自己的国家。他的整个职业生涯都是在巴黎大学度过的，他大约于1320年在巴黎大学获得艺学硕士学位，曾两次当选巴黎大学校长。[2]与我们前面遇到的大多数人不同，他没有受过神学家的训练。这在当时是不寻常的，因为神学是十分重要的学科。掌握了必要的哲学知识的人都想继续学习神圣的科学。布里丹也拒绝加入多明我会或方济各会，尽管他确实进入了神职人员的行列。远离修会意味着他在某种程度上能够自由行动，但这也让他缺少强有力的组织支持。幸而他完全有能力在没有任何外部帮助的情况下取得成就。

布里丹的学者生活平淡无奇，所以和平常一样，好事者便编了些故事让他的生平生动起来。有个故事讲到法国国王如何因他与王后有染，命人将他装入大口袋里扔进了塞纳河。[3]另一个故事说，大学因为他支持奥卡姆的威廉而开除了他。我们在上一章看到，1339年威廉在巴黎的教学活动差点被禁止，这很可能是故事的来源。但他受到人们的高度尊敬这点是无疑的。他被同时代人称为“卓越的人”和“著名哲学家”。[4]

布里丹最中意的学科是逻辑，在逻辑上他坚持奥卡姆的威廉的“唯名论”立场，不承认共相的实在性。布里丹的唯名论立场意味着他的自然哲学具有经验主义倾向。他写道，科学的原理为我们所接受是因为我们经常观察到它们为真，从来没有遇到过反例。[5]他认为物理学的工作是基于事物表现的常态来解释事物，“它预设了自然的一般情况”。对他来说，上帝能凭借其绝对力量创造奇迹这件事，就无关紧要了。正如布里丹所解释的那样：“我们清楚地看到，所有的火都是热的，天是运动的，尽管上帝的力量也可能让相反的情况出现。自然哲学的原理和结论所需要的正是这种类型的证据。”[6]

这种逻辑导致他拒绝亚里士多德关于受迫运动的想法，因为这些想法不符合他在现实世界中见到的情况。于是，布里丹围绕“冲力”概念提出了另一种理论，这一概念的起源可以追溯到6世纪约翰·菲洛波努斯的著作。[7]布里丹对这个概念很熟悉（虽然有可能只是通过二手资料），他将这一概念与奥卡姆的威廉的见解结合起来。

与亚里士多德相反，布里丹很清楚，被抛出的球在离开手之后，没有任何东西推动它，尤其不可能是空气在推动。同样明显的是，球的运动是由手的运动直接造成的。布里丹认为，手赋予球一种性质，他称之为“冲力”。要抛出一块重量较大的岩石，就比在同样的距离上抛出一颗鹅卵石需要更大的冲力。同样，快速运动的物体比速度较慢的物体具有更大的冲力。因此，布里丹断定，冲力必然是一种大小与重量和速度成正比的性质。[8]这样一来，“冲力”的概念便与现代物理学中的动量概念非常相似，虽然并非完全相同。

按照布里丹的说法，物体由于重力而下落时，会随着速度增加获得冲力。而被抛出的球一旦离开手，便会消耗冲力来克服空气阻力。当所有冲力用尽时，球就会停止向前运动，落到地上。

他意识到，这使自己的理论具有某种激进的意味：“冲力如果不被阻力减少或遭到相反的运动倾向的破坏，将永远存在。”[9]因此，如果没有空气阻力，比如在真空中，物体就会一直继续运动。布里丹认为天上的行星围绕地球运动的情况可能正是如此。不过他不相信它们是在真空中运动。他更认同亚里士多德的观点，即天界是完美的“精质”① 构成的领域，没有朽坏，没有摩

① 参看本书第二章。

擦。这意味着行星不会遇到任何阻力，因此，它们应当永远保持运动状态。布里丹解决了一个同时困扰着异教希腊思想家和基督教思想家的问题：是什么让行星在自己的轨道上保持运动？

前面我们在第四章中讲到，巴斯的阿德拉德曾与他的侄子讨论过星星是否需要吃东西的问题。他认为，从某种意义上说，它们可能是有生命的造物，因为它们的运动是自发的。柏拉图在《蒂迈欧篇》中指出，行星可能具有某种灵魂，这种灵魂使它们运动。[10]中世纪思想家很容易用基督教的天使取代这些异教徒所说的灵魂。[11]这一点，再加上一些凭空想象的象征手法，是基督教思想被歪曲的根源。中世纪神学家脑海中没有那种带着翅膀和光环在天空中推动行星运转的天使形象。相反，他们认为天使是非物质的精神存在，当然不需要借助翅膀来运动。所有神学家都努力坚持亚里士多德的定律，即一切运动物体都必然被别的东西推动。行星的运动是显而易见的，所以一定有什么东西在推动它们。

现在，布里丹已经用自己的冲力理论证明，行星不需要天使或其他任何东西来推动。布拉德沃丁曾明确地把宇宙比作时钟。[12]布里丹很可能受到过这个比喻的启发，他想象上帝在时间的开端就完成了“世界机器”。正如他解释的那样：

> 天界的运动中没有阻力。因此，上帝在创世时以他所希望的速度推动每一个天球，然后他就不再亲自推动它们，从那时起，天球由于印入其中的冲力一直保持着运动状态。[13]

他的言下之意是，上帝在创世时赋予每一个天球和镶嵌在其边缘的行星以一定数量的冲力。因为天界没有阻力，这种冲力就足以使天球保持旋转，使行星沿着自己的圆形轨道持续运动。这与现代惯性原理非常接近。然而，二者并非完全相同。没有人认为布里丹在牛顿之前三百年就完成了力学的大厦。虽然当布里丹意识到行星在没有任何阻力的条件下会一直保持运动状态时，他已经接近了惯性的概念，但他从来没有将这个概念恰当地表述出来。亚里士多德说，一个运动物体如果不受干扰就会停止运动。现代惯性原理认为，运动物体将保持匀速直线运动，直到外力迫使它改变运动状态。布里丹认为行星会一直做圆周运动，但他从来没有把他的原理扩展到直线运动。然而，他成功地挑战了亚里士多德的自然哲学，为新的力学科学奠定了基础。

让·布里丹的另一个伟大成就是引发了对地球运动的讨论，这个课题标志着现代科学的开始。虽然他从来没有想过地球绕着太阳旋转，但他确实认真考虑了地球转动的可能性。

几乎所有的希腊宇宙学家都认为，每天转一圈的并不是地球。（他们认为）整个天穹每 24 小时转一圈，而地球在中心保持静止。布里丹觉得这种观点的问题是它似乎相当不美观。天很大，地球相对来说很小，让地球转动比让天转动要更有效率。像许多中世纪的基督徒一样，布里丹料想上帝会以一种优美的方式安排事物，他总归要做到让自己满意。不过，即使有这个对优美的假定，你仍不得不检查经验事实，看看上帝是不是真的以那种方式做了。布里丹知道夜晚的天空看起来会转到另一面，但他意识到这可能只是地球运动引起的错觉。为了说明为什么我们不能直接观察到地球的旋转，他将这种情形比作一艘船沿着河顺流而下。他说，假设你在船上，如果另一人从停靠在岸边的另一艘船上观察你，他可以看到你正相对他们运动。但是，如果不观察周围的景物，他就无法判断自己的状态是运动还是静止。地球自转的情况对我们所有人来说正是如此。如果我们没有某种外部视角，就不可能判断地球是带着它上面的所有东西一起旋转，还是处于静止状态。[14]布里丹需要另一种方法来确定地球本身是否在转动。

托勒密曾尝试解决这个问题，他说，地表在运动时会产生猛烈的大风，而大气保持不动。[15]布里丹说，情况并非如此。大气必定与地球一起旋转，我们没有理由觉得大气会随着它下面的地球的旋转被甩在后面。

不幸的是，他在这一点上因为太过遵从亚里士多德的看法而犯了一个错误。布里丹说，如果你沿竖直方向朝空中射一支箭，它最终一定会落回你的头顶。但是，如果地球真的在旋转，你应该会跟着它运动，从而避开掉下来的箭。当然，我们今天知道地球确实在转，而且我们没有看到这种情况发生。我们将会看到，第一个正确地分析了这个问题的人是布里丹最优秀的学生尼科尔·奥雷姆（Nicole Oresme，约 1325—1382）。

尼科尔·奥雷姆：主教哲学家

与他的老师不同，奥雷姆是神学博士，并在大学之外锻造了令人印象深刻的职业生涯。他是未来的法国国王查理五世（Charles V，1338—1380）的私人教师，后来他还帮国王将许多科学论文译成法语。作为报答，国王在 1377 年将他升为利雪（Lisieux）主教。[16]尽管事务繁忙，他仍在布里丹和默顿计算者的基础上撰写了几篇力学和数学方面的重要论文。他同时还是占星术的坚决反对者，这在当时来说是非同寻常的。[17]

奥雷姆最著名的是他对地球自转的争论所做的贡献。他将布里丹的分析继续推进，他解释说，当我们（沿竖直方向）朝空中射出一支箭时，它已经参与了地球的自转运动。由于大气也在与地球一起运动，箭没有理由不进行相对于射箭者的直上直下运动。奥雷姆提出这一观点实际上是在挑战亚里士多德的定律，即不同类型的运动是不相容的。在他的方案中，箭在同一时刻必须既随地球的自转作自然运动，又在发射它的弓的作用下作受迫运动。他总结说，我们既不能用理性，也不能用观察来确定地球是否在运动。这留给奥雷姆一个悬而未决的问题，他试图在他认为完全可靠的一本书中寻找答案，这本书就是《圣经》。

基督徒早已意识到《圣经》并不能总是作字面理解。他们认为圣灵曾启示《圣经》的作者用普罗大众的日常语言进行写作，而且《圣经》不是科学文本。奥雷姆说，既然如此，那么《圣经》认为地球是静止的便不足为奇了，因为我们平时的感觉就是这样。“他宣称这段话符合大众语言的正常用法，就像在其他许多地方一样……不能作字面理解”，从而把一个讲到地球静止不动的段落处理成隐喻性的话语。[18]只有从地球以外的视角才能确定地球运动的真相。上帝无疑拥有这样的视角，奥雷姆在《圣经》的所有相关段落中寻找证据，不论是字面性的还是隐喻性的。最后，他找到《诗篇》（Psalm）第 93 章第 1 节，其中写道：“世界就坚定，不得动摇。”他认为，这是地球没有转动的好证据。然而，如果他有充分的理由认为地球确实在运动，他照样可以轻而易举地用自己的推理方式来处理这段经文。我们不能责怪他最终支持亚里士多德和其他所有古代与同时代权威的常识立场。奥雷姆完成了奠基工作。他在哥白尼提出地球可能确实在运动的两个世纪之前驳斥了大多数反对地球运动论的意见。

奥雷姆的其他成就主要是在数学方面。默顿计算者得出了中速度定理，但奥雷姆找到一种简练的方式来证明它。描述运动的最佳方法之一是曲线图。如果你画一张曲线图，用竖轴表示速度，横轴表示时间，你就能看到你之前不得不加以想象的关系。例如，描绘速度随时间变化的曲线的斜率表示加速度。恒定的斜率意味着恒定的加速度。奥雷姆还意识到，这条线下方的面积必定代表经过的距离。只用做一些剪切和粘贴，他就可以证明中速度定理是正确的。中速度水平线以下的面积与斜率恒定的那条线下的面积是相等的。[19]

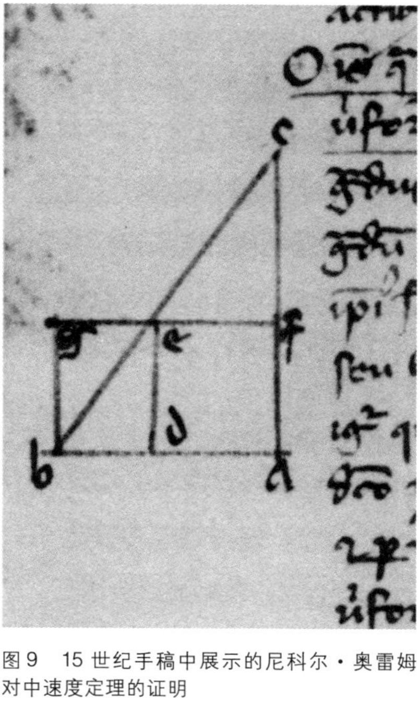

图 9 15 世纪手稿中展示的尼科尔·奥雷姆对中速度定理的证明

用曲线图描绘运动是一种非常强大的手段。下一步将是描述曲线图下方的面积与那条线本身及其斜率之间的一般性的数学关系。奥雷姆没有现在称为微积分的数学工具来实现这一目标，但是他确立了描绘速度与距离的换算关系的曲线图中各要素的意义，这是至关重要的第一步。

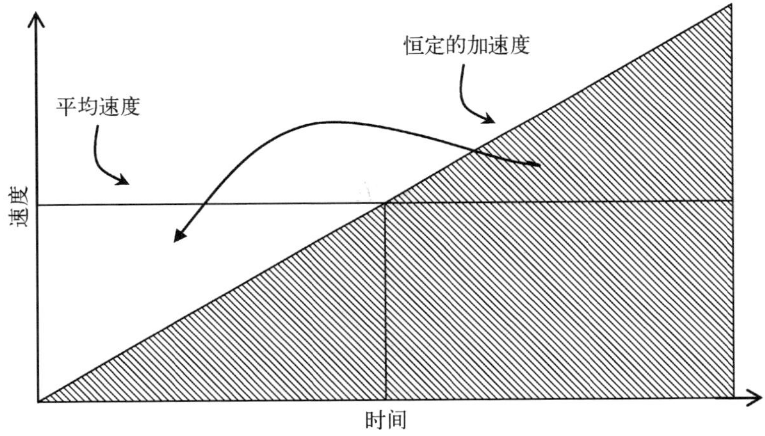

图 10　尼科尔・奥雷姆用曲线图表示的对中速度定理的证明

默顿计算者和巴黎自然哲学家的工作成果逐渐在西欧得到广泛传播。学者的自由流动加上拉丁语是通用语言，意味着中世纪晚期存在着一个泛天主教的学术共同体。例如，布里丹和奥雷姆在巴黎工作的同时，一位名叫萨克森的阿尔伯特（Albert of Saxony，约 1316—1390）的德国人来到巴黎教授哲学。他的学术生涯起步较晚，直到 35 岁左右才获得艺学硕士学位。他很可能是在布里丹本人的指导下学习，并在 1353 年成为继布里丹之后的下一任大学校长。九年后，教皇把他召到阿维尼翁。在 1366 年被任命为主教之前，阿尔伯特利用他与教皇的亲密关系获得了在维也纳建立一所新大学的许可。[20]虽然此后他的职业生涯更偏向政治而非学术，但他却使老师让·布里丹的工作成果远远传播到巴黎的范围之外。

阿尔伯特的著作不像布里丹或奥雷姆的书那样高深，这大概是它们更受欢迎的原因。不过，从一个小的方面来看，他确实打击了亚里士多德的物理学。前面我们在第九章中谈到，亚里士多德的理论何以意味着一颗速度耗尽的炮弹会像一个跑到悬崖边上的卡通人物一样从空中掉下来。阿尔伯特知道，事实并非如此。他画了一张示意图，图上一颗炮弹从炮筒中沿直线射出，但炮弹到达射程极限时运动轨迹稍稍弯向地面。[21]这张图从数学上讲并不精确，但它是我们能看到的最早的曲线轨迹图。

另一位在外求学的哲学家，威尼斯的保罗（Paul of Venice，1369—1429），把这些新思想带回了意大利。他早期的学术生涯有三年是在牛津大学度过，但在 1393 年，他回到了威尼托（Veneto），在帕多瓦大学任职。威尼斯统治着地中海，通过与拜占庭帝国和土耳其人的贸易赚钱。这座城市还控制着意大利北部的一大块区域，包括 1404 年后的帕多瓦市，那座著名大学的所在地。对威尼斯人来说，拥有自己的大学是一件相当值得骄傲的事情。他们通过为教授提供丰厚的薪水和对学生进行保护来支持这所大学。宗教改革之后，新教徒仍不断前往帕多瓦大学就读，尽管意大利天主教官方认为他们是异端分子。

威尼斯的保罗从牛津带回了默顿计算者的数学成果。[22]他的同事们意识到这些成果应用广泛，尤其是在帕多瓦最出名的医学领域。他们开始考虑如何最大限度地利用托马斯·布拉德沃丁和理查德·斯温斯黑德发展出的技巧来计算各种不同性质的药物结合产生的效果。[23]到了 1400 年，所有默顿计算者的小册子都可以在帕多瓦大学的图书馆中找到。[24]新的科学也传到了德国，一份1425年来自科隆的文件将这个时代称为“布里丹时代”。[25]

面包、酒和原子

教会对所有这些思想都持温和态度。几乎所有的从业者都是神职人员，同尼科尔·奥雷姆和萨克森的阿尔伯特一样，许多人都担任过高级职务。力学和数学没有引起任何担忧。尽管亚里士多德的自然哲学几乎是教会在许多领域的官方立场，但思想家仍然可以挑战和改进它。然而，有一个领域的事情就要微妙得多。早在11世纪，朗弗朗就运用亚里士多德的实体与偶性理论来解释化质说。这便将自然哲学与圣餐奇迹（面包和酒变成基督的身体和血液）密切联系起来。1215年，化质说成为天主教会的官方教义。从那时起，攻击亚里士多德的物质理论看起来就像是在攻击一项至关重要的基督教教义。反对亚里士多德学派的改革者必须谨慎行事。原子论是一种完全不符合实体与偶性理论的思想。除了亚里士多德对它的批评之外，中世纪的哲学家们对这另一种古希腊物质理论不大了解。原子论的先驱德谟克利特（Democritus，约公元前460—约前370）曾提出，所有物质都是由微小的、不可分割的粒子组成的，这些微粒在虚空中旋转。亚里士多德瞧不上这个想法，因为他不承认虚空的存在，并且相信一切都是无限可分的。他的大多数中世纪读者都同意他的观点。托马斯·布拉德沃丁甚至特意写了《论连续统》（*On the Continuum*）来反驳原子论。[26]

一些学者认为原子论至少值得考虑。奥特库尔的尼古拉（Nicholas of Autrecourt，约1300—1369）则走得更远。获得艺学硕士之后，他进入巴黎神学院攻读博士学位。在这个过程中，他发表了一篇对彼得·隆巴尔《箴言四书》的评注，《箴言四书》是当时权威的神学教科书。神学院对这篇评注进行检验，看它是否符合基督教正统。结果是它严重偏离正统。这个案子最后被提交到教皇那里，直到1347年才得到最终解决。教皇裁定尼古拉持异端观点有罪，命他放弃自己的主张。评注被付之一炬。他的学术生涯结束了，但作为补偿，他得到了一份待遇不错的工作——担任梅茨大教堂（Metz Cathedral）教长，他就这样平静地度过余生。[27]

尼古拉是亚里士多德学派的坚决反对者。他认为，如果人们不再阅读亚里士多德，将其全部哲学摈弃殆尽，世界将会更好。他支持原子论可能仅仅是因为亚里士多德不赞成这种理论。问题是，对于中世纪神学家来说，化质说在原子论里找不到任何哲学基础。朗弗朗解释了面包和酒的实体如何在味道和外观等偶性保持不变的情况下发生变化。但“实体”和“偶性”的概念来自亚里士多德。按照原子论来讲，它们是毫无意义的。物质的性质是由单个原子的形状决定的。例如，火原子锋利而多刺，这是它们燃烧的原因。水原子是圆润的，所以它们很容易相互流动。按照原子论的模式，似乎没有任何方法能把面包和酒实际转化为基督的身体和血液。圣饼要么含有“面包”原子，要么由“肉体”原子构成。原子论思想没有为内在实体与外在表象的差异留下余地。

所有这些无谓的争论究竟是在讲什么，现代读者可能会觉得难以理解。毕竟，化质被认为是一个奇迹，试图科学地解释它是白费功夫。如果这样想，便是没有理解中世纪神学具有多么强烈的理性主义倾向。这种倾向的结果之一是神学家们几乎普遍相信逻辑限制了上帝的绝对力量——他不能引起逻辑上的矛盾。有个问题是由来已久的杜撰，那就是："上帝是否能造出一个自己都搬不动的重物?"回答是一个直截了当的"不能"。更有趣的想法是，上帝不能使人犯罪。神学家认为这是一个逻辑矛盾，因为做上帝意愿的事绝不会是一种罪恶。所以，如果上帝使你有罪，你实际上并非有罪。[28]同样，连上帝也不能使圣饼同时成为面包和肉体。亚里士多德的实体和偶性概念使朗弗朗能用一种思想上的操作将肉体的观念与面包的观念区分开来。通过将二者归为不同概念①，他给人一种不存在矛盾的感觉。原子论并没有提供任何这样的出路，所以它似乎使化质在逻辑上成为不可能之事。如果是这样的话，上帝也无能为力。因此，尼古拉被要求专门发誓放弃他对圣餐化质说的看法。[29]

必须承认，原子论的哲学依据并非十分有力。没有证据表明原子存在，也没有证据表明原子论解释了亚里士多德不能处理的任何事情。事实上，原子正是那种该用奥卡姆剃刀除掉的多余概念。我们知道，站在今天的角度来看，原子论是一种硕果累累的物质理论。如果当初教会没有如此严格地控制这种思想，情况或许会更好。这是一个神学正统限制了哲学探究的显著例子。但是，这种情形很少出现，所以我们不能大而化之地认为教会阻碍了科学的发展。在奥特库尔的尼古拉的事例中，他明确将自己关于物质的观点与极其重要的圣餐教义联系在一起，这让当局不得不采取行动。单纯支持原子论而不追求其神学含义，就不会招来如此敌对的反应。

中世纪教会是一个反对任何科学思考的统一机构——这个流行印象显然是不实的。自然哲学已经证明自己是有用的，值得支

① 即肉体的观念归为实体，面包的观念归为偶性。参看本书第三章。

持。如果教会赞助的大学没有为哲学提供家园，很难想象那些哲学究竟会如何产生。但是，拥有一个富有的赞助者的代价是必须屈从于他们的利益，避开他们认为有争议的课题。现代科学研究人员为了争取大公司的资金支持，也有着恰恰相同的问题。教会对自然哲学家违反教会常规的宽容程度比今天许多公司对其研究者违反公司利益的宽容程度高得多。只要他们回避宗教争议，他们就可以随心所欲地思考。甚至原子论也会在 17 世纪东山再起。

奥特库尔的尼古拉也不赞成让・布里丹的观点。他们的分歧在于自然科学中经验的地位。正如我们所见到的，布里丹认为，如果自然总是以一种方式行事，而从不以另一种方式行事，那就足以证明一条自然规律是真理。尼古拉不同意。他在相信任何科学命题之前，都要求有无可辩驳的证据。这让举证责任非常之大，科学若以他的方法为基础，可能永远也不会有进展。[30]

布里丹对巴黎的神学家采取了更为谨慎的态度。他在一篇论文中讨论是否存在真空时，突然说到他的神学院同事指控他误入禁区。布里丹在回应中断言，只要他能以正统的方式解决这个问题，他就可以思考这个问题。[31]他同意亚里士多德的观点，即真空自然是不可能存在，但他承认，上帝如果愿意，便可以创造真空。这个例子说明 1277 年大谴责仍在起作用。这些谴责称，把上帝限制在亚里士多德所说的可能性范围之内是异端观点。因此，布里丹是按照大谴责的意见达到后面那种观点的，他在这个过程中并没有讲任何有争议的话。而他在获得艺学硕士学位时所作的宣誓迫使他站在正统的立场解决争论。在第六章中我们看到，在围绕布拉班特的西格的争论发生之后，巴黎哲学家承诺不侵犯神学家的领域，或至少保证不提出任何非正统主张。这项协议仍然有效，所以布里丹认为一旦问题涉及上帝，最好表明自己遵守规则。

中世纪科学的衰落

事实证明，禁止自然哲学家研究神学问题对中世纪科学来说并不是什么障碍。大多数自然哲学作家也是神学家，因而没有受到任何限制。托马斯·阿奎那、尼科尔·奥雷姆和萨克森的阿尔伯特等人都可以随心所欲地讨论上帝与自然之间的相互作用。他们也确实这样做了。事实上，中世纪神学著作中的自然哲学是如此之多，以至于一些神职人员开始抱怨这一点。[32]关于无限的本质、宇宙之外是什么以及上帝如何创造世界等问题频繁出现。神学家试图利用他们在亚里士多德思想中得到的训练以及自己对基督教教义的知识作出一些解答。

布里丹和奥雷姆代表了中世纪自然哲学的最高水准。帕多瓦大学在 15 世纪做了一些有趣的工作，威尼斯的保罗曾将默顿计算者的发现带到这里。我们很快就会遇到两位更具原创性的思想家，他们把自然哲学中富有成效的思辨与自己在天主教会中担任枢机主教的工作结合起来。此外，我们在下一章中还会看到，眼镜、指南针和机械钟这些发明在 15 世纪出现了更加惊人的发展。虽然奥雷姆和布里丹在一些关键概念上已接近现代科学，他们的第一代继承者却未能推进他们的认识，这似乎令人失望。出了什么问题？

那场让整个欧洲陷入停滞的致命灾难于 1348 年经由威尼斯进入意大利，它横扫整个欧洲大陆，造成三分之一到一半的人口死亡。第一波黑死病带走了托马斯·布拉德沃丁。大学城挤满了来自四面八方的学生，受到的打击尤其严重。学生们在逃离瘟疫时，带着它回到了自己的家乡和修道院。一位著名的神学家和占星家理查德·霍尔科特（Richard Holcott，死于 1349 年）用他的技艺自信地预言了自己平静的死亡。也许，在黑死病蹂躏他的身体之时，他正躺在自己简陋的小床上，琢磨自己的计算错在哪里。[33]

瘟疫的第一次袭击到 1350 年已经平息，但在 1360 年（此时让·布里丹很可能是受害者）、1369 年、1375 年以及断断续续地在接下来的三个世纪又重新袭来。即使在一场瘟疫中幸存下来，也未必能活过下一场。黑死病的影响远远不只是造成了大量人口死亡（其中包括许多欧洲最优秀的自然哲学家），它嘲弄了人类掌控自己命运的能力，愚弄了医生。也许，欧洲学者失去了勇气。在重新找回勇气之时，他们几乎会抛弃中世纪哲学的全部遗产。

第十三章

新视野

到 14 世纪晚期，天主教会遇到了严重的问题。自 1309 年起历代教皇都住在阿维尼翁，但在 1377 年，教皇格里高利十一世（Gregory XI，1330—1378）迁回了罗马。法国枢机主教对此非常不满，他们选举出自己的教皇作为继任者留在阿维尼翁。教会分裂由此开始，于是出现了两个（有时甚至三个）教皇同时在位的情况。重新统一教廷的努力几乎是立即开始的，各方最终同意，有必要召开大公会议（General Council）。1409 年的第一次尝试①以失败告终，但 1417 年的康斯坦茨会议（Council of Constance）确定了一位各方基本都能接受的教皇。到此，这场争执演变成了一场关于教皇权力的辩论。毕竟，没有人知道如若教皇本人就是腐败者或者异端分子会导致什么后果。这场辩论在 15 世纪 30 年代就冷却下来，教皇的特权并没有遭到削弱。这是十分遗憾之事，因为下个世纪的一系列教皇不是穷兵黩武，就是铺张扬厉，

① 指比萨会议（Council of Pisa）。

所以他们总是缺钱。他们将手伸向德国信徒口袋的举动最终引发了宗教改革运动。

尽管教会遇到麻烦，15 世纪还是产生了几位著名的哲学家。更重要的是，欧洲文明在黑死病的灾难之后恢复了自信，技术上再次突飞猛进，这些技术成果将波及全世界。

库萨的尼古拉

15 世纪最具原创性的思想家是德国的库萨的尼古拉（Nicholas of Cusa，1400—1464）。他的兴趣在数学、哲学和神学。为了求学，他远赴帕多瓦大学，在那里获得法学博士学位之后便卷入教会政治，过着纷扰多事的生活。1448 年，他获任枢机主教。[1]尽管事务繁忙，他仍抽出时间写了一些神学和哲学方面的重要著作。

从君士坦丁堡处理教会事务回来的路上，他已有了《论有学识的无知》（*On Learned Ignorance*）一书的构想，这本书是他的成名作。[2]这个书名暗示，书的主旨并不能进行严格的字面理解，“有学识的无知”实际上是一种以接受我们无法知道的东西为基础，来发现关于上帝的真理的方法。尼古拉的观点对我们来说虽然并不总是容易理解，但他的观点似乎很有启发性。他认为，要反映上帝的无上权能，上帝创造的宇宙就必须是无限的，如果不是完全无限的话。① 他接着说：“因此，地球不可能在中心……而就像地球不是宇宙的中心一样，星辰固定于其上的天球也不是宇宙的外部边界。”[3]他还说，地球也一定在运动（这个思想直接来自让·布里丹），我们没有注意到这点是因为我们搭乘着它一起

① 尼古拉认为上帝是“绝对的极大”，宇宙是“相对的极大”。

运动。最激进的是，他将地球降格为另一颗星（尽管是最重要的一颗），并暗示宇宙的其他地方可能存在不同的生命形态。[4]在当时，没有人会反对这类推想，只要它停留在假设阶段。尼古拉无法作任何证明，他只是在观念上进行一些假设，然后看看这些假设会引起什么后果。他可能做梦也没想到，在自己死后不到两个世纪，人们就发现他的推想出奇的准确。

他的另一部短篇作品值得注意。在《论测量》（*On Measuring*）中，他提出了一种研究自然哲学的方法，这种方法很快就会成为现代科学的标志。我们已经看到经验观察是如何变得越来越普遍，以及魔法是如何鼓励一些涉猎者进行大胆研究的。但这些原始实验往往是观察性的、定性的。尼古拉意识到，要有效地将自然哲学与数学结合起来，不仅需要仔细观察，还要有严格的测量标准。只有对实验材料进行仔细的称重、计时或测量，才能产生足够的数据来建立对自然的数学描述。他还认识到，这种艰苦的研究既困难又费时，但他鼓励同时代人投身于这项任务。[5]遗憾的是，他公务繁忙，无暇进行实验，其他人也没太注意到他的提议。真正的实验科学尚未到来，但中世纪思想家在这个领域看到了前进的方向，就像在许多其他领域一样。

古代地理学的危机

库萨的尼古拉并不是唯一一位身兼自然哲学家的枢机主教。康斯坦茨会议的一个核心人物是皮埃尔·德阿伊（Pierre D'Ailly，1350—1420），他是巴黎大学的毕业生，于 1411 年就任枢机主教。[6]他的观点游走在正统的边缘，这对一位高级神职人员来说是不寻常的。与尼科尔·奥雷姆不同，皮埃尔是占星术的狂热爱好者，他甚至以罗吉尔·培根的推想为基础，成功地预测了法国大革命，或者至少是1789年发生的一场巨变。[7]他的另一次预言甚至更有先见之明。在一本名为《世界图志》（*Picture of the World*）的书中，皮埃尔解释了为什么要向西航行才能到达东印度群岛。他的这一建议是基于古希腊地理学家关于地球大小的富有成效的争论。

当时最受重视的地球周长数值是埃拉托色尼（Eratosthenes，死于公元前200年左右）算出的252 000斯塔德①（*stades*），埃拉托色尼是著名的亚历山大图书馆的馆员。他指出，当在昔勒尼（Syrene）看到的太阳在头顶正上方时，在亚历山大看到的太阳与竖直方向成7.2度夹角。7.2度是360度整圆的五十分之一，这意味着从亚历山大到昔勒尼的距离是地球整个周长的五十分之一。那时他要做的就是测量那一段距离。他用步行来测量，这是一项跨越500多英里的壮举。他测出从亚历山大到昔勒尼的距离是5 000斯塔德，所以地球的周长是250 000斯塔德。

不幸的是，没有人知道埃拉托色尼的“斯塔德”到底取的是多长，因为这个单位是指运动场的长度。它的确切长度取决于用哪个运动场进行测量。而我们知道这个数字只可能在170到205码之间，也就是说他测出的地球周长在24 000到30 000英里之间。最有可能的数值是202码（雅典的斯塔德长度），这样周长就是29 000英里。[8]正确值是24 900英里，所以埃拉托色尼的测算结果略微偏大。然而，由于罗马的百科全书老普林尼（Pliny the Elder，公元23—79）的使用，这个数字被传至中世纪。13世纪，约翰·萨克罗博斯科在自己的《天球论》中提到了同样的数字，

① 此数字与后文计算的数字有出入，疑为作者笔误。

这个数字在接下来的几个世纪逐渐被广泛接受。[9]

直到另一部古希腊科学巨著——托勒密的《地理学》（*Geography*）——在1406年被重新发现并译出，情况才起了变化。[10]西方学者很早就知道托勒密的天文学汇编《天文学大成》，但一直未能接触到托勒密的地理学著作。

和托勒密的其他著作一样，《地理学》也是一部专业性的论著，讨论的是如何用经纬度体系绘制世界地图，标示城市、岛屿和其他地理要素的位置。这项工作最困难的一个方面是如何在一张扁平的纸上表示地球的曲面。《地理学》的内容中，城市和其他位置的表格以及网格图占了大部分。总之，借助这些东西，读者可以制作一系列地图，包括世界全图。

托勒密的欧洲地图看上去似曾相识，只是苏格兰的海岸急转向东，伸入北海（North Sea）300英里。他的世界地图看起来也不是完全陌生，但确实有几个特征让现代人惊讶。印度似乎是一个岛屿，边缘地区的情况有些模糊。当然，没有美洲和澳洲的痕迹。不过最突出的特点是托勒密相信非洲的南端向东延伸，最终与亚洲的最远端连接到一起。结果是，陆地完全包围了印度洋，也就是说绕过好望角从欧洲航行到印度是不可能的。

《地理学》中也有一个非常显著的错误。托勒密估计，地球的周长只有180 000斯塔德，比埃拉托色尼的数字少了70 000斯塔德。[11]这意味着亚洲的东端离西欧并不是那么远。皮埃尔·德阿伊从托勒密那里得到了灵感，他认为向西航行也许是可行的。大约在同一时间，一本托名约翰·曼德维尔爵士（Sir John Mandeville）的著名游记中有一篇故事讲到一名丹麦水手完成了环绕地球的航行。[12]这本书的作者可能从未去过比当地图书馆更远的地方，但这本书格外受欢迎，比马可·波罗相对忠实的描述影响更大。

图 11　1482 年印制的地图册中的托勒密世界地图

托勒密的地理学著作确定无疑地表明，古代作家在基本问题上的意见迥然不同。他们表达的各种观点是无法调和的，例如，亚里士多德将地球划分为五个不同的气候区。北极和南极地区太冷了，冰天雪地，没有人能住在那里。热带地区也不适合居住，因为那里太热了。[13]普林尼将赤道本身描述为一个火环，这个火环完全切断了北半球和南半球的联系。两极和热带之间是两个温带。按他的说法，我们居住在北温带地区，另一个温带在南方，虽然火环的存在让我们永远不能到达那里。[14]

这引起了一些棘手的神学问题，我们在第二章看到，萨尔茨堡的弗吉尔在 9 世纪是如何在这个问题上陷入困境的。基督徒想知道是否有人住在南温带地区，如果有的话，他们是如何到达那里的。毕竟，地球上的每一种动物都应该如《创世记》中描述的那样，是诺亚在大洪水期间装入方舟的成对动物繁殖产生的后代。洪水退去后，方舟停在了土耳其的阿勒山（Mount Ararat），所有的动物都从那里走出来。然而，如果赤道上真的有一圈火，方舟上的动物就没有办法到达南半球了。更糟糕的是，如果有人类住在那里，而赤道又是无法逾越的屏障，基督徒该如何去拯救他们的灵魂呢？

托勒密提出了不同看法。他没有说热带地区是不适合居住的，而且他显然相信到达南半球只是向南航行足够远的问题。后来，在 1473 年，一艘葡萄牙的船在探索非洲西海岸时穿过了赤道，于是这一争论得到了最终解决，托勒密是对的。这一点对亚里士多德构成了反驳，从而引发了质疑：也许他在别的地方也弄错了。葡萄牙人很快证明托勒密也会犯错。1488 年，巴尔托洛梅乌·迪亚斯（Bartolomeu Dias，死于 1500 年）绕过了好望角，从而证明了经由海路到达印度洋是可能的。一条通往东印度香料群岛的路线被打通了。[15]

香料贸易跟我们今天想象的大不相同。虽然肉豆蔻、丁香和胡椒的出口非常赚钱，但“香料”一词包括任何不易腐烂的、价值高而体积小的货物。象牙、树脂、琥珀、胶水、香水、蜡、染料和糖都属于香料的范畴。[16]沿着古老的丝绸之路穿越中亚途经的每个国家都在边境设卡征税。那也是在路线确实畅通的情况下。而阿拉伯商人可以把香料用船运到红海，然后用骆驼商队将它们运到地中海。货物到达地中海东岸后，威尼斯船只将货物运往西欧。对葡萄牙和西班牙来说，要想在贸易中分一杯羹，唯一的办法是找到另一条通往远东的路线。葡萄牙人控制了绕行非洲的路线，所以西班牙人不得不考虑另一个方向。

新大陆的发现

克里斯托弗·哥伦布（Christopher Columbus，1451—1506）出生于贸易繁荣的热那亚共和国，他决定在海上寻找财富，而不是从事家族的羊毛生意。哥伦布自学成才，他能说服君主们出资让自己驶向未知的世界，想必有着非凡的才干。哥伦布对前往东印度香料群岛的最佳海路有不同看法。他断定，最快捷、最安全的是向西航行。

哥伦布的推测得到了皮埃尔·德阿伊的《世界图志》的支持。他自用的《世界图志》留存至今，书页的边缘写有这位航海家本人的批注。德阿伊在 1410 年写道，他依然认为热带地区太热，无法居住，但哥伦布在旁批中指出：“这片炎热的区域并非不适合居住，因为目前葡萄牙人的航行已穿越了这片区域。实际上，这里人口众多。”[17]德阿伊还收集了许多来自古代作家的证据，表明西班牙和远东之间只隔了“一小片海”，应该“能在几天内通过”，这些证据被哥伦布加了着重标记。[18]最后，关于地球的周长，德阿伊采用了托勒密的数值，大约只有 21 000 英里。[19]

经过研究，哥伦布完全相信，亚洲的最东端离西班牙的西海岸只有 2 500 英里。他一定是把亚洲可能具有的最大长度和地球可能具有的最小周长结合起来得到的这个数字。欧洲和日本之间的实际距离接近 12 500 英里，所以哥伦布错得相当离谱。[20]同时他又很幸运。试想如果美洲不存在，他的命运会是怎样？哥伦布和他的小舰队将在无边无际的海洋中持续航行，死于缺水、饥饿或疾病，根本没有机会抵达东印度群岛。他的水手们很清楚这一点，正是出于这个原因而不是担心世界边缘的问题，他们才不愿意向西航行。站在哥伦布的角度来说，他可能已经从北欧旅行者的传闻中了解到维京人在格陵兰岛以西的发现。他称自己在 1477 年到过冰岛（当时称为图勒［Thule］），并向更远的方向又航行了 100 里格。[21]哥伦布实际上是在加勒比海岸登陆，那恰好是他预计会发现东印度群岛的位置。难怪他至死都相信自己成功地完成了使命。

到了 1550 年，新的地理格局被确立下来，世界地图看起来已不再像古希腊人所说的那样了。地球分为五个气候带，只存在一块巨大的陆地——这是古代地理学的基石。这两条都错了。关于对跖地居民的神学争论也变得毫无意义。正如当时一位作家所指出的那样：“这种航行不仅让许多古代作家对世俗事物感到困惑，也给《圣经》的阐释者带来了焦虑。”[22]美洲大陆带来的神学问题与之前对跖地所引发的问题完全相同。人们意识到了这一点，但这令人不快的事实却几乎没有争辩的余地。正如罗伯特·雷科德在他 1556 年出版的《知识堡垒》（*Castle of Knowledge*）一书中所说的那样，新大陆的存在就像那些为《圣经》所确证的事实一样显而易见，无论神学关注什么都无法绕开它。[23]值得注意的是，新的地理是多么容易被接受，它对自然哲学的影响又是多么微弱。人们最初还抱有期望，以为美洲可能只是一些小岛，或有多个通向太平洋的海峡，但这种期望很快就落空了。

15 世纪的大航海使欧洲所知的地理疆界远远超出了它从古代世界继承下来的范围。与此同时，罗马帝国的最后一点残迹也终于在一场无异于史前大洪水的重大变故中被征服，这一事件就是拜占庭的灭亡。

君士坦丁堡的陷落

到 1453 年，拜占庭帝国的领土已经只剩下君士坦丁堡的城墙所包围的地区，现在新的奥斯曼苏丹穆罕默德二世（Mehmet II，1432—1481）决心将其扫灭。他的军队有 10 万人[24]，他的舰队控制了金角湾（Golden Horn）。挡在穆罕默德和君士坦丁十一世帕里奥洛格斯（Constantine XI Paleologus，1404—1453）率领的几千名人员混杂的守军之间的只有陆上几道巨大的城墙。这些城墙建于 5 世纪，从未被攻破。①

陆墙至今仍屹立不倒。要从机场到达伊斯坦布尔市中心，你必须穿过它们。那些残垣断壁已足够壮观，而那些被修复的部分则更胜一筹，呈现为一道令人生畏的屏障，高度和宽度都远远超出中世纪其他任何堡墙或城墙。

为了突破这一障碍，穆罕默德需要西欧的最新技术。带来这

① 君士坦丁堡也有海上城墙。以下陆上城墙简称“陆墙”。

种技术的是一位名叫乌尔班（Urban）的匈牙利工程师，他向穆罕默德承诺，自己能建造一门足以突破城墙的大炮。说句公道话，他此前也提出过要用自己的技艺帮助拜占庭人，不过因为价格问题而遭到了冷落。据说他为土耳其人建造的射石炮长达 27 英尺，能将一枚 1 340 磅的炮弹射出一英里的距离。[25]

这些数字无疑是夸大其词，但苏丹的武器确实不好对付。[26]爱丁堡城堡中保存的一门攻城炮恰好就是这个时代的产物，我们可以通过这门大炮推断出穆罕默德那门大炮更合理的尺寸和性能数据。爱丁堡的大炮名为蒙斯·梅格（Mons Meg），以其首次试射的地点比利时城市蒙斯命名，于 1449 年造好之后由勃艮第公爵（Duke of Burgundy）送给苏格兰国王，以挑拨他与英格兰的矛盾。它的重量超过 6.5 吨，所用炮弹重达 400 磅。从城堡山（Castle Mount）的山顶射击的话，它的射程大约是两英里。

1680 年，蒙斯·梅格的炮膛爆炸，从此再也没有开过火。我们可以从炸裂的炮膛清楚地看到它的建造方式。37 只铁环加热后箍在由 25 根铁条制成的薄壁内管上。这根管构成了炮筒的内部，而厚厚的铁环则从外部进行加固。铁环冷却时会收缩，从而在内管周向形成紧配合（tight fit）。[27]

到总攻的那天，君士坦丁堡之围已经持续了两个月；最终，苏丹的大炮完成了任务。此前，构筑陆墙的巨石已经被一点一点慢慢地削掉。1453 年 5 月 29 日，星期二的凌晨，城墙被攻破，总攻开始了。守军向城墙上加派人手，虽然已毫无希望，却仍抵抗了很久。前两波进攻被击退，于是穆罕默德使出撒手锏，派出了自己的精锐部队——土耳其新军（Janissary）①。他们终于设法

① 也译作“苏丹亲兵”等。

登上了城墙。皇帝本人出现在了战斗最激烈的地方。战斗结束后，穆罕默德下令找到他的尸体并体面地安葬，但敌人的尸体被破坏得无法辨认。根据袜子上的皇家标志，一具被斩首的尸体最终被确定为皇帝本人。[28]

正如战争中常有的那样，攻陷了城池的土耳其人迫不及待地在城中展开了大肆掠夺和破坏。建于6世纪的精美的圣索菲亚大教堂（cathedral of Hagia Sophia）因立即改作清真寺而幸免于难，但基督教意义上的君士坦丁堡几乎没有留下其他任何东西。具有讽刺意味的是，现存最好的拜占庭艺术收藏品是1204年第四次十字军东征的掠夺物，现在仍在威尼斯的圣马可大教堂（Cathedral of San Marco）展出。威尼斯人曾领导一支十字军，他们夺回圣地未果，洗劫了君士坦丁堡。尽管拜占庭人在几十年后收复了首都，但十字军对他们造成了不可挽回的损失，使他们最终被土耳其人征服成为必然。1453年君士坦丁堡陷于一支伊斯兰军队之手，引起了西欧的恐慌。但是，当天主教徒为失去东方的基督教世界而哀叹时，他们只能怪自己的十字军。

通过向穆罕默德提供武器和突破坚固的陆墙所需的专业知识，西方人对他的胜利做了更直接的贡献。如果没有乌尔班大炮，拿下君士坦丁堡即使并非不可能，也会更加困难。虽然火药的知识已经流传了几个世纪，但制造出可靠的火器却花了很长时间。15世纪20年代，造粒（granulation）工艺的出现提高了火药的安全性和可靠性。火药与白兰地或其他含有酒精的液体混合后会凝固成粗糙的小颗粒①。这使火药更易于控制，燃烧也更均

---

① 原文“course”（课程）一词应为“coarse”（粗糙的）之误。见 Joseph Gies and Frances Gies, *Cathedral*, *Forge and Waterwheel*, p. 247, “... forming **coarse** granules, not only safer to handle but more reliable in action ...”。

匀。[29]冶金技术的进步，尤其是鼓风炉的发展，使铁成了足够坚固的炮管材料，为青铜提供了替代品。此外，与传统锻铁方法相比，鼓风炉的熔炼温度较低，因而可以使用黏土模具将铁浇铸成加农炮弹或其他形状。土耳其人围攻君士坦丁堡时使用的是一尊巨型射石炮，但事实证明，较小口径的加农炮在战场上是一种更有效的武器。

现在谈谈体型较小的武器。手枪需要一个带故障保险的击发装置才能取代十字弩。这种武器在接近1500年的时候就以火绳枪的形式出现了，火绳枪有一个密闭的击发装置和一个弹簧扳机。[30]火枪让欧洲人对几乎一切敌人都有压倒性优势。英格兰长弓在英法百年战争中起了很大的作用，它可能是优于火枪的武器。问题是长弓手的右臂要有格外大的力气才能拉动弓弦。长弓手的训练要从小开始，而且维持一支长弓部队费用很高。虽然早期的火药武器在战斗中可能不那么有效，但傻瓜都会开枪，所以火枪手价格更低廉，于是长弓便逐渐被淘汰。

印刷术的发明

枪炮的发展使人更善于互相杀戮。印刷术虽是一项和平的发明，却可能比黑火药更大地改变了世界的面貌。就像火药一样，印刷术也起源于远东，那里的人们使用雕版和金属活字已经有几个世纪。14世纪晚期，欧洲出现了一些简短的宗教小册子，其内容不外是一幅祷告图和一小段说明性文字。这些都是用雕版印刷的。印刷者发现，他们只有大规模地印制标准文献才合算，因为他们印书必须整版刻印，而每一块版都不能重复用来印别的内容。

纸的秘密也在中世纪从中国传到欧洲。欧洲人自古代晚期以来就不得不用羊皮或牛皮作为他们的主要书写材料。这种用动物皮制成的书写材料价格贵得惊人。据记载，意大利中部出现造纸厂的时间不晚于 1276 年，法国不晚于 1348 年。[31]纸的价格虽然也低不到哪里，但是到 15 世纪时已大有取代羊皮纸的趋势。

印刷术之父是约翰・古腾堡（Johann Gutenberg，约 1398—1468），一位来自德国美因茨的冶金家。印刷的概念并不新鲜，纸作为一种合适的材料也已经存在，古腾堡必须做出一些直观的飞跃，才真正称得上现代印刷术的发明者。他的最大进步是发明了金属活字。他将每个字母单独铸成活字，这样印刷新的一页时排字员只须把活字重新排列即可。接下来，古腾堡还需要一种能吸附在纸上而且不洇纸的墨水。他试验了各种油性墨水，最后决定采用悬浮于核桃油中的松节油和碳烟的混合物。最后，他把老式的榨酒机或橄榄榨油机改装成一种用压力将纸张和活字贴合在一起装置。[32]

古腾堡印出的第一本书是一部简短的拉丁文语法，而他 1455 年印出的大开本《圣经》确定无疑地证明了这种新技术的潜力。[33]与许多亚洲国家相比，拉丁字母给了欧洲印刷者更大的优势。由于每种欧洲语言都只用大约 25 个字母，印刷者只需要少量的活字就能印制任何内容。汉语和其他东方语言的每个词都用不同符号表示，因而需要数量庞大的各种活字。这样一来，排印成本便高得无法承受，排版也更费时。

印刷书的优势远不止于成本上的。印刷本当然比手抄本便宜得多，而且字迹也更清晰易读。不仅如此，印刷本还可能更加准确。不幸的是，编辑不善对许多早期的印刷书籍造成了负面影响。“总是要应付印刷者的粗心大意。”一位著名作家在 1525 年老普林尼《博物志》一书的序言中感叹道。[34]这意味着错误往往会扩散到许多副本中，而不是像手抄本那样局限于一稿。在没有版权的情况下，这至少给了出版商一个有用的营销工具。他们总是可以宣称，自己的版本没有竞争对手的版本中那些无谓的错误。“最新修订版”是早期的印刷书封面上最常见的推荐广告之一。

最早印刷的书籍中有我们在上一章遇到的经院派自然哲学家的著作。让·布里丹和尼科尔·奥雷姆的几本最重要的书都是在巴黎印刷的。理查德·斯温斯黑德的著作是在威尼斯出版的，这座城市在早期的科学文献市场中占据主导地位。1494 年于威尼斯出版的威廉·海特斯伯里的著作《解决逻辑疑难的规则》中不仅包括中速度定理，还包括尼科尔·奥雷姆的图解证明。最受欢迎的是萨克森的阿尔伯特的《论比例》（*Book on Proportion*），这本书的版本不下九个，书中大量参考了他的老师布里丹和奥雷姆的著作。这种繁荣的景象说明，如果认为中世纪思想家的发现隐藏在令人费解的手稿之中，躺在修道院图书馆里积满了灰尘，因而是“失败”的，那就大错特错了。印刷商愿意为这些作品的多个版本投入资金，说明这些作品是有市场需求的。不错，这些早期的书当中有一些使用了晦涩难懂的缩写和丑陋的哥特字体，读起来比较费劲。但在当时，与努力辨认一份手稿上的字迹相比，那无疑是一件乐事。

印刷术的发明意味着，中世纪的科学进展即使在学术潮流与之背道而驰的情况下也能保存下来。萨克森的阿尔伯特和威廉·海特斯伯里的书即将被打入冷宫，但因为它们已经印刷出版，所以仍可供那些知道上哪里弄到这些书的人阅读。在本书余下的部分我们将会看到，一些人以这一重要但不受人喜爱的遗产为基础，催生了现代科学。但是，我们首先要讲的是这样一群学者和绅士，他们把“中世纪”变成了一个带有侮辱性的词汇，并试图忘记自己从那个刚刚过去的时代里获得的一切裨益，以求美化古代世界残存的遗产。这些人被称为人文主义者。

第十四章

人文主义与宗教改革

1453 年君士坦丁堡陷落之时，教皇已从阿维尼翁回到了罗马，多位教皇同时在位的局面也已结束。然而，15 世纪末的几位教皇属于历史上最差劲的教皇之流，他们在意大利争夺世俗权力，同时利用教会的财富宴乐无度，大兴土木。当时的梵蒂冈是罪恶和腐败的渊薮。从好的方面来说，教皇和其他意大利贵族的肆意挥霍为意大利 15 世纪艺术珍宝的产生提供了必要的资金支持，因为每个城市都力求在奢华程度上胜过其他城市。最优秀的画家、雕刻家和建筑师受到高度尊敬，创作更出色的艺术品的需求推动了创新。菲利波·布鲁内莱斯基（Filippo Brunelleschi，1377—1446）为佛罗伦萨大教堂设计了壮观的穹顶，他同时也是系统阐述透视技巧的第一人。[1]艺术家以植物油用于颜料溶剂之后，绘画得到了进一步发展。与早期的蛋彩相比，油彩可以画出更深的颜色。所有这些艺术上的创新是如此耀眼，以至于后人将整个时期称为文艺复兴。

人文主义的兴起

我们讲过，历史学家喜欢用一些有价值取向的词给历史时期命名。这些名称会固化公众对相关时期的认知。而且，如果这样一个名称流行起来，其他历史学家也会采用。前面我们已谈过两次文艺复兴，一次是查理大帝统治时期的加洛林文艺复兴，另一次是12世纪的学术复兴。一般人所说的文艺复兴的时间大致是从14世纪末延续到16世纪初。这个词由法国历史学家儒勒·米什莱（Jules Michelet，1798—1874）于19世纪50年代发明，但其流行则是由于瑞士人雅各布·布克哈特（Jacob Burckhardt，1818—1897）于1860年出版的开创性著作《意大利文艺复兴时期的文化》（*The Civilisation of the Renaissance in Italy*）。[2]米什莱和布克哈特都将15世纪文化的复兴与中世纪的停滞截然对立起来。正如布克哈特所言："在中世纪，人类意识的两方面或处于睡梦之中，或处于半醒状态，一直笼罩在一层共同的纱幕之下。"[3]他进而提出，文艺复兴是一个个性战胜了前一个时代的羊群心态的时期。不用说，这种分析在很大程度上是不准确的，最近的学术研究已经使它的可信度大大降低。文艺复兴与中世纪一样，更多是一个信仰的时代，甚至更加迷信和暴力。

对希腊和罗马的向往是文艺复兴的真正标志，文艺复兴从许多方面来说都是一场保守运动，其目标是再现想象中的往昔而不是向前迈进。在这样的时代，艺术家要想在写作或建筑方面走在前列，就必须比照一千多年前的典范来构建自己的作品。

文学上的人文主义是这种趋势的典型代表。"人文主义"一词又是19世纪的发明，不过它来源于文艺复兴时期研究人文学科的一群历史人物。[4]现代历史学家将各种概念堆砌在“人文主义”之上，几乎成功地将一个有用的术语变成了无用的抽象概念。更近些时候，无信仰者进一步把水搅混，他们把“人文主义者”这个词硬拉过来，作为“无神论者”的一种温和说法。15世纪或16世纪的人文主义者不过是对希腊和拉丁古典文学感兴趣的人，他们觉得中世纪拉丁语是一种丑陋而野蛮的语言，最好用古人那种纯粹的拉丁语来取代。他们的典范是罗马演说家西塞罗（Cicero，公元前106—前43），他们认为西塞罗的语言最典雅。[5]事实上，由于坚决提倡那种如化石一般的古典拉丁语，人文主义者大大扼杀了拉丁语作为一种活语言的生命力。中世纪拉丁语之所以杂乱无章，恰恰因为它是一种能够适应新情况的口头语。从来没有人用西塞罗那种正式的书面拉丁语讲话。人文主义者以为自己这种崇古行为是站在改革的前沿，但他们实际上是不可救药的保守派。

一些人文主义者深信中世纪早期没有什么好东西，竟然把9世纪用加洛林小写体书写的手稿误认为古典艺术的真品。[6]查理曼统治时期的这些作品往往是现存最早的拉丁文献的副本。文艺复兴时期的人文主义者从来不会有兴趣保护所谓黑暗时代的作品。

将古希腊语重新引入西欧是人文主义者不容抹杀的积极贡献。在古希腊遗产缺席了一千年之后，单是翻译对西方人来说已经不够，他们想要汲取原汁原味的希腊文学的泉水。要做到这一点，需要老师。幸运的是，拜占庭帝国的崩溃促使大批操希腊语的人涌入西方寻找工作。[7]希腊语逐渐成了任何想要显得有教养之人的必修课。大学里开始教授希腊语，印刷商也开始刻制新的活字，以便用相应的字母大规模印刷希腊经典。一场关于正确发音方法的争论开始了，直到现在。几乎所有的希腊古典文献都被译成了拉丁语，以供那些无法掌握希腊语的人使用。虽然希腊哲学和科学在 12 世纪已译出不少，但其中的大部分对西方来说仍然是未知的。荷马（Homer，活跃于公元前 8 世纪）的史诗《伊利亚特》（*Iliad*）和《奥德赛》（*Odyssey*），首次可为广大人群接触到。到了 1600 年，几乎所有幸存的希腊文和拉丁文著作都已印出。

15 世纪，拉丁读者第一次可以阅读的作家中，最重要的是柏拉图。他对文艺复兴思想的影响深远而持久。在整个古代，柏拉图才是希腊人眼中的头号思想家。

在中世纪，伊斯兰学者和天主教学者都更喜欢“哲学家”（the Philosopher）亚里士多德。而在 15 世纪，当柏拉图对话的手稿到达意大利之后，情况便不一样了。柏拉图的才华在人文主义者看来是显而易见的，他的作品也是希腊古典散文的完美范例。与亚里士多德留下的草稿不同，柏拉图的作品无论在哲学上还是在文学上都是杰作，更吸引人文主义学者——他们既关注作品的实质内容，也关注其写作风格。

文艺复兴时期最伟大的柏拉图主义者马尔西利奥·菲奇诺（Marsilio Ficino，1433—1499）不仅将柏拉图对话译成拉丁语，还发展出一套完整的神学体系来证明柏拉图是一个古代神秘智慧传统的继承者，这种智慧比许多基督教教义更古老。我们在第二章看到，早期的基督教教父如希坡的奥古斯丁也是柏拉图的仰慕者，因为柏拉图的哲学似乎很容易与基督教结合起来。菲奇诺的神学在很大程度上来源于古代晚期的柏拉图哲学，所以对所谓新柏拉图主义的狂热席卷了欧洲。[8]

菲奇诺认为柏拉图胜过亚里士多德之处最明显地表现在灵魂不朽的问题上。[9]在 12 世纪初，阿莫里及其追随者以亚里士多德的《论灵魂》一书为据否认了个人的不朽。在同一世纪晚些时候，阿威罗伊主义者也以亚里士多德作为自己的思想基础，认为每个人的不朽元素并不是他们独有的。人类没有自己的灵魂，所有人都分有一个普遍心智①，我们死后会归于它。如果人死后没有个体性，那么上帝对人进行死后审判的任何概念就都失效了。然而，基督教学者不愿因为自己的宗教信仰抛弃亚里士多德的《论灵魂》，因为这是一个非常有趣的对所有生物心理的分析，其内容更多是关于心智如何运作，而非灵魂是什么；托马斯·阿奎那对基督教和亚里士多德思想的有效结合再次拯救了他们。亚里士多德的心智科学与其暧昧的神学被分开，前者成为自然哲学的重要文本之一。这就把灵魂不朽的问题完全留在了信仰的范围之内。

菲奇诺认为自己可以做得比这更好。他需要死后生命的哲学证据，认为自己已经通过柏拉图找到了它。不幸的是，菲奇诺依靠的是一个可疑的理论，那是柏拉图从更古的时代继承下来的起源于摩西的古老传统。要反驳菲奇诺的主张，证明无论柏拉图对灵魂抱有什么信念他都未能予以证明，并非难事。

帕多瓦大学哲学教授彼得罗·蓬波纳齐（Pietro Pomponazzi，1462—1525）驳斥了菲奇诺的思想，力求保留哲学和宗教之间的传统界限。他写道：

> 在我看来，对这个问题，我们应该持更理智的观点。我们必须说，灵魂不朽是一个中立的问题，就像世界永恒的问题一样；因为在我看来，没有任何自然原因可以证明灵魂不朽，更不用说证明灵魂可朽了。[10]

---

① 参见本书第六章。

他断定："柏拉图关于灵魂不朽写了许多伟大的东西，但我认为他所讲的没有必然性。"[11]

对一些基督徒来说，这是十分让人失望的。他们极力想要获得对宗教主张的理性证明，因而将蓬波纳齐的结论看作一种公然的冒犯。为了打消基督徒的疑虑，教会在 1513 年已正式宣布过灵魂是不朽的。[12]甚至曾有人试图给蓬波纳齐捏造异端的罪名。他顶住了异端指控，在大学里，柏拉图主义也从未取代亚里士多德。对于提倡柏拉图的人文主义者来说，这是一次挫折，但他们改变学术文化的努力并没有因此结束。

中世纪学术的毁灭

对人文主义者而言，语文学的主要规则总是"越老越好"。因此，他们将中世纪的校改和评注连同中世纪的许多错误一道摒弃。他们抨击写于公元 1 世纪的普林尼的著作，认为它与四百年前亚里士多德的著作相比，时间更晚且不可靠。人文主义者说，寻找知识最好的地方不是在现实世界，而是在最古老的作品中。法国散文家米歇尔・德・蒙田（Michael de Montaigne，1533—1592）表示，一位比萨的人文主义者曾明确地告诉他："是否与亚里士多德的教导一致，是一切合理的思想和每一项真理的试金石和标尺，亚里士多德以外的一切都是空洞和虚妄的：亚里士多德看到了一切，完成了一切。"[13]

文艺复兴时期人文主义者对经典的迷恋，促使他们去搜罗古人遗失的作品。他们遍寻尘封的修道院图书馆，寻找被遗忘的书籍，并遣人到拜占庭，从帝国的废墟上带回希腊手稿。问题是，他们也清除了大量的中世纪评注，这些评注扩展并批评了亚里士多德的思想。他们没有意识到中世纪作家取得了巨大的进步。对人文主义者而言，中世纪思想家离自己的时代太近，以至于不会创造出任何有价值的东西。他们觉得经院哲学不值得注意，因而将其抛弃。这对自然哲学的影响是立竿见影的，也几乎是灾难性的。

首当其冲的学科是中世纪的逻辑或“辩证法”。一些人文主义者不知道逻辑是否真的值得研究。即便如此，他们也觉得亚里士多德一定囊括了任何人需要知道的一切知识。中世纪期间，逻辑学家已将辩证法向更高深的逻辑推进，远远超越了希腊人的成就，这种逻辑直到 19 世纪才被重新发现。[14]这很难掌握，因此备受学生的冷落。到 16 世纪中叶，它已经被剔出教学大纲，几乎被人遗忘。

神学也未能幸免。正如我们在后面会看到的那样，新教徒不想与中世纪天主教思想有任何瓜葛。天主教徒本身没有到这种程度，但宗教改革促使他们对自己的教义进行了大量的反思。结果，他们决定把托马斯·阿奎那奉为教会的官方神学家。托马斯之后的大多数哲学家（如邓斯·司各脱和奥卡姆的威廉的著作）都被边缘化了。很少有哲学家的名声像司各脱那样一落千丈。在 16 世纪，人文主义者谴责他是最大的经院蒙昧主义者。解散英国修道院的亨利八世（Henry VIII，1491—1547）的顾问托马斯·克伦威尔（Thomas Cromwell，约 1485—1540）于 1535 年在牛津禁止了司各脱的著作。克伦威尔的密友吹嘘说，他们从图书馆拽出司各脱的手稿，用作厕纸。[15]也许邓斯·司各脱遭受的最低级的侮辱是用他的名字玩文字游戏，称他“笨蛋”（dunce）。他之所以受到这种待遇，唯一的解释是他的著作难度太大，以至于后来的读者根本无法理解。意大利的情况同样不妙。在那里，理查德·斯温斯黑德得到“中世纪大魔头”的绰号。一位人文主义者对“愚蠢的斯温斯黑德主义”颇有怨言，而另一位则叫嚷道：“单是提到他的名字就让我充满恐惧。”[16]

在自然哲学方面，人文主义者同样相信，他们可以在亚里士多德和其他古代作家的著作中找到一切有价值的知识。人文主义者要扫除中世纪的一切，于是中世纪的作家被忽视了。以默顿计算者的传统为傲的牛津大学对人文主义兴起的抵制时间比许多大学都要长。1510 年左右，在牛津读自然哲学的学生极有可能使用了一位名叫托马·布里科（Thomas Bricot，死于 1516 年）的巴黎神学家写的教科书。这位神学家是奥卡姆的威廉的唯名论的追随者，他的书显然很受欢迎。[17]他的书在三个不同的城市至少重印过八次。他熟悉中世纪学者的著作，并交叉引用了包括让·布里丹在内的巴黎前贤的著作。使用布里科教科书的学生会学到冲力理论，并了解到亚里士多德力学的缺陷。[18]

随后，人文主义者将经院作家一笔勾销。1523 年以后，布里科的书在任何地方都没有重印过。在牛津，克伦威尔于 1535 年取缔邓斯·司各脱著作的同时，也禁止了布里科的作品。至于布里丹本人，他的自然哲学也遭遇了类似的命运，1518 年以后都没有重印，直到近代。

而 1560 年在牛津学习自然哲学的学生，使用的可能是德国人约翰·费尔库里奥（Johann Velcurio，死于 1534 年）写的教科书。诚然，这本书比布里科的那本要易读，至少对于那些能驾驭拉丁语的人来说是如此。然而，这本书的成功更有可能是因为费尔库里奥是路德[19]的坚定支持者而且完全无视中世纪作家。除《圣经》以外，他几乎只参考亚里士多德和其他古典作家。他的书非常流行，在 1600 年之前经历了十九个版本。不幸的是，使用这部教科书的学生不会意识到亚里士多德的观点在中世纪得到了发展。

更糟的是，长期以来历史学家一直认为，16 世纪和 17 世纪对亚里士多德学派的频繁攻击所针对的是中世纪自然哲学的顽固性。例如，伽利略在 1632 年《关于两大世界体系的对话》（*Dialogue concerning the Two Chief World Systems*）（这部重要著作我们将在第二十一章再次谈到）中讲了下面这个故事。要理解这个故事就必须知道，亚里士多德认为神经系统的中枢是心而不是脑。伽利略通过对话中的一个人物告诉我们："有一天，我在威尼斯的一位名医家里。"这个人在那里的时候，医生正在进行解剖。伽利略继续写道：

> 他正好在研究神经的起源。这位解剖学家向我们展示，一大束神经离开脑部穿过颈部，沿着脊柱向下延伸，分布到全身。只有一股像线一样细的神经到达心脏。这位解剖学家的演示和证明做得格外细致，因为他知道在场的人当中有一位亚里士多德的追随者。解剖学家转向此人，问他最后是否满意了，是否相信神经发源于大脑而非心脏。那位亚里士多德派学者稍加思索后说："你给我演示得非常清楚，要不是亚里士多德本人的观点与你相反，我将不得不承认你是对的。"[20]

几代历史学家都以为这个故事和蒙田讲的逸闻是针对中世纪的自然哲学家。直到最近事情才逐渐清楚：一些亚里士多德学派的人文主义者目光偏狭，完全失去了中世纪对亚里士多德的批判态度。伽利略和蒙田针对的是这种人。

手稿的丧失

人文主义与印刷术相结合还产生了另一种破坏效应。随着印刷书取代手稿，旧有的大部头书籍变成了废纸。加上口味的变化以及对中世纪著作缺乏兴趣，整座整座的图书馆濒临倒闭。在 1535 至 1558 年间，牛津大学计划丢掉馆藏中的所有手稿，甚至连书架都卖掉了。[21]在同一时期，孕育了计算者的默顿学院抛弃的手稿多达九百份，占其所藏古代图书总量的四分之三。[22]这些手稿并未被烧毁，因为它们是用珍贵的上等皮制成的。学院将这些手稿交给装订者，装订者对手稿进行裁剪，用来给新购入的印刷书做封面。发现 16 世纪印刷书封面上粘有中世纪手稿上漂亮的书法字，即使在今天也是一件稀松平常的事。

在传统的历史叙述中，人文主义的兴起通常被描绘为“一件好事”，但事实是人文主义者几乎摧毁了自然哲学三百年来的进展。他们抛弃中世纪学者取得的进展以及承载这些进展的手稿，险些使科学的发展被耽误几个世纪。（要真是那样的话，）爱因斯坦可能不得不做牛顿的工作。科学的进步之所以没有受到太大的阻碍（也可以说它没有按原有的速度向前发展），是因为印刷术的发明至少让以前的书籍得到了保存。大多数人忘记了这些书，但一些人，比如伽利略，使用了从中发现的知识。

在宗教领域，出于对古代文献的兴趣，人文主义者鼓励读希腊语和希伯来语的《圣经》原著。在中世纪，通行的《圣经》版本是圣哲罗姆（Saint Jerome，约 340—420）于公元 4 世纪完成的《通俗拉丁文本圣经》（the Vulgate）。“Vulgate”一词表示这个本子是用普罗大众使用的通俗（vulgar）拉丁语译成。哲罗姆是有意这么做，他想让自己的译文被尽可能多的人用到。当然，一千年后，拉丁语不再是日常语言，只有受过教育的人才能理解《圣经》。然而到了那个时候，这部《通俗拉丁文本圣经》由于年代最古而成了天主教会认可的权威版本。天主教会对从原文进行自由解读的尝试持怀疑态度。教会在西班牙设立了一个官方项目，组织一批一流学者制作《康普顿斯多语圣经》（*Complutensian Polygot Bible*），其中包括希腊语、拉丁语、希伯来语和阿拉米语的《旧约》和《新约》。[23]

对于一些人文主义者来说，这项艰苦工作进展太慢。项目完工之时，1516 年于巴黎出版的希腊语《新约》已经盖过了它的风头，这个本子是由最著名的人文主义者之一德西迪里厄斯·伊拉斯谟（Desiderius Erasmus，1469—1536）翻译的。[24]伊拉斯谟是一个牧师的私生子，和沃灵福德的理查德一样被教会收养。他很小的时候就进入了修道院，但与理查德不同，他不喜欢那里。他找到一份主教秘书的工作，借机离开了修道院，其后又在巴黎大学学习了几年。那里的生活他也不大喜欢。然而，这确实为他提供了扎实的拉丁文教育，在他开始写作需要人赞助时发挥了作用。在出版的书给他带来巨大的声誉和一定的财富之前，他曾游历欧洲，三次造访英国。今天，他受众最广的书是 1511 年出版的《愚人颂》（*In Praise of Folly*），这部书是对 16 世纪宗教和世俗社会的尖锐讽刺。伊拉斯谟是一位和平主义者和理想主义者，他希望每个人都能过简单的基督徒生活，坐在一起讨论自己读过的书。然而，从许多方面看，《愚人颂》也是一种对中世纪知识生活和宗教生活典型的人文主义式攻击。他在论及中世纪神学时写道：

> 那些玄之又玄的东西，被各种各样的经院流派弄得更加

> 玄妙，以至于从实在论者、唯名论者、托马斯主义者、阿尔伯特主义者、奥卡姆主义者、司各脱主义者的曲折晦涩中逃出来，比逃出迷宫还难——而且我这里谈的不过是一些主要的流派，还不是所有的流派。[25]

伊拉斯谟的夸饰之词是对天主教会持续攻击的一部分，这种攻击很快就分裂了基督教。

宗教改革

新教改革是一场比人文主义更为深刻的思想革命。毫无疑问，像伊拉斯谟一样的人文主义者为新教改革赋予了最初的动力。他们中的许多人对天主教会持批评态度，但他们想从其内部进行改革。然而，一旦新教徒与教皇的分裂正式开始，一些人文主义者就会觉得太过头了。例如，伊拉斯谟与马丁·路德（Martin Luther，1483—1546）意见不合，伊拉斯谟一直没有放弃天主教。

我们把宗教改革开始的日期定在 1517 年 10 月 31 日。那天，路德把他著名的 95 条论纲钉在维滕贝格城堡教堂（the Castle Church in Wittenberg）的大门上。虽然路德的主张措辞强硬，但这本身也不是一件不可接受的事情，只要它停留在一次用拉丁文进行的学术演练的层面。[26]路德是当地大学具有完全资格的神学家，他的论纲只是用于辩论的条目。但是当这些论纲被翻译成德语并印成小册子在德国各地迅速传播后，事情很快升级。不久，路德发现民众大力支持他挑战教皇。

他最初是不满教会出售赎罪券换取现金。不过，他的思想迅速发展成一种全新的关于赎罪的神学理论，这种理论坚持认为，唯有信仰对进入天堂来说是必要的，天主教的赎罪产业是对神的冒犯。他写道，赎罪是上帝赐予的免费礼物，不是我们通过自己的善行所能挣得的。同时，他在1520年底左右出版的三部短篇著作中呼吁德国民族主义，这三部著作是《致德意志基督徒贵族的公开信》（*Address to the Christian Nobility of the German Nation*）、《教会的巴比伦之囚》（*The Babylonian Captivity*）和《基督徒的自由》（*The Freedom of the Christian Man*）。他还发动了对理性神学和亚里士多德统治地位的全面攻击。路德倾向于以信仰和《圣经》作为宗教的单纯基础。不久，他改革教会的努力一发不可收拾，逐渐演变成一场重大的宗教改革。与“复兴”（Renaissance）不同，“改革”（Reformation）这个词被当时的人们用来描述自己正在经历的时代。用这个术语来描述宗教变化的进程也非常恰当：众多旧有的确定性被消解，只能用新的确定性来替代或重建。

马丁·路德开始撰写95条论纲时，今天的德国全境加上境外的奥地利和波西米亚的大量领土都是神圣罗马帝国的一部分。从1519年开始，精力旺盛的皇帝查理五世（Charles V，1500—1558）成为神圣罗马帝国皇帝，他同时还是西班牙国王。除了个别教皇在位的时期之外，他一直对天主教忠心耿耿。帝国是城邦与大大小小的诸侯国组成的联合体，各城邦与诸侯国享有相当大的自主实权。这意味着，地方上的统治者可能会出于宗教和政治原因，为路德的追随者和路德本人提供庇护。一旦查理五世明确地站在旧教会一边，新教就与皇帝政策的对立面联系在了一起。路德被要求为自己的信仰辩护，于是他在1521年的沃尔姆斯会议（Diet of Worms）上勇敢地站出来，与皇帝抗争。他被授予一份安全通行证，凭此证他可以免受逮捕并在陈述自己的观点之后不受阻挠地离开。据说他以这样一句著名的陈词结束了他的演讲：

“我只能站在这里，别无选择。”[27]这即使不是他的原话，也准确地概括了他的态度。

与皇帝对峙之后，路德觉得审慎之举是躲避一段时间。路德隐居在瓦特堡（Wartburg），在当地统治者智者弗雷德里克（Frederick the Wise，1463—1525）的保护下忙于将《新约》译成德语。不久之后，德国南部农村的农民受到激进言论的鼓动，发动了一场巨大的叛乱，查理五世以骇人听闻的残酷手段对其进行了镇压。一段时间之后，路德全力支持镇压。路德及其贵族庇护者都对激烈的社会改革没有兴趣。

新教从一开始就派系林立。在瑞士，另一位改革者——法国流亡者约翰·加尔文（John Calvin，1509—1564），致力于他自己的新教观点，这一派被称为改革宗（the Reformed），与路德宗并立。路德宗在德国北部和斯堪的纳维亚的大部分地区占据统治地位，在特兰西瓦尼亚（Transylvania）① 和波兰也有前哨站。加尔文主义者或改革宗新教徒构成了荷兰、苏格兰的主要人群，在被大幅度地重新定义之后，成为英国国教的主要人群。

除了这些较大的宗派之外，还有无数的小宗派，其中有一些除了他们自己以外，谁也不认为他们是基督徒。只有一件事是所有宗派都能达成一致的，那就是对教皇和天主教会的敌对态度。最不受待见的激进宗派是否认三位一体的原始一位论者（proto-Unitarians）。其他人都认为一位论者是异端分子，必须镇压。对一位论者的敌视集中表现在一位叫迈克尔·塞尔韦图斯（Michael Servetus，1511—1553）的西班牙医生身上。由于西班牙宗教裁判无法容忍他的极端观点，他逃到法国，用化名在巴黎接受医学训

① 今罗马尼亚中部。

练。获得正式资格之后，他开始在法国东南部的维埃纳（Vienne）生活，仍用假名。他在维埃纳与约翰·加尔文通信并于1553年出版了《基督教的恢复》（*The Restoration of Christianity*）一书。

塞尔韦图斯竟愚蠢地给加尔文寄去了一本样书，这本书激怒了加尔文，他可能把塞尔韦图斯的秘密身份泄露给了维埃纳当地的宗教裁判官。塞尔韦图斯成功从那里脱身，但逃脱路线途经加尔文本人居住的日内瓦。在那里，他被逮捕了，在加尔文的坚持下，塞尔韦图斯作为异端分子被处决。这种恶毒的行为并不是所有新教徒都赞同，尤其是将他活活烧死而不是斩首，但这正是加尔文所希望的方式。[28]另一方面，几乎无人同情塞尔韦图斯的神学思想。多年以后，塞尔韦图斯关于心脏的著作使其获得科学殉道者的名声；这是不恰当的，因为他纯粹是由于与解剖学无关的宗教信仰而被处决。塞尔韦图斯的事情告诉我们，处决异端不是天主教独有的特色。在英格兰，一位论者不断被送上火刑架，直至1608年；而在苏格兰，一位名叫托马斯·艾肯黑德（Thomas Aikenhead，约1676—1697）的学生在17世纪末以渎神罪被绞死。[29]

英国宗教改革的进程取决于在位君主的意见。国王亨利八世（Henry VIII，1491—1547）因为教皇不许他离婚而与罗马决裂。从宗教上讲，他仍是天主教徒，他既处死新教徒又处死效忠教皇者。他的儿子爱德华六世（Edward VI，1537—1553），或者更确切地说是这位年幼国王的议会，按照瑞士模式成功地将英格兰转变为新教国家；但他的姐姐玛丽一世（Mary I，1516—1558）即位之后，又用血腥手段恢复了天主教。她对三百名新教徒施以火刑，并迫使更多的新教徒逃亡，因而获得了“血腥玛丽”的绰号。玛丽的统治是短暂的，在她死于胃癌之后，亨利八世的小女儿伊丽莎白一世（Elizabeth I，1533—1603）登上了王位，她坚持自己温和的新教解决方案，尽管两派极端分子都对此不满。最终她处死的天主教徒与玛丽处死的新教徒一样多，但她把忠于教皇定性为谋逆而非异端，也就是说这是世俗罪而不是宗教罪。

因此，国家走怎样的宗教道路是由君主决定的。这一趋势在整个欧洲重演，并最终以法律形式在 1555 年的《奥格斯堡和约》（Peace of Augsburg）中确定下来，这项和约结束了天主教徒和新教徒之间一系列战争中的第一场。和约规定，每个统治者都可以决定自己领土的宗教信仰，但持不同信仰者如果愿意离开，要允许他们迁移到更合意的地方。

在艰难的起步之后，天主教开始对新的运动作出反应。特伦托会议（Council of Trent，1545—1563）开始了“反宗教改革”的进程，天主教会借此清除了种种积弊：旷职或不识字的牧师，买卖圣职和受贿，豢养情妇和酗酒。这种整饬不仅使教会成为一个更有威权的机构，同时也增强了教会的战斗力，使之足以扭转新教的潮流。天主教似乎一度快要沦为一个小众教会，但在 1618 到 1648 年的“三十年战争”之后，它又再次呈现出上升的趋势。它完全战胜新教的唯一障碍是法国与西班牙之间不可调和的矛盾。

宗教改革的神学基础

那么，宗教改革到底是什么呢？最简单的说法是：这是基督教两个教派之间的分歧。在如何进入天堂的重要问题上，天主教徒认为对所有的罪进行忏悔和补赎都是必要的。补赎的方式小至一次简短的祷告，大到一次漫长的朝圣之旅。当然，路德最先反对的便是补赎可以采取向教会支付现金的形式。这个制度还允许他人代付，即便受益人已死。路德派教徒将这些统统抛弃，他们赞成一句简单的口号——宽恕来自对耶稣基督的信仰。加尔文派教徒也抛弃了赎罪产业，但他们相信，谁去天堂由上帝亲自选择。人类只能寄希望于自己是被上帝拣选的一员，不过成为加尔文派教徒是被拣选的一种良好征兆。

天主教徒和新教徒之间的另一个主要分歧是权威问题。新教徒认为关于宗教所需要知道的一切都可以在《圣经》中找到。他们把这个叫作“*sola scriptura*”，在拉丁语中的意思是“唯独圣经”。天主教徒同意《圣经》是最重要的教义来源，但认为这还不够。对他们来说，教会的传统也具有权威性，特别是那些解释信徒应该如何理解《圣经》的传统。路德反对这一点，他认为《圣经》的意义对于真正的信徒来说是显而易见的，因此对他们来说经义无需任何花哨的解释。不幸的是，这个说法是错误的，事实表明，新教徒自己对经文的阐释也并非总能达成一致。

新教徒强调《圣经》文本的直接含义，这意味着他们更倾向于从字面阐释《圣经》。天主教神学家建立了象征意义的丰富传统，尤其是对那些从字面解释没有多少道理的章节。尚不清楚这是否影响到对科学的态度。一方面，经律主义（biblical literalism）①似乎更有可能在科学和《圣经》之间产生矛盾。而另一方面，有人指出，新教徒将他们在《圣经》解释上排斥隐喻的态度贯彻到了自然界。[30]魔法世界观将世界视为充满象征和联系的场所，这种世界观对那些为圣经直译主义所吸引的人来说不那么有说服力。那些在《圣经》的解释中排斥隐喻的人，也不可能去寻找大自然

---

① 即完全从字面意义理解经文。

中隐藏的寓意。尽管如此，我们在下一章将要看到，魔法是人文主义和文艺复兴的主要受惠者之一。

天主教会在教义上的权威性让一些人以为新教徒享有更大的学术自由。[31]例如，新教没有宗教裁判所，也没有天主教那样的禁书目录。然而，并无确凿事实证明新教徒更自由或自由是科学进步的先决条件。宗教宽容的最终形成是疲敝的结果，而不是因为任何启蒙性的哲学纲领。在 17 世纪，军队在三十年战争里不断进出德国造成的破坏，加上英伦诸岛的一系列内战，使接纳其他宗教观点成为切实需要。至少谁都可以用这样的信念来安慰自己：他们的对手即使不能在这一世被消灭，也会在来世下地狱。

新教与科学

历史学家对宗教改革如何影响科学的兴起这个问题给予了大量的关注。19 世纪，社会学的先驱马克斯・韦伯（Max Weber，1864—1920）提出，清教徒（清教是新教的一个禁欲主义分支）的个人主义精神和职业道德是资本主义兴起的核心因素之一。[32]

1938 年，罗伯特・K. 默顿（Robert K. Merton，1910—2003）加强了这一论断，他指出清教也是 17 世纪英格兰新科学哲学兴起的一个关键原因。[33]默顿发现，一些清教信仰促进了体力劳动。清教徒对手艺和学术一视同仁，鼓励自然哲学家亲自动手做实验。前面我们已经看到，实验在中世纪的科学实践中几乎没有什么地位。

这一点并不能让所有历史学家信服。首先，默顿的批评者认为他对清教的定义过于宽泛，因而包括了许多不愿承认自己是清教徒的人。其次，许多他认为是清教徒独有的研究上帝造物的宗教原因，实际上为一切基督徒共有。如果读过 17 世纪的天主教科学或者中世纪的任何东西，你会得到同样的看法。通过积极研究上帝的造物来礼敬上帝是各派基督徒的义务，而不仅仅为清教徒所有。例如，英国新教徒罗伯特·雷科德指出，天文学“奇迹般地引导人们去了解上帝和他的奥秘”。[34]大约在同一时间，信仰天主教的贵族亨利·霍华德（Henry Howard，1540—1614）这样写道：

> 自然哲学强烈地驱使着我们去认识上帝，因为当我们看到事物的原因如此有序且相互依赖之时，我们最终只能求助于那个所有其他事物由之流出的原则和特殊原因，事物由之流出就像从它们的源泉流出一样自然。[35]

有人认为新教徒对科学的兴起产生了极大的影响，产生这种错觉的原因之一是用英语书写的传统历史的偏见。这些历史叙述给人的印象是，在伽利略有了初步的贡献之后，几乎所有重要的科学进步都发生在英国。我们可以由此推断，新教徒的宽容是这种所谓的优势背后的原因。

这个论断的另一个大问题是法国的情况。一部覆盖范围不偏不倚的国际性科学史将认识到，法国的成就与英国相当。法国的宗教改革首先导致了内战，再是宗教宽容，然后是专制天主教的交战状态。但是随着科学在法国得到更高程度的发展，这个国家变得更加坚定地倾向天主教。

天主教科学无可争议的精英是耶稣会士。耶稣会（Society of Jesus）由西班牙人依纳爵·罗耀拉（Ignatius Loyola，1491—1556）创立，于 1540 年从罗马教皇那里获得了官方特许。[36]最初，耶稣会的动机是传教活动而无关科学。耶稣会士也致力于教育和兴办学校，他们在罗马建立了一所为耶稣会教士提供培训的学院，这个学院后来发展为一个重要的研究机构。作为自然哲学家，耶稣会士经常因为依赖早已被其他人抛弃的亚里士多德而受人诟病。这是一项合理的批评，但并没有妨碍他们的实验工作，他们的实验工作连对手都钦佩。耶稣会在 1600 年到被禁的 1773 年之间产生了 6 000 篇科学论文，其中包括 30% 的电学方面的论文。[37]

通过研究牛津大学和剑桥大学的案例，我们可以看到宗教关系对 16 世纪科学的影响何其之小。整个 16 世纪，大学发现自己处在英国政府的严密监视之下。学术界的立场是既挑战政府的宗教政策，又为之提供智力支持。他们的危险性和有用性旗鼓相当，所以当局希望维持大学的忠诚。当国家在天主教和新教之间来回摇摆时，持有“错误”宗教信仰的教授被辞退，换上新的教职人员。我们由此可以看到两派教徒如何看待自然哲学和数学的研究。例如，我们知道剑桥大学从 1500 年起的正式数学讲师的身份信息。这些人来自各种宗教传统，有些人坚持自己的原则不妥协，最终被关进监狱或流放；另一些人不论谁在位都乐意效劳。但要找到他们的天主教徒或新教徒身份与他们对天文学或几何学的态度之间的联系是不可能的。[38]这样总结并不让人诧异——新教和天主教之间的神学争论与数学无关，没有哪一派的神学更适于科学的发展。

关于宗教改革对科学进步的影响，争论仍在继续。以英语书写的历史在传统上有明显的反天主教偏见，这种偏见一旦被过滤掉，新教徒更擅长科学的证据便会被削弱。最近的一项研究表明，在现代早期的科学先驱之中，天主教徒和新教徒的数量平分秋色。[39]人文主义的影响更为深远，潜在的破坏性也更大。人文主义者用谩骂和讽刺把中世纪作家赶出了大学。如果不是因为先前印刷者的努力，大量的知识可能已经失传，或者至少变得非常难懂，以至失去意义。多亏了印刷术，中世纪自然哲学才传到下一代科学思想家手中。他们肆意侵吞这些知识，而且不总是觉得应该感激这些被他们发掘出的宝藏的来源。在这本书的最后几章，我们将看到中世纪的发现是如何被纳入现代科学的。

第十五章

16 世纪的博学者

有一件事永远与中世纪联系在一起，那就是对魔法的信赖。但事实上，16 世纪和 17 世纪是魔法思想最为强烈和普遍的时期。乍看起来，这似乎很奇怪；就在今天大多数人认为是孕育了现代科学的时期，神秘学得到了显著的复苏。事实证明，连艾萨克·牛顿爵士也沉迷于炼金术，占星术在 17 世纪末仍大行其道。当然，今天依然如此。

赫尔墨斯主义

为了弄清楚为什么魔法在现代早期如此流行，我们必须回到 1463 年的佛罗伦萨。在那里，科西莫·德·美第奇（Cosimo de Medici，1389—1464）已到垂暮之年。他实际统治佛罗伦萨三十年，使美第奇家族从银行业成功转入政界。在他漫长的执政期间，佛罗伦萨成为意大利的明珠。1461 年，菲利波·布鲁内莱斯基宏伟的教堂穹顶落成，表现了佛罗伦萨的这种地位。科西莫是艺术和文学的赞助人，他赞助人文主义者寻找古代手稿，并建立了劳伦齐阿纳图书馆（Laurentian Library）来存放他们的收获。图书馆的前厅是后来米开朗基罗所建，1571 年向公众开放时，馆中已收藏了三千份手稿，其中包括许多首次可为西方学者享用的古希腊文学遗产。[1]

科西莫生前想读柏拉图，而柏拉图的书在中世纪几乎完全不为人知。科西莫本人不懂希腊语，但他有钱雇请最好的学者把新发现的手稿翻译成拉丁语。在 15 世纪 40 年代佛罗伦萨的一次宗教会议上，科西莫第一次从一个新异教魔法师那里听说了柏拉图的哲学。这次会议呼吁天主教和希腊正教重新团结起来，以便教皇发起一场十字军东征，从土耳其人手中解救君士坦丁堡。计划落空了，但东西方基督教世界最优秀思想的接触产生了深远的影响。与会的拜占庭知识分子中，有一个叫革弥斯托斯·普勒同（Gemistus Pletho，约 1355—1452）的人，他是最崇拜柏拉图的人，也是一个太阳崇拜者。[2]年轻的科西莫·德·美第奇曾听普勒同颂扬新柏拉图主义的道德品质，也可能听闻过更神秘的著作。[3]

马尔西利奥·菲奇诺是科西莫最有才华的翻译者，长期以来一直在收集柏拉图对话的手稿。但科西莫在弥留之际让菲奇诺把翻译柏拉图的工作暂时放在一边。科西莫的手下在马其顿一座修道院的图书馆里发现了一份尘封的手稿。据说那是传说中的圣贤赫尔墨斯·特利斯墨吉斯忒斯（Hermes Trismegistus）的作品，科西莫也许是从普勒同那里知道赫尔墨斯这个人的。[4]

菲奇诺和科西莫都相信赫尔墨斯·特利斯墨吉斯忒斯是埃及的占卜师，是摩西的同时代人，也是上帝最古老的先知。在英语中，特利斯墨吉斯忒斯被译为“三次祝福”。今天，我们很少听到赫尔墨斯的事，我们也许会纳闷，他们到底在激动什么？然而，在文艺复兴时期，人们认为他的作品中有一个魔法师种族失传已久的秘密。我们有充分的理由相信这一点。希坡的奥古斯丁在一段本来是反对赫尔墨斯的话中承认，赫尔墨斯是一位伟大的圣人，而其他教父则赞扬他的智慧和权威。[5]

菲奇诺及其同时代人把赫尔墨斯著作的时间定在公元前 1300 年左右，大致是《圣经》中摩西出埃及的年代。菲奇诺认为赫尔墨斯的作品是柏拉图用来阐述自己哲学的原始资料之一，他还认为这些著作与基督教完全兼容。也就是说，所谓的《赫尔墨斯秘文集》（Hermetic corpus）是最原始的神学，从中可以发现关于上帝的至深真理。读者可以在书中找到三位一体、道成肉身以及大量新柏拉图主义思想（比如“伟大的存在之链”）的暗示。最令人兴奋的是，《赫尔墨斯秘文集》制定了一些程式，魔法师可以按照这些程式让天使和其他善良的精灵执行自己的命令。

菲奇诺是他那个时代最重要的学者之一，也是少数能将希腊语准确地译成拉丁语的人之一。他同时也是一位天主教神父，这与他对古代魔法的兴趣似乎相当不协调。但是，他相信赫尔墨斯的著作与基督教神学是可以调和的，因为他认为，赫尔墨斯虽然是异教徒，却对神圣心灵有所领会，而关于神圣心灵的知识当时已失传。菲奇诺花了大约一年的时间进行翻译，在科西莫·德·美第奇病逝前不久将译稿交到了他手中。这本书由菲奇诺出版后，其巨大的影响力持续了一百五十年。

从菲奇诺的译本看，这种魔法试图利用众星的力量，尤其是太阳。他称太阳为“天空之王，统治和约束着一切真正的天界事物”[6]，他还复活了旧观念：天会发出一种声音，那就是天体音乐。菲奇诺相信能通过自己创作的星体乐曲，控制众星的力量。他的仪式杂糅了一些古老的传统，包括毕达哥拉斯和俄耳甫斯（Orpheus）的传闻。[7]毕达哥拉斯是重要的，因为他是连接赫尔墨斯·特利斯墨吉斯忒斯和柏拉图的中间环节，埃及的智慧正是沿着这条路线传到雅典。

任何去图书馆阅读《赫尔墨斯秘文集》英译本的人可能都会失望。[8]这部书的主要形式是赫尔墨斯和他儿子之间关于神秘问题的对话，对缺乏经验的读者来说不大好懂。书的语言具有很强的象征性，可以进行多种不同的解释。一旦菲奇诺完成了翻译，更困难的任务就是弄清楚书中讲的都是什么意思。这就催生了大量的评注和讨论文献，这些文献只有今天最专注的研究者才有兴趣钻研。在随后的 1614 年，整部《赫尔墨斯秘文集》最终被揭露为赝品。伊萨克·卡索邦（Isaac Casaubon，1559—1614）是一名流亡英国的法国新教徒，他打破了这个神话。他在针对天主教的谬误进行的大量反驳中指出，赫尔墨斯是一个虚构人物，其出现时间远在耶稣诞生之后，他对柏拉图主义和基督教明显的未卜先知不过是剽窃。[9]这话传开之后，《赫尔墨斯秘文集》就成了某种尴尬的东西，被学者悄悄地抛弃了。

由菲奇诺启动的魔法复兴以基督徒可以接受的谨慎措辞表达出来。只要这个话题仅在受过教育的牧师和无聊的贵族当中讨论，它对外界的扰动就很小。最显著的影响可能表现在艺术中魔法印记和象征主义的增加，如波提切利的绘画《神秘的耶稣诞生》和《春》。教皇亚历山大六世（Alexander VI，1431—1503）在梵蒂冈的私人住所中有一些绘有占星图的壁画作为装饰。这些画中有一幅描绘了赫尔墨斯·特利斯墨吉斯忒斯本人与摩西和埃及女神伊西斯交谈的情景。[10]然而，赫尔墨斯的影响远远超出了意大利上流社会的安全界限。在像菲奇诺这样受人尊敬的学者的支持下，魔法成了当时的主流，它不再是奇怪的老妇人和背教牧师的专利。《赫尔墨斯秘文集》是革新占星术、炼金术和其他形式的隐秘知识的许可证，人文主义者用优雅拉丁语将这个意思表述出来。很快，几乎所有的欧洲知识分子都染上了对魔法的狂热，他们以为《赫尔墨斯秘文集》展示了失传智慧令人激动的前景，怀着这种印象埋头苦干起来。

约翰・迪伊改革占星术

神秘学复兴的最大受益者是占星术。在文艺复兴时期，占星术的问题不是官方的谴责，而是没有效用的尴尬事实。不管是否支持占星术，几乎所有人都同意，即使是最优秀的占星从业者，其成功率也与期望值相去甚远。英国人约翰・迪伊（John Dee，1527—1609）是认真寻求这个问题的解答的人之一。

迪伊毕业于剑桥大学。以伊拉斯谟本人（他曾在剑桥短暂地任教）为首的人文主义者已告别中世纪哲学，正在传播新的学术。当时的学科是希腊语、希伯来语和数学。迪伊本人在 1546 年成立的三一学院（Trinity College）教希腊语，1549 年大学教学大纲改革带来的数学教学的新高潮使他受益。尽管如此，剑桥很快就没有人能当迪伊的老师，于是他开始自学——正如他在晚年写的简短自传中自负地表明的那样。他曾遍游欧洲，在巴黎大学讲授过几何学，与当时最受人尊敬的自然哲学家过从甚密。[11]他回到英国，决心进行一次彻底的占星术改革，并把它置于坚实的科学基础上。他似乎从来没有想到占星术根本不起作用，但这不是他的错。预言之术与迪伊的世界观完全一致，也给他带来了巨大的好处，所以他致力于完善它也是十分合理的事。从这时起，对占星术的攻击大多是宗教性质而非科学性质的。与那些反对者不同，一些宗教思想家，如路德的得力助手菲利普·梅兰希通（Philipp Melanchthon，1497—1560），对占星术极为热衷，曾多年在路德所在的维滕贝格大学教授占星术。[12]

迪伊在占星术上的计划是将数学应用到天文学中，以便科学地解释恒星和行星如何影响地球上的事件。他先是假设每颗行星发出光线，这些光线赋予照射到的任何事物一定的属性。光线在地球上的相对强度会随着行星在天空中的环绕运动发生变化。[13]这解释了占星效应的多样性，以及为什么你出生的地点同时间一样重要。因此，如果来自木星和火星的光线在你出生的那一刻特别强烈，你就会获得木星和火星的性格特点，也就是说，你天性快乐但崇尚武力。① 迪伊想精确地计算每一行星在特定地点和特定时间的光线强度，以绘出准确的星运图。然而，他面临着一些棘手的问题。他需要知道比当时的数据更准确的行星间的相对距离。他也不能假定从每颗行星发出的光线强度相同。这意味着光线一旦到达地球，他就无法计算出它们的强度。最后，他意识到光线射向地球的角度对其强度有极大的影响。来自太阳的热量对赤道（太阳在头顶正上方）的影响远远超过北极地区（在那里，太阳在天空中永远不会升到很高）是最显著的例子。然而，必要的计算超出了迪伊的能力，他没有耐心在这样一个复杂的问题上耗费太多时间。

迪伊试图将占星术还原为数学，这表明他的思路是正确的。但作为一项科学冒险，这种尝试是注定要失败的，因为他的基本理论是错误的，他没有可靠的方法用实验验证自己的假设。和迪伊一样热衷于改革占星术的占星家不多，但他们都意识到，必须

① 参看本书第八章。

使用最有效的方法来绘制行星运动的图像。这种对精确性的需求为天文学家的星表提供了主要市场，也有助于提高天文学家的制图标准。反过来，占星家能掌握预测行星位置所需的复杂几何学，也提高了他们自身的职业地位，人们不再以中世纪那种特有的怀疑目光看待他们。16 世纪，占星术蓬勃发展，占星从业者成为名流。吉罗拉莫·卡尔达诺（Girolamo Cardano）虽然今天已几乎被人遗忘，但他是那个时代最著名的占星家和医生，声名远播至英格兰，甚至苏格兰。事实上，他的名字转写为英文是杰罗姆·卡丹（Jerome Cardan），这本身就不同寻常，这意味着他与同时代的米开朗基罗和拉斐尔一样有名，这两个人的名字也都被转写为英文。

杰罗姆·卡丹的生平

卡丹 1501 年出生于帕维亚，当时，16 世纪初的意大利正处于动乱之中。[14] 1499 年路易十二（Louis XII，1462—1515）入侵后，他的大部分童年生活都是在法国占领下的米兰（Milan）度过。米兰于 1512 年获得短暂解放，1522 年瘟疫终于将法国人赶出了这座城市。杰罗姆出身上层家庭，但并不富裕。还是个孩子的时候，经济拮据使他决心尽快致富和成名。他的星运给了他一些鼓励，但也给了可怕的警告。星运预言他会非常出名，但会在年老之前死去。“众星从各个方面威胁着我的生命，”他写道，“所有迹象表明，我将在 45 岁死去。”[15]从青少年时期起，卡丹就相信自己是一个被命运追赶着去成功的、昙花一现的人。

他的父亲法维奥（Favio）是一位成功的律师，希望儿子能追随自己的脚步。但是杰罗姆沉迷哲学和数学，决定当一名医生。法维奥本人在筹备 13 世纪坎特伯雷大主教约翰·佩卡姆编写的光学教科书的第一版时，曾涉猎过这些学科。[16]也许这就是杰罗姆知道自然哲学不挣钱的原因。父子在这件事上发生了一系列争吵，后来法维奥终于让步，允许儿子到帕维亚大学学习医学。[17]虽然家里无力为杰罗姆提供生活费，但他已经是一个颇有造诣的数学家，可以靠做家教维持自己的生活了。杰罗姆还有另一项维持生活的技能——他是个天才的赌徒。

尽管教会反对赌博，意大利依然遍地赌场，赌场中的人倾其所有用来下注。杰罗姆·卡丹有一个巨大的优势是几乎所有的赌徒都不具备的——他懂得概率和赔率的概念。虽然玩骰子是运气问题，但那些知道赔率是多少的人便可以小心行事，只在赔率对自己有利时才下大注。没有天生的“庄家”，所以如果技术娴熟的赌徒的对手对赔率的把握不如他，他就可以诈取对手的钱财。当时甚至都不存在概率科学，卡丹是这门科学的创立者。他首次规定，所有概率都可以表示为零（表示不可能发生）和一（表示一定发生）之间的分数。因此，硬币正面朝上落地的概率是二分之一。这告诉我们一些关于西方文明的事情——概率论这个至关重要的数学领域是一个学生在努力筹足自己的酒钱时发明的。尽管如此，卡丹关于这方面的书在他生前并没有出版，而到出版之时，其他人已经确立了领先地位。[18]

1526 年，杰罗姆·卡丹获得了医师资格，他回到米兰去开始自己期待的医学生涯。不幸的是，米兰医学院决定拒绝他的入院申请。没有学院的批准，卡丹不能在米兰工作，因此他必须在各省建立自己作为治疗师的声望。他对这种冷落感到非常失望，花了很多年尝试进入医学院，直到 1539 年他行医的名气太大，学院才被迫让他加入。[19]

卡丹作为一名医生的成功几乎完全归功于他的不干预哲学。他的同行用令人恐惧的疗法折磨自己的病人：放血、催泻、饮剂——这些必定会削弱病人的体质，即使最坚强的灵魂也难以承受。正如我们所知，当时医生的理论基础是一种盖伦和阿拉伯医学的混合物，带有一定数量的自然魔法和大量的臆测。只要通过了专业资格认证，医生就可以漫天要价，病人换来的却是加速死亡。这就是许多人相信乡村女巫和圣徒代祷的缘故。在有机会自我恢复之前，他们被这两种人害死的可能性要小得多。

不管是由于直觉还是天才，卡丹都给了病人一个自愈的机会。他建议人们保持健康的饮食和充足的休息，而不是不停地用药和放血。他无可匹敌的名声就这样远远地传播到了意大利的范围之外。

1551 年，苏格兰圣安德鲁斯大主教约翰·汉密尔顿（John Hamilton，1511—1571）因健康恶化而感到不适。汉密尔顿不仅是苏格兰教会的领袖，他在苏格兰玛丽女王（Mary Queen of Scots，1542—1587）短暂的统治期间掌握了相当大的政治权力，当时玛丽只有九岁，在法国过着稳定的流亡生活。大主教患有肺病，很可能是哮喘，苏格兰的所有医生都对此束手无策。在绝望中，汉密尔顿向卡丹寻求帮助，并提出在巴黎会面，因为他有外交事务要到那里出差。想到不花一分钱就能去趟法国，这位意大利人非常高兴，他安排好自己的事情后便尽快地动身了。当得知汉密尔顿实际上并没有离开苏格兰，并乞求他远赴爱丁堡之时，他已经走到了里昂。数量可观的酬金使卡丹相信自己可以冒险一试，他在 1552 年夏天到达汉密尔顿的宫殿。[20]结束医生们对汉密尔顿的治疗方法的争论之后，卡丹为大主教制定了一套详细的养生计划，包括喝牛奶、吃油腻食物和放松。[21]新的治疗方法奏效了，病人开始好转。主教又活了二十年（被苏格兰新教统治者处决），他总是把自己的长寿归功于卡丹。

卡丹作为欧洲首屈一指的医生的地位通过这件事确定下来。在他离开苏格兰之际，伦敦还派来使者，请他去给英格兰国王爱德华六世看病。到那儿以后，卡丹才发现英格兰宫廷之所以请他，更多是因为他的占星技能，而不是医学才能。他会见了约翰·迪伊，讨论了魔法宝石的性质，并制作了一张图表，说明国王的星运将给他带来婚姻和长寿。[22]卡丹后来却说，他为爱德华六世制作的真实的星运图表明，国王只能活几个月（事实的确如此），但是他为了避免引发国家动乱没有说实话。这个说法并不是所有人都相信，这在很大程度上是因为他已经发表了国王的假星运图。不巧的是，这恰好发生在年轻的国王死后不久。[23]

卡丹一生热爱占星术。他称占星术为“知识中最崇高的学科，因为它涉及天界的事物和未来，对这些事物的认识不仅是神圣的，而且非常有用”。[24]医疗实践只是提供了收入和稳固的名声，使他能够潜心于自己真正的兴趣。

细心的读者可能已经注意到，卡丹没有像自己的星运所预言的那样在 45 岁时死去。显然，这个预测存在问题，尽管这是个好问题。与英格兰的约翰·迪伊一样，卡丹发起了一项改革占星术的计划。[25]然而，他的计划完全不像迪伊那样是想为这项技艺提供数学基础。虽然卡丹是位更优秀的数学家，但他采用了经验性的方法。也许他很清楚迪伊想法的短处，也意识到刻画所有行星的影响需要进行的计算非常困难。他收集了尽可能多的人的星运图，并将星运的预测与这些人的实际生命历程进行了比较。[26]这是个难事，因为他需要所有研究对象在何时何地出生的准确信息。他希望能把这些星运图校准，以便找出星力相互作用的规律。他收集的星运图经历过几个版本，其中一些是由哥白尼《天球运行论》的出版者出版，而且卖得很好。[27]但不用说，卡丹的伟大冒险在科学上是失败的，而随着占星术失去学者的青睐，他的伟大冒险也一度退出历史舞台。迪伊和卡丹重建占星术的努力中最有趣的是，他们两人的工作方式多么接近我们今天讲的科学方法。收集数据并形成数学理论，是几乎所有现代科学的基本要素。讽刺的是，数学与实验第一次联手的尝试是在一门今天不再被认为是科学的学科中进行的。

卡丹收集的星运图之中有一份是他为耶稣基督绘制的。他一定知道这种事曾让切科·德阿斯科利陷入了多大的麻烦，有传言称中世纪的占星家圭多·博纳蒂被烧死在火刑柱上也是出于同样的原因（事实并非如此）。但卡丹还是毫不掩饰自己的所作所为，他甚至在自己注解的托勒密占星术著作中对耶稣的星运图发表长篇大论。[28]这种逞能的行为后来给他带来了巨大的灾祸。

卡丹与塔尔塔利亚

16 世纪四五十年代，卡丹的名望和影响力达到顶峰。他在所有自己感兴趣的领域都发表了著作，写出了大量的畅销书。他最成功的作品是两本我们可以称为“通俗科学”的书——1550 年的《事物之精妙》（*On Subtlety*）和 1557 年的《世间万物》（*On Variety*）。这些书的内容是有趣传闻的大杂烩以及由卡丹机智的头脑想出的众多发明。其中一些发明今天仍在使用。例如，现代汽车发动机里有一种装置叫“卡丹接头”（cardan joint）①，这种

① 即万向接头。

装置可以改变传动轴的旋转方向。卡丹也很熟悉冲力理论[29]，并对其进行了广泛应用，而且他承认真空存在的可能性。[30]从《事物之精妙》一书中我们可以发现，在众多古代智者中，阿基米德（Archimedes，公元前 287—前 212）被提升到了最高的地位，这本书是反映阿基米德这种地位变化的最早书籍之一。卡丹对阿基米德著作的讨论可能让更多读者知道了阿基米德的著作。[31]

阿基米德的著作高于其他任何希腊数学家。不幸的是，这意味着它超出了许多同时代人甚至一些离那个时代很远的后来者的理解力。我们记住阿基米德通常是因为他喊着"eureka!"（希腊语，意为"我找到了!"）跳出浴缸的故事。这个故事可能是杜撰的，故事讲的是他发现浮力定律的情形。浮力定律表明，浮在水中的物体排出的水的重量等于其自身重量。如果物体的密度比水的密度低，排出的水就不足以没过物体，物体便浮在水面。公元前 212 年第二次布匿战争（Second Punic War）期间，阿基米德在去世前不久设计了一些令人印象深刻的军事装备，帮助锡拉库萨城（Syracuse）① 抵御罗马人。尽管有记载称守军使用了燃烧瓶，并用巨大的挂钩击沉了罗马军舰，这座城市最终还是落入敌手，阿基米德是随后发生的屠杀的受害者之一。[32]他的许多数学著作虽然在中世纪已被译为拉丁文，但直到 16 世纪才得到深入研究。[33]

卡丹最重要的书更具学术色彩，这是一本 1545 年出版的高级数学指南，他称为《大术》（*The Great Art*）。这部书中有首次公开发表的三次方程和四次方程的解法，其中三次方程的解法引起了与另一位意大利数学家尼科洛·塔尔塔利亚（Niccolò Tartaglia，

① 也译作"叙拉古"。

约 1499—1557）的纠纷，塔尔塔利亚说答案是自己先找到的。

塔尔塔利亚生于布雷西亚（Brescia），早年丧父后由母亲抚养长大。1512 年，法国人袭击了他所在的城市，那时他才十几岁。包括塔尔塔利亚及其母亲在内的许多平民到大教堂寻求庇护，但法国人并不尊重这神圣的建筑。他们把这孩子弄残废了，任其自生自灭。他的下颌被打得裂开了，但他不知为何竟活了下来。在母亲的照料下，他恢复了健康，但他的伤使他留下了永久性的口吃。他并未为此感到羞愧，反而自称“口吃者”——这个词用意大利语表示，便是“塔尔塔利亚”。[34]我们连他真正姓什么都不知道。

塔尔塔利亚虽然对言语障碍并不感到羞愧，却总是对自己没有接受过正规教育耿耿于怀。他是自学的，从来没有掌握优雅的拉丁语，而他的同侪认为对学术探讨来说那是必不可少的。然而，他是个天才的数学家，没过多久就能靠教数学来维持生活。1537 年，他移居威尼斯，出版了一本名为《新科学》（*New Science*）的书。这本书主要讲的是与加农炮弹有关的数学知识。当时，威尼斯正准备与土耳其人作战，土耳其人继征服君士坦丁堡之后正打算将地中海一带剩下的地区纳入自己的掌控。题献给威尼斯将军的《新科学》是塔尔塔利亚对这场战争的贡献。他在书中表明，炮弹应该沿曲线轨迹运动，至少它飞行过程中的一部分是如此。后来，他又在 1546 年出版的《各种发现之问题》（*Questions on Diverse Discoveries*）一书中证明，抛射体的运动轨迹自始至终是一条曲线。[35]

1539 年，塔尔塔利亚应卡丹的邀请到米兰拜访他。在逗留期间，塔尔塔利亚向卡丹透露了如何求解三次方程的秘密，条件是这个方法在公开发表之前必须保密。塔尔塔利亚想在自己的某部著作中公布这一发现，这是可以理解的。与此同时，他还忙于其他工作，包括1543年版的阿基米德著作的中世纪拉丁文译本。这部书最终把这位伟大希腊数学家的成就带到了广大读者面前，而且卡丹本人之所以如此尊崇阿基米德也可能是因为这部书。塔尔塔利亚强烈暗示过阿基米德的著作是他亲自从希腊语译出的——他想要显示出接受过良好教育的样子，就像有教养的人文主义者一样，但是被拆穿以后却适得其反。[36]耽搁了六年后，他仍未发表三次方程的解法，这时卡丹失去了耐心。他在《大术》中加入了三次方程的解法，这让塔尔塔利亚——现在成了他的对手——大为恼火。[37]十二年后，塔尔塔利亚在威尼斯去世，他仍然相信，自己从未得到应有的尊重。

卡丹的家庭问题

卡丹生命的最后十五年充满了一个又一个可怕的不幸。给他带来灾难的是他的儿子。他的长子叫乔瓦尼（Giovanni），次子叫阿尔多（Aldo）。他还有一个女儿基娅拉（Chiara），女儿除了嫁妆的花销，至少不会给他带来任何麻烦。这笔嫁妆钱为卡丹赢得了一位宝贵的知己女婿，几十年后卡丹仍时时说起此事。[38]可悲的是，基娅拉没有孩子，这令她的父亲深感遗憾。

阿尔多似乎有点精神变态。他是小偷和暴徒，不断因犯罪而被捕。卡丹当时很富有，为了给自己堕落的儿子支付罚款和保释金，他花了一大笔钱。最终，阿尔多的行为变本加厉，连这位最宽容的父亲也觉得过分了。阿尔多被逐出家门，后来又被逐出当地城市。[39]

除了这些家庭的忧虑之外，出名带来的常见问题卡丹都遇到了。卡丹成为博洛尼亚大学的讲师后，同事们忌妒他在校外的成功，忌妒的程度更甚于今天的学者。他们不停地抨击他，打小报告，挖走他的学生。[40]

他的书也不是每个人都喜欢。《事物之精妙》招来了一篇现代学者称为“文献史上最刻薄的书评”。[41]人文主义者尤利乌斯·凯撒·斯卡利杰尔（Julius Caesar Scaliger，1484—1558）写了九百页的长篇大论，从《事物之精妙》一书的各个方面痛斥卡丹，其篇幅是原书的两倍。斯卡利杰尔对卡丹将阿基米德的地位提高到欧几里德和亚里士多德之上义愤填膺。“你把一个建筑师（阿基米德）放在亚里士多德之前，他在这些技艺上没那么多见识，”他怒气冲冲地继续道，“你把欧几里德放在阿基米德之后，就像把灯排在灯笼后面一样。”[42]事实证明这一反驳几乎和它的批判对象一样受当时图书消费者的欢迎，他们和现在的公众一样，最喜欢看精彩的口水战。

卡丹不打算接招，斯卡利杰尔没有得到对方的答复，很是失望。攻击对象的沉默开始使他不安，他设法让自己相信卡丹读了他的书之后已羞愧而死。斯卡利杰尔为自己的对手之死懊悔不已，撰写了一则夸张的讣告：

> 除了对上帝和大自然的深刻认识之外，卡丹还是一位技艺高超的人文大师……真是一个伟大的人！我可以断言，谁要是敢把自己跟卡丹相提并论，那他多半是一个不知天高地厚的人。[43]

幸而斯卡利杰尔在发表颂词之前听说卡丹还活得好好的，这才保住了自己的名声。

卡丹不得不忍受比自尊的伤害更痛苦的经历。他的儿子乔瓦尼不明智地娶了一个泼辣的女人，女人的家庭一直想从乔瓦尼富有的父亲那里勒索钱财。因此，当卡丹得知儿媳中毒身亡，儿子作为主要嫌犯被逮捕时，他一定很震惊，但几乎不会觉得意外。这种罪，卡丹即便花一大笔去行贿也无法摆平。此案于 1560 年 2 月在马里诺宫（Palazzo Marino，即今天米兰的市政厅）开庭审理。乔瓦尼称，他利用自己的医学知识制造了一种有毒物质，将其掺入自己为妻子烤的一块蛋糕中。他还承认自己非常无能，经过两次失败才最终把她杀死。嫌犯供认之后，法官只得作出判决。如果不是因为卡丹的名气和重要身份，那就是正式的判决了。卡丹发出了由衷的、雄辩的呼吁以求将儿子改判为流放或终身监禁：

> 虽然我讲了许多理由和诸如此类的话，但这些都无济于事；除非法庭裁定，如果我能与那些控告他的人达成协议，便可以饶他性命。但这条路却恰恰因为我儿子的失言被堵上了。因为他吹嘘我所没有的财富，控告者要勒索的是不存在的东西。[44]

未能达成任何协议，乔瓦尼在牢房中被处决。卡丹一直没有从痛苦中走出来。

即使到了这个地步，他的苦难也还没有结束。1570 年，他被博洛尼亚宗教裁判所逮捕。指控的细节不得而知，但原因很可能是大学同事的嫉妒。宗教裁判所的工作和许多其他官方镇压机构一样非常依赖知情者的告发。这为任何想利用它的人提供了一个简单的报复方法。在卡丹的案件中，他数量众多的著作，他相对轻率的文笔，当然还有基督的星运，为法庭提供了大量的研判材料。然而，他们似乎也懒得去研究这些材料。几周后，卡丹被保释，最后想必是无罪释放了，因为我们没有听说他受到了审判，更不用说定罪。[45]

这至少表明他的麻烦结束了。卡丹前往罗马，就宗教裁判所对自己的处理方式向教皇申诉。结果，他获得教皇的抚恤金，体面地退休，直到 1575 年去世，比星运预测的时间晚了三十年。他用最后的四年时间撰写了他的自传《我的生平》（*The Book of My Life*），我们现在正是通过这本书才对他有那么多了解。

卡丹惊人广泛的兴趣使他成为真正的文艺复兴之士。他在代数方面的《大著作》（*Great Work*）将意大利数学家不断研究这门学科取得的所有新进展传授给欧洲。他的医疗实践既人道又成功。他不断地改进和发明，与一些作家不同，他对自己的好想法从不想方设法地藏着掖着。他对占星术的痴迷是出于一种愿望，那就是把这门有用的技艺置于比以往更牢靠的基础上。也许他对星运图的细心校对无意中带来了有益的结果，那就是证明了众星对我们的生活终究没有任何影响。总之，卡丹和迪伊向我们表明，16 世纪的神秘学和科学之间的界限是互相渗透和模糊不清的。

第十六章

人体的运转：医学与解剖学

事实证明，作为一名医生，杰罗姆·卡丹通过摈弃放血和催泻，比正统的盖伦医学从业者取得了更大的成功。但他从未完全抛弃医学正统。这意味着他只能提供姑息治疗帮助病人自愈，他对病人进行的任何直接治疗充其量是没有作用。与卡丹相反，其他持不同意见的医生并不惮于猛烈和直接地攻击传统医学，这些人之中最重要的是特奥夫拉斯图斯·邦巴斯图斯·冯·霍恩海姆（Theophrastus Bombastus von Hohenheim，1493—1541），此人尽管生活方式混乱不堪，思想意识异于常人，但还是成功地建立了自己的医学流派。

非正统医师

对于特奥夫拉斯图斯·冯·霍恩海姆，人们更熟悉的是他的拉丁名字——帕拉塞尔苏斯（Paracelsus）。帕拉塞尔苏斯是德裔瑞士人，过着四处游荡的生活，由于观点招摇不受欢迎，被迫不断从一个地方迁到另一个地方。然而，帕拉塞尔苏斯不是庸医，他自称是一名完全合格的医师[1]，尽管缺乏文献证据，但几乎没有理由怀疑他。他拒斥盖伦主义，并将自己作为炼金术士的技能用于医学。他的成果远不止这些。他发明了一整套思想体系，这个体系将禁欲主义的基督教思想与神秘主义和炼金术结合起来，形成了所谓的“化学哲学”。

对帕拉塞尔苏斯来说，所有物质都由盐、硫、汞三种元素组成。他在传统的硫配汞的炼金术基础上加入了盐，作为身体、灵魂和精神的新柏拉图主义三位一体的第三个要素。他以一贯的晦涩风格写道：

> 所有金属都可以由汞、硫、盐三种物质产生……汞是精神，硫是灵魂，盐是身体。但是，正如赫尔墨斯·特利斯墨吉斯忒斯所说，金属是介于灵魂和身体之间的灵魂。硫中的灵魂将身体和精神这两个对立面结合在一起，并将其转化为一个单一的要素。[2]

由菲奇诺翻译的《赫尔墨斯秘文集》只是帕拉塞尔苏斯思想的众多来源之一。帕拉塞尔苏斯的思想是魔法、宗教、自然哲学和医学的混合体，贯穿它们的不变主题是对当时的盖伦学术医学的敌视。帕拉塞尔苏斯鼓励使用他自己设计的药物，而不是诸如放血之类的传统治疗方法；他认为生病是由个别疾患引起的，而不是由体液失衡引起的。他致力于寻找治疗特定疾病的特定药物，但不幸的是，他不知道什么东西可能有效。帕拉塞尔苏斯的追随者特别热衷于给病人开的药是锑和汞，二者都是致命的毒药。尽管如此，作为一名治疗师，他还是取得了一些显著的成功，这很可能是因为，什么也不做总是比传统方法更有效。

1527 年，巴塞尔市议会任命帕拉塞尔苏斯为巴塞尔大学医学教授。这是一个声望很高的职位，他的声誉由此达到顶峰，对此他却报之以令人反感的原创性授课，以及对传统权威的完全排斥。6 月 23 日，他在市场上烧毁了一本医学教科书——据说是阿维森纳的《医典》（*Canon Of Medicine*），这个大部头是学术医学研究的支柱。[3]不用说，在同事们的反对下，他很快被赶出了这个城市。

几年后，一个当时跟他一起生活过的人对其形象进行了极其逼真的描绘。

> 至于帕拉塞尔苏斯，在他活着的时候，我对他非常了解，所以我不想再和这样的人生活在一起了。除了对各种疾病神奇和侥幸的治疗方法外，我在他身上既看不到学识，也看不到任何形式的虔诚……与他在一起的两年里，他日日夜夜都在胡吃海喝。他酒醒的时间加在一起也不过一两个小时，尤其是离开巴塞尔之后。[4]

帕拉塞尔苏斯于 1541 年去世时，是个虽有名气但没有影响力的人物。他的作品罕有出版。不过，他的书渐渐开始出现，关于他的故事也渐渐多了起来。不久，他就成了一个新的医学流派的创始人。他的追随者充实了他的哲学并在此基础上发展出一些治疗方法。一些身居高位的医生在大学里支持他的思想，化学哲学似乎一度有颠覆盖伦主义的趋势。盖伦主义者进行了反击，结果形成了一场旷日持久的论战，导致巴黎大学于 1615 年禁止了帕拉塞尔苏斯医学。[5]

将帕拉塞尔苏斯视为现代医学的先驱是错误的，因为他的思想充满了神学和神秘的猜想。他反对盖伦，主要因为盖伦是异教徒。帕拉塞尔苏斯说，基督教应该有自己的医学以便正确理解上帝在世上的作品。他根据自己的见解重新诠释了《创世记》，也认同了药效形象学说①。他相信，上帝已经表明了哪些草药和化学物质可以用于治疗，因为上帝已赋予这些物质可辨识的药效形象，而药效形象指向药物所能治疗的疾病的本质。仔细观察自然是其思想的一个重要方面，但是认同药效形象学说意味着他最终往往是在寻找错误的东西。这表明，如果得不到某种可应用于观察结果的有效理论的支持，再多的观察也不会带来科学上的重大进展。细致的经验性检验是希腊和中世纪医学的标准做法，但这并未阻止医生害死病人。

外科手术

你可能会以为中世纪的外科医生才是真正的屠夫，但正是他们在拯救生命方面取得了一些最显著的成就。职业医师看不起外科医生，将其视为体力劳动者，因为他们靠自己的双手工作。甚至是盖伦医学所要求的频繁放血，通常也是由理发师外科医生而非医师本人完成的。[6]也许这种缺乏官方尊重的情况给了外科医生创新的自由。包扎伤口之事由他们全权负责，到了 13 世纪，他们对伤口的愈合处理已经对希腊人的智慧构成了挑战。希腊人认为，引导伤口化脓是伤口愈合的必要前提，他们不鼓励那种会形成坏疽或至少会留下严重伤疤的方法。而激进的外科医生提倡用

① 参看本书第七章。

酒清洗伤口，弄干后立即将伤口包扎好。[7]另一种容易获得的良好的消毒剂是尿液。一位医生回忆，他看到一名男子的鼻子在决斗中被切掉。医生拿起被切下的器官，解释说他会在上面撒尿，然后成功地把它包扎在伤者的脸上。[8]

在 15 世纪的意大利，作为治疗烧伤和其他严重外伤的一种方法，外科医生可以为病人进行皮肤移植。严格地讲，这种技术是一次再发现，因为它曾在古罗马被使用过。植皮技术在鼻成形术上的应用给人留下了尤为深刻的印象，鼻成形术于 16 世纪末在加斯帕雷·塔利亚科齐（Gaspare Tagliacozzi，1545—1599）手中得到完善。手术需要完全修复病人的鼻子。这方面的需求比我们想象的要大。当时梅毒是地方病，这种病的可怕后果之一是使患者的鼻子腐烂。[9]医学教科书往往避免提及梅毒，取而代之的是这样的说法：如果失去的鼻子被狗吃掉，那么鼻成形术就是理想的选择。[10]

塔利亚科齐修复缺损的鼻子时，先是从病人的手臂上切一块皮瓣，将其缝在鼻腔上。手臂会被固定在合适位置，等到皮瓣长到脸上时再把皮瓣和手臂分开，重塑一个新的鼻子。整个过程可能需要几个月。

塔利亚科齐的手术干预并非每次都成功。在他死后不久，便有传闻说，他的一位来自布鲁塞尔的贵族病人想用一个新鼻子代替自己在决斗中失去的鼻子。然而，病人不愿在自己的手臂上动刀。因此，他建议病人从仆人的而不是自己的手臂上取皮。手术过程照常进行，只是绑在病人脸上的是仆人的手臂。当仆人与主人从亲密关系中解脱出来时，重塑鼻子的手术后续就像往常一样进行。一切似乎进展顺利，但一年后，仆人由于一些不相干的原因而死亡。同时，由仆人的活肉塑成的新鼻子也开始腐烂，不久就脱落了。[11]

这样的故事使塔利亚科齐的同时代人得出了完全错误的结论。帕拉塞尔苏斯相信世界被一些魔法线联系在一起，这在16世纪并不罕见。就像许多显然是迷信的观念一样，这种观念建立在虽有瑕疵但基本无懈可击的逻辑基础上，并且有明显成功的案例支持。以塔利亚科齐失败的鼻成形手术为例，失败的原因显然不是别人贡献的器官容易使受主产生排斥反应，而是因为新的鼻子在与仆人的手臂分离后，仍以某种方式与仆人相联系。因此，仆人死时，鼻子也死了。要证明超距作用和随之而来的共感学说，你很难找出比这更好的证据。这再一次说明，在将经验结果推广到一般规律之前，把它们与可靠的理论联系在一起是多么重要。

人体解剖的起源

只要医生对疾病的起因没有真切的认识，盖伦医学和帕拉塞尔苏斯医学就都不会对疾病有太大效用。这两种医学流派背后的理论都错得非常厉害，仅仅说它们错了是不够的。此外，要获得对疾病的真切认识，就需要准确了解人体是如何运转的。在这里，中世纪从意大利开始进行的人体解剖实践至少确实为大步向前提供了背景。这终将摧毁盖伦的声誉，因为它表明盖伦医学连理论基石都是错误的。

人体解剖在西欧的实行是自然科学史上最令人惊讶的事件之一。这在别的文化中几乎都是闻所未闻的，因为解剖尸体是大忌，它没有给尸体以传统所要求的适当尊重。在古代，人体解剖在公元前3世纪的亚历山大曾被短暂地允许过，这也许是因为制作木乃伊时给尸体做防腐处理的过程中，本来就要切除大部分柔软器官。因此，在埃及，解剖尸体并不像在其他地方那样令人震惊。如果我们相信一位古代医学作家的说法，那么亚历山大的做法甚至延伸到囚犯的活体解剖。[12]然而，任何形式的人体解剖都是异教罗马当局所禁止的。公元 2 世纪，盖伦不得不在动物身上开展所有工作，尤其是猪和柏柏里猿。这导致他在其解剖学著作中犯了错误，因为他认为动物的生理构造如实地反映了人体的生理构造。[13]

盖伦的作品在公元 800 年后传播到阿拉伯世界时，穆斯林无意进行人体解剖。虽然据我们所知，伊斯兰教并未直接禁止这种活动，但这可能是因为没有人觉得这种活动会被允许。我们确实知道，一位生活在哈里发统治下的基督徒对猴子进行了解剖，但没有迹象表明他想在人身上动手一试。[14]阿拉伯人无法亲自查验事实，所以他们认为盖伦是对的；他们没有意识到，盖伦也只是用灵长类动物进行过解剖，他从未比这走得更远。

一旦盖伦在天主教西方变得广为人知，那么对所有人来说，继续认为他在几乎每一个细节上都是正确的，就是自然而然的事了。其后，在 13 世纪末的意大利北部，发生了某种革命性的事件——人体解剖重新开始。许多现代学者认为，这与博洛尼亚在法律研究方面的卓越地位有关。第一批解剖可能实际上是出于法律目的而进行的、旨在确定死因的尸体检查。据记载，连教皇英诺森三世也曾下令对一桩谋杀案的受害者进行法医检查。[15]这些尸检打破了人体解剖的禁忌，不久之后，博洛尼亚医学院就将人体解剖列入医生训练的一部分。

现在位于博洛尼亚的解剖室可以追溯到 17 世纪，它在第二次世界大战期间遭到严重破坏。它的设计类似于 14 世纪早期发展起来的用于解剖教学的教室：房间的中心是一块大理石板，板

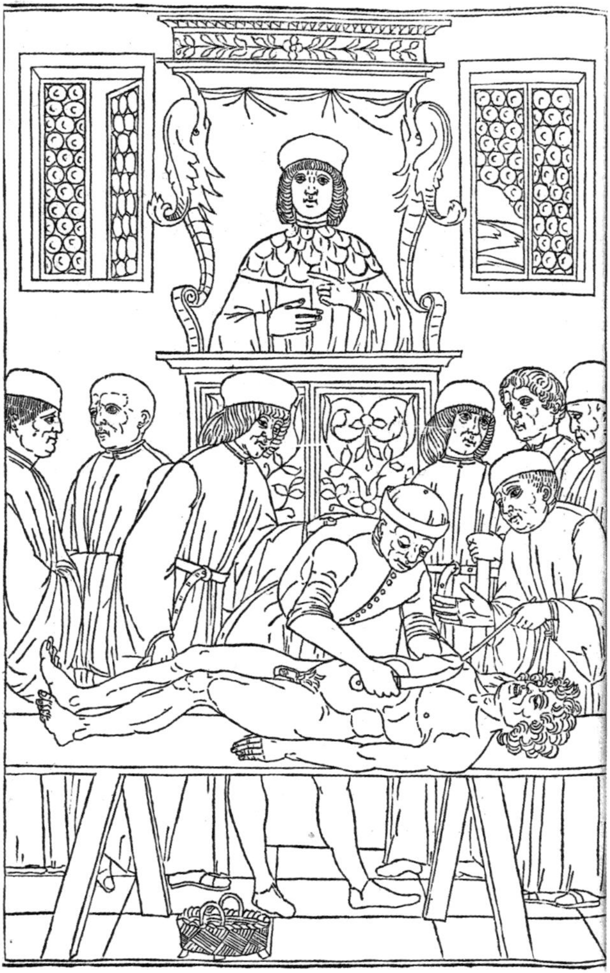

图 12　15 世纪医学教科书上展示人体解剖场景的木版画

上放着尸体；围绕石板设有一排排渐次升高的长凳，以便每个人都能有良好的视野；高出长凳的那个东西只能说像一个宝座，宝座上方有一个木刻的顶盖，顶盖由两尊没有皮肤的男性雕像支撑着。教授讲课时坐在这个座位上，他实际上并不会亲自动手解剖。实际进行解剖的是他的助手，而他本人与切割尸体的脏活保持着相当的距离。在他宣读教科书的章节时，助手会指出相应的器官。或者在助手展示尸体内部时，教授手持一根长棍讲解尸体的内部特征。

1316 年，一位博洛尼亚医生蒙迪诺·德卢齐（Mondino dei Luzzi，死于 1326 年）写了一本关于如何进行人体解剖的手册，这个手册逐渐成为中世纪余下时间中的权威著作。蒙迪诺的专业技能得自验尸，其中最有意义的是解剖两名孕妇的尸体。[16]他也不是在哪里都受欢迎，至少有一所德国大学无法忍受他对盖伦的轻微偏离，不允许使用他的教科书。[17]

关于中世纪教会的更普遍的流言之一是教会反对人体解剖。我们已经看到，大多数社会和文化都对这一活动有强烈的反感，因此，人们会觉得惊讶，教会竟能允许进行人体解剖，而且几乎没有任何的反对声音。1300 年一份题为《关于安葬问题》（*De Sepulturis*）的教皇训谕常被认为是教会禁止人体解剖的证据，因为该训谕禁止对人体进行烹煮。这一做法在十字军东征期间变得很普遍，因为那些在战役中死亡的人想被埋入家族的墓地。烹煮能将骨与肉分开，这样尸骨就会易于运回国内下葬。教皇训谕确实无意中阻止了解剖学家通过烹煮人头来揭示头盖骨下面一些骨骼的结构。蒙迪诺在他的手册中承认：

> 头盖骨底下的那些骨骼不易观察，除非将其取下并煮

沸，但由于这是一种罪恶，我已经习惯于把它们忽略掉。[18]

如果天主教会真的强烈反对人体解剖，那么人体解剖学就不会迅速成为欧洲各大医学院教学大纲的一部分了。

中世纪晚期的人体解剖是出于教学而非研究目的。这意味着即使有人注意到盖伦描述的解剖结构中的矛盾之处，也不会去追究。学生一般只会按照自己在书里读到的内容来解释他们看到的东西。资历较深的教授可能会拥有质疑盖伦的正统说法的经验和声望，但他们实际上并没有亲自动手解剖人体。他们讲课、治疗活着的病人，报酬很高，所以没有理由去跟死人打交道。随后，在 16 世纪上半叶，一些解剖学家开始质疑这些教授在我们身体内部究竟看到了什么。

安德烈亚斯·维萨留斯

在所有解剖学家中，安德烈亚斯·维萨留斯（Andreas Vesalius，1514—1564）最为著名。他来自西属尼德兰，先是在鲁汶（Louvain）一所新大学学习，然后转到巴黎学医。他在意大利完成了学业，当时意大利有最早成立的医学院。一取得资格，他就继续担任外科讲师。维萨留斯的教学方法一反常规，他不是在助手解剖尸体的时候端坐在教授的宝座上，而是到底下去亲自解剖。他的演示既有技巧又充满热情，课非常受欢迎。他在讲课的过程中也逐渐意识到盖伦的书并非人体解剖的不刊之论。他认为，要理解盖伦的疏漏和错误，关键是要知道这位古代大师只解剖过动物而没解剖过人体。[19]因此，维萨留斯可以将盖伦的工作推进到它的逻辑终点，从而完成盖伦未竟的工作，这个终点就是研究人本身——上帝造物之最。维萨留斯不是要否认盖伦的工作，而是要完善它。

维萨留斯具备一切实现目标所必需的技能：他不仅有眼光，善于制图，还是一位精明的商人。他的杰作《人体构造》（*On the Fabric of the Human Body*）于1543年首次出版。维萨留斯提供了文本，插图也是取自他自己的画作。插图的木刻实物则是由伟大的威尼斯艺术家提香（Titian，死于1576年）的工作室提供的。[20]除了解剖学细节，插图对去皮和剖开的人体的安排也表现出作者很高的天分，这些人体以古典姿势呈现，就像还活着一样（见图13）。这本书的名声和成功既要归功于它无可争议的科学价值，也要在同样程度上归功于那些了不起的插图。整部著作是造物主的仆人维萨留斯在发现造物主的杰作时，为之谱写的一曲赞歌。

当然，《人体构造》并不完美。例如，它对女性生殖器的处理的基础是以16世纪的眼光进行的观察，尚需大量改进。即使在今天，我们也说男性产生“精子”（semen，源自拉丁语，意为“种子”），而女性则能使种子发芽。这种说法来源于一种古老的观念，即女性只是提供一个场所，让男性可以播下他的种子，直到它长成婴儿。人们认为女性生殖器只是被动地接受男性插入其中的东西。“阴道”（Vagina）在拉丁语中是“剑鞘”的意思。与这个观点一致，维萨留斯描绘的阴道只是一个倒置的阴茎，旨在为男性的器官提供一个舒适的铺位。由于他的学生加布里埃莱·法拉皮奥（Gabriele Fallopio，1523—1562）的工作，连接子宫和卵巢的输卵管（Fallopian tubes，以法拉皮奥的名字命名）才被发现。[21]人类的卵子直到19世纪才被观察到，那时人们终于意识到种子来自女性，使种子发芽的是男性的精子。

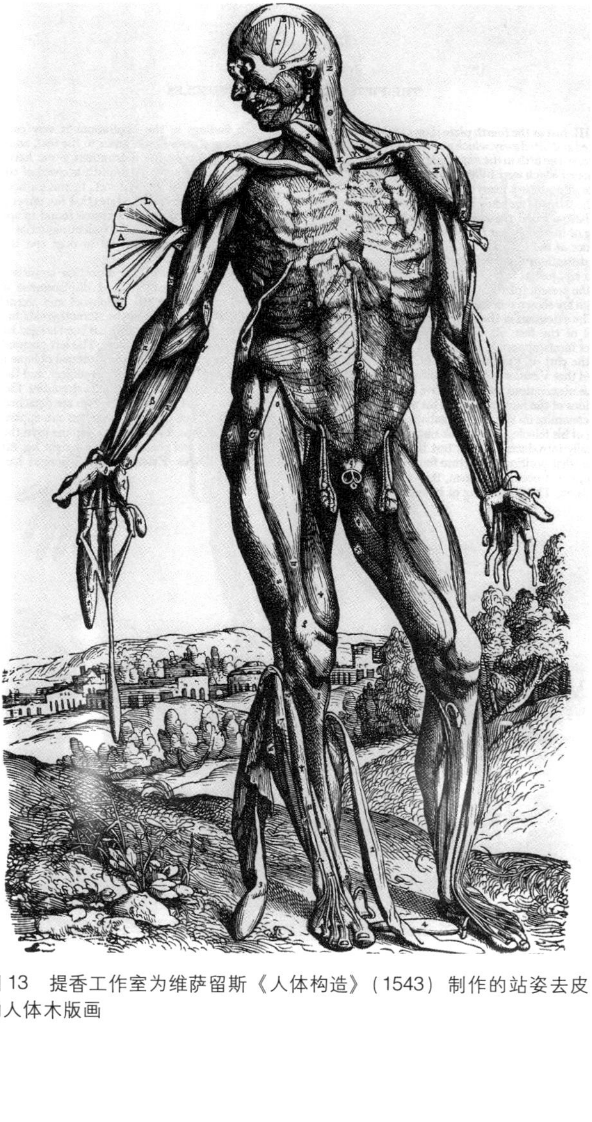

图 13　提香工作室为维萨留斯《人体构造》（1543）制作的站姿去皮的人体木版画

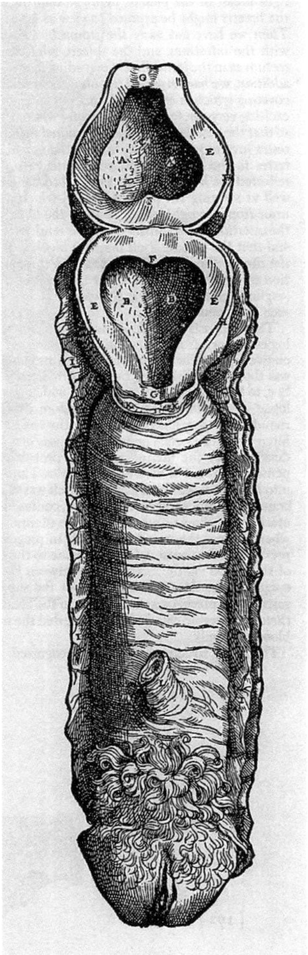
图 14 维萨留斯《人体构造》（1543）中的子宫木版画

对解剖学家来说，尸体的短缺是个大问题。维萨留斯公开承认他曾依靠盗墓来解决。有一次，他将一个死去的女人剥了皮，这样她的亲属就算告上法庭要取回她的尸体也认不出她来。而且，尽管有古代教皇的禁令，他也没有对烹煮尸体分开骨肉有负罪感。[22]

16 世纪就是这样，解剖学家可以指望偶尔会有免费的尸体。关于自己如何发现一具死在火刑柱上的罪犯的尸体，维萨留斯写道：

> 我们去的地方让学生们受益匪浅。为了惩戒村民，所有那些被处决的人都被放在公路上示众……我爬上火刑柱，从髋骨里拔出一块股骨。当我拉动上肢时，手臂与手分开了。我在几次秘密旅行中把腿和手臂带回家，留下躯干和头部。胸部被链条拴得很高，为了拿到它，我让自己在傍晚被关在了城外。[23]

维萨留斯接着讲述了自己是如何爬上黑暗中的火刑柱来获得战利品的。他把这些骨头藏在附近，等到有机会再偷偷带到城里。法拉皮奥不必沦落到这种地步。一位当地统治者送了一个活囚犯给他做实验，不过解剖学家出于仁慈，在开始工作之前用鸦片剂给实验对象执行了安乐死。[24]这恐怕是一个比死者的预期更仁慈的结局。

维萨留斯的成功以及在学生那里受到的追捧令他的同事不满。他们中的一些人也不喜欢别人告诉他们，在解剖学上他们不仅错了，而且太过懒惰，没有亲自查验事实。来自巴黎的医生雅各布斯·西尔维于斯（Jacobus Sylvius，1478—1555）提出了一个异乎寻常的理由来拒斥维萨留斯的发现。他说，即使盖伦书中讲的内容与我们亲眼所见的证据不符，我们也应该相信盖伦是正确的。[25]西尔维于斯极端的人文主义使他误入歧途。像许多人文主义者一样，西尔维于斯沉迷于书本，崇拜古典世界，他不能接受欧洲早已超越了古代文明的事实。

最终，维萨留斯离开帕多瓦，被西班牙的菲利普二世（Philip II，1527—1598）雇为私人医生。他对这种生活方式并不满意，而且他没有机会继续自己的研究。由于无法辞去王室职务，他设法获得前往耶路撒冷朝圣的许可，借此逃脱。[26]不幸的是，他的船在返航途中失事，维萨留斯溺水而亡。

被迫害的解剖学家？

维萨留斯死后不久，就有传言称，他在与西班牙宗教裁判所发生冲突后被送上了朝圣之路，后来这个说法被用于将天主教会描绘成人体解剖的反对者的另一项根据。事实上，没有任何证据表明维萨留斯离开西班牙的愿望与宗教裁判所有关。[27]他毕竟是一个十分虔诚的人，把自己一生的工作视为一种荣耀上帝的方式。

维萨留斯没有受到宗教迫害。我们已经知道，另一位西班牙解剖学家迈克尔·塞尔韦图斯就没有那么幸运，虽然他的厄运与自然科学毫无关系。

除了为托勒密古老的《地理学》制作出两个受到高度评价的版本之外，塞尔韦图斯在科学上的名气还来自他对心和肺的研究。盖伦对血液在我们身体里的运行机制的描绘有几个重大缺陷。例如，他错误地认为，静脉和动脉除了通过心脏连接在一起之外，在其他任何地方都没有连接。这很难说是他的错。他没有任何放大工具来观察肌肉和肺中将动脉和静脉连接在一起的微小的毛细血管。他推测，分隔左心室和右心室的厚厚的心脏内壁上有小孔存在。由于在盖伦的图式中，静脉和动脉没有连接，所以不存在完整的血液循环。他相信血液不断地被身体创造出来，又不断地被身体消耗。他声称血液由肝脏产生，在身体各处像燃料一样被用掉。

历史学家一直感到困惑：为什么盖伦拥有对高等哺乳动物的解剖经验，却对心脏和循环系统的功能得出了完全错误的结论？[28] 这个问题很难回答，但它警示我们，完全客观地看待事物几乎是不可能的。盖伦对他那个时代的哲学流派有自己的看法，这使他易受误导性证据危害的程度不比囿于自己先入之见的基督徒低。

迈克尔·塞尔韦图斯为盖伦体系的前后矛盾所困扰。他指出，盖伦所说的心脏内壁的孔洞必定非常小，而且心肺之间的肺动脉非常大。他正确地推断出，不仅肺的活动所需的血液由这条动脉运送（就像盖伦认为的那样），身体中所有的血液都流经它。他认为空气可能先在肺部被吸收到血液中，然后再被转运到身体各处。不幸的是，他只是把这一观察作为自己的神学著作《基督教的复兴》的插笔来证明他对空气的精神性质的看法。塞尔韦图斯的理论或许是混乱不清的，但他的观察无疑是正确的。他写道：

> 通过一种非常精巧的安排方式，微妙的血液被推进很长的距离后穿过肺……然后在肺静脉中与吸入的空气混合，通过呼气，空气中的煤烟气被清除掉……肺动脉醒目的尺寸证实了这一点。[29]

他的洞见隐藏在一部被认为是声名狼藉的异端著作当中，知道的人不多；后来意大利人雷亚尔多·科隆博（Realdo Columbo，约 1515—1559）又独立地得出了同样的看法。[30]甚至塞尔韦图斯也只是重复了一位名叫伊本·纳菲斯（Ibn al-Nafis，1213—1288）的穆斯林医生业已完成的工作。[31]最后，这个观念正是通过科隆博的著作才被欧洲解剖学家熟知。

威廉·哈维与心脏

解剖学家对人体展开了探索，所以是他们而不是医生动摇了盖伦的大厦，虽然他们中的许多人从未有意对其进行破坏。但 17 世纪初的一项突破对盖伦作为人体运转方面的可靠知识来源的声誉造成了严重打击——威廉·哈维（William Harvey，1578—1657）发现了血液循环。哈维证明了盖伦的错误不只出在一些细节上——他解释生命基本机制的整个体系都是有缺陷的。而且，哈维的心脏实验是在动物身上做的，所以盖伦无法解剖人类尸体的辩护已经失去了效力。

威廉·哈维的求学生涯始于剑桥大学，他在 16 世纪 90 年代就读于剑桥大学的冈维尔与凯斯学院（Gonville and Caius College）。约翰·凯斯（John Caius，1510—1573）是伦敦的医生和翻译家，学院便以他的名字命名；他重修学院之事比哈维早一代人的时间。凯斯是老派的盖伦主义者，他将大部分的学术精力用来准备这位古代大师著作的新的评述版本。由于剑桥大学的医学教学基础相当薄弱，凯斯还提供了奖学金，以便让有发展前途的学生到帕多瓦去完成学业。虽然帕多瓦位于笃信天主教的威尼斯领土内，威尼斯人却没有让宗教差异成为付费生前来就学的阻碍，而且不管怎么说，哈维都拥有天主教的同情。1602 年成为医学博士后，哈维回到英国，利用自己取得的有声望的学位开始了受人尊敬的行医活动。最后连国王詹姆斯一世（James I，1566—1625）都找他看病。[32]

哈维只在业余时间研究心脏。他的妻子容忍了丈夫对狗进行活体解剖的习惯，想必是个非常宽容的女人。[33]哈维的主要洞见是，心脏和静脉都有瓣膜，瓣膜能阻止血液向错误的方向流动。这可能是盖伦缺乏背景知识的地方，因为虽然瓣膜在 17 世纪之前已得到较好的理解，但它在罗马的技术中似乎并不常见。哈维还说心脏的运转就像机器一样。他把心脏的工作方式比作快速转动的齿轮或燧发枪。[34]哈维后来曾见过灭火器械通过软管喷水的场面。水是在泵（动力由操作者提供）的作用下喷射出来的，哈维注意到，心脏将血液泵至身体各处的情形与此类似。[35]

他的分析虽然带有这些现代色彩，却仍是在亚里士多德传统的范围内进行的。[36]他认为心脏是上帝设计的，所以他试图去发现它被创造出来的目的是什么。他赞同赫尔墨斯主义思想家的观点，认为心脏“应被称为生命的起点和我们小宇宙的太阳，正如太阳应被称为世界的心脏一样”。[37]

今天，我们对心脏和血液循环的理解仍然是以哈维的工作成果为基础的。血液通过一个叫作主动脉的管道离开心脏时富含氧气，因而是鲜红色的。携带氧气的血液通过动脉输送到身体各处，而动脉又不断分支，变成越来越小的血管，一直到肉眼看不见。这些微小的毛细血管十分狭窄，血细胞只能一个一个地通过。毛细血管输送血液经过身体各组织，氧气在各组织处被卸下。其后，与氧气分离的蓝紫色血液经由毛细血管进入比它宽的静脉。这些血管就像大河的支流一样连接在一起，大河最终流回心脏。

心脏本身分为两半，由无法渗透的厚肌壁隔开。每一半有两个相互连接的腔室，一个心房和一个心室。心房为那些等着被相应心室泵出的血液提供了一个池。血液经过体循环流入右心房，然后由右心室经由肺动脉泵入肺。血液在肺里再次与氧气结合后返回左心房，再由左心室泵回主动脉。

对于受得了活体解剖那血淋淋的描述的读者来说，哈维 1628 年出版的《心血运动论》（*On the Motion of the Heart*）的逻辑仍能给人留下深刻印象。哈维在计算心脏推动多少血液在身体中循环时发现，这个量远远超过肝脏实际产生的血量。显然，血液是被人体重复使用了，因为瓣膜的存在意味着血液只能朝一个方向运动，所以血液必定是循环运动的。当然，找出完整的循环路径仍然是不可能的，因为毛细血管不借助显微镜是观察不到的，但哈维的论著足以让许多人信服。不过，也不是所有人都愿意相信他，他抱怨说，书出版后自己的病人减少了，因为他们不愿将自己的健康托付给这样一个怀有新奇想法的人。[38]

可悲的是，尽管盖伦的权威已经被帕拉塞尔苏斯和哈维之类的人严重削弱，医学在临床实践方面取得的有效进展却仍是微乎其微。如果没有新的医学理论来取代旧的理论基础，以此催生新的治疗方法，那么破坏旧的理论基础便无济于事。四种体液的理论仍是诊断的基础，因为别无选择。采用哈维的观点进行输血的尝试失败了，失败的原因我们现在知道是因为血型不同。如果输错了血型，病人就会死亡。由于当时医生对血型的概念一无所知（更不用说鉴定血型的方法），输血治疗经常导致病人不明不白地死亡。[39]

鉴于魔法世界观在上流社会中销声匿迹，共感和其他替代观念也不再受人青睐。新教徒甚至倾向于否认宗教奇迹。莫名其妙的是，科学医学虽然已经击败了它的主要竞争对手，其实际医疗效果却比对手中的任何一个都要逊色。因此，19 世纪中期以前的医学史，除了意义重大的天花疫苗之外，就是一部失败史。虽然大多数医生对他们给病人放血所造成的伤害麻木不仁，但针对这种做法也有一些早期的批评。例如，美国第三任总统托马斯·杰斐逊（Thomas Jefferson，1743—1826）——同时也是一位著名的博学者——在 1806 年哀叹道：

> 就我们对动物机体的认识而言，哈维对血液循环的发现是一次出色的补充，但是回顾那个时代之前和之后的医学实践，我却没有看到基于这一发现的任何重大进展。[40]

万幸的是，在物理学和天文学领域，16 世纪的自然哲学家能够更多地受惠于中世纪奠定的基础。

第十七章

人文主义天文学与尼古拉·哥白尼

人文主义者最喜欢的事莫过于无谓的争吵。他们不是以异端邪说，而是以学术无能来相互指责，这要糟糕得多。（在这种指责下）宝贵的赞助有丧失之虞，如果一个人文主义者未能在宫廷里谋得一官半职，他至少可以对那些拥有职位的人文主义者进行诽谤。

一场最激烈的争论发生在特拉布宗的乔治（George of Trebizond，1395—1486）和巴西尔·贝萨里翁（Basil Bessarion，1403—1472）之间，他们争论的问题是：代表希腊哲学巅峰的人究竟是柏拉图还是亚里士多德？争论双方都是 15 世纪中叶在意大利谋生的土生土长的希腊人。对于特拉布宗的乔治，人们更熟悉的是他的拉丁名——特拉佩尊蒂乌斯（Trapezuntius），他实际上来自克里特[1]。而贝萨里翁才真是来自特拉布宗——一个位于黑海东南岸的希腊飞地。[2]今天，他最为人所知的身份是手稿收藏家。威尼斯的圣马可图书馆藏有一千多部他临终前捐赠给这座城市的书籍。[3]

意大利人当时正在呼吁翻译古希腊文献，而特拉佩尊蒂乌斯提供了源源不断的译本。他翻译速度虽快，但粗疏草率，他觉得很少有人能发现自己的错误，因为人们缺少必要的语言技能。贝萨里翁就是发现错误的人之一。虽然他们分歧的根源是哲学问题，但贝萨里翁很喜欢将对手犯的错误汇编成长长的清单。特拉佩尊蒂乌斯既不能自圆其说，也没有勇气承认自己犯了错误，这加重了他的耻辱。当贝萨里翁由于其魅力及随和态度被提升为枢机主教时，特拉佩尊蒂乌斯却不得不跑到那不勒斯去逃避丑闻。

乔治·佩尔巴赫的新天文学

君士坦丁堡于1453年落入土耳其人之手时，将这个城市视为自己家的贝萨里翁致力于开始一场解放它的十字军东征。为此，他需要神圣罗马帝国皇帝的支持，于是，他在1460年前往维也纳觐见皇帝。令他失望的是，事情并不顺利，十字军东征没有发动起来。

不过，贝萨里翁在维也纳结识了乔治·佩尔巴赫（George Peurbach，1423—1461）。佩尔巴赫是库萨的尼古拉的朋友、皇帝的御用占星家，对数学有浓厚的兴趣，这在人文主义者中实属罕见。[4]枢机主教心里仍惦记着与特拉佩尊蒂乌斯的战斗，他认为佩尔巴赫的天文学和文学专长将帮他在论战中开辟第二战场。1450年，特拉佩尊蒂乌斯出版了托勒密《天文学大成》的新译本，这个译本是直接从希腊语原著译为拉丁语的，它本应取代12世纪时经阿拉伯语转译的中世纪译本。像往常一样，特拉佩尊蒂乌斯仓促草率的译作再次让人失望。《天文学大成》是一部复杂到令人生畏的论著，须翻译精准，译本才有用处。新译本既没有表现出翻译上的精准，也没有表现出数学上的熟巧，其失败引来众人的嘲笑。[5]为了让特拉佩尊蒂乌斯更加难堪，贝萨里翁决定请佩尔巴赫给《天文学大成》写一部概要，佩尔巴赫拥有全部必备的技能，完成这件事绰绰有余。[6]已经写出了中世纪《行星理论》（*Planetary Theories*）最新版本的佩尔巴赫立刻着手操作。

佩尔巴赫在次年去世前，迅速地完成了概要一书十三卷中的六卷。临终时，他把这项计划交给了自己的学生兼合作者约翰·米勒（Johann Müller）——人们更熟悉的名字是雷吉奥蒙塔努斯（Regiomontanus，1437—1476）。师生二人都是德国人，都曾去维也纳求学并寻找赞助。他们共同的愿望是作出尽可能准确的天文预言；将这个目标与官方占星家的身份协调一致，对他们二人都不是难事。总之，没有精确的星表，占星术便是不可能的。佩尔巴赫已经发现，有一次月食的时间比标准星表的预测早了八分钟。[7]这里所说的标准星表是1252年编制的，也许在我们看来，它预测两个世纪之后的事件的准确程度已经相当出色了，但是对佩尔巴赫和雷吉奥蒙塔努斯来说却还不够好。

雷吉奥蒙塔努斯在1463年完成了《天文学大成》的概要。老师去世之后，他进入了枢机主教贝萨里翁在罗马的宅第①。雷吉奥蒙塔努斯将自己余生的精力用来修正希腊和阿拉伯天文学，他试图用新的观察和最先进的数学方法来达到这个目的。有传言称他是因为参与了贝萨里翁的计划而被特拉佩尊蒂乌斯派人毒死的。[8]这件事就算是真的，也是文艺复兴时期意大利政治中的常见现象。

《论各种三角形》是雷吉奥蒙塔努斯于1464年写的一部三角

---

① 贝萨里翁为一些学者提供赞助，其宅第实质上是一个学术中心。

学指南，通常被认为是该学科的起源。事实上，沃灵福德的理查德早在14世纪初就以阿拉伯和希腊的典范为基础写过一部类似的论著。[9]雷吉奥蒙塔努斯也许没有直接使用沃灵福德的理查德的著作，但他手中肯定有一份理查德论著的草稿，这部论著讲的是如何制作新型天文仪器“阿尔比恩”①，书中有大量的三角学资料。[10]

观天

托勒密同亚里士多德和几乎所有人一样，认为地球静止在宇宙的中心，而包括月亮和太阳在内的行星围绕地球运行。在中世纪的欧洲，没有人不同意这一点，虽然尼科尔·奥雷姆提出过地球自转的想法。另一方面，行星究竟如何排列，按什么顺序排列，仍是有争议的问题。

今天，许多人很难在夜空中认出行星。行星接近地球时，最容易观察到的是火星，因为它亮度较高，而且它的红色也比较显眼。金星甚至更亮，但它在天空中一直处于较低的位置，因此往往较难找到；它出现在日落后或日出前，因而被称作昏星或晨星。木星和土星通常都能看到，虽然后者很难与普通恒星区别开，除非你知道自己在找什么。水星很暗，比金星离地平线更近。直到18世纪，已知的行星仅有这五颗。

我们现在知道，水星和金星之所以只能在日出或日落前后可见，是因为两颗行星的轨道都比地球更靠近太阳。这意味着我们只能在面向太阳的方向看到它们，但天空中有太阳时，它们显然是看不见的。在古代和中世纪的世界里，这两颗行星与太阳的联

① 参看本书第十章。

系方式是个谜。一些人认为它们确实是围绕太阳运行而不是地球，尽管这并不是一种普遍的观点。外行星——火星、木星和土星——的摄动周期也与太阳轨道周期相同，按道理似乎不应是这样。

古希腊人自毕达哥拉斯起便相信，行星进行永恒不变的匀速圆周运动。[11]按照他们的世界观，天是完美的，所以行星的运动必然会反映这一点。行星们却无视这一理论，不按规矩行事。就算这些行星是沿圆形轨道绕地球运行，它们在天空中的运动也并非匀速。更糟的是，这些行星会不时地逆行。最后，行星的亮度（和月亮的大小）会随着年月不同而变化。如果它们与地球的距离始终如一，就不应该出现这种情况。

托勒密给出了这些问题的答案，但他的解决方案很复杂。关于行星有条不紊地掠过天空的想法在极其烦琐的几何问题的迷雾中失去了方向。他的方法本质上是给每个行星分配几个不同的匀速圆周运动，这些运动叠加在一起的效果与观测到的运动非常接近。他的两个主要模型是“偏心圆”和“本轮”。偏心圆轨道是不以地球为中心的轨道，这意味着行星并非总是与地球保持相同的距离。本轮是一个较小的圆，行星围绕它转动，同时，本轮又绕着较大的偏心圆轨道运行。通过控制各个圆的转速，托勒密能够为他在天空中观察到的运动（包括逆行和速度变化）建立模型。他还可以借助偏心圆和本轮带动行星靠近和远离地球的事实来解释行星的不同亮度和月亮的大小变化。为了使这些模型切合他的观察，他还必须使用一种叫作“偏心匀速点”的构造，这个模型太过复杂，无法在这里描述和解释。[12]

许多自然哲学家都厌恶托勒密的体系，因为它把天上搞得一团糟。匀速圆周运动的最初原则在一大堆几何构造之中消失。这对犹太人、基督徒和穆斯林来说尤为尴尬，因为他们相信上帝创造的世界是完美的。天既然如此混乱，怎么会是上帝的作品呢?

在穆斯林埃及，后来给托马斯·阿奎那以启发的犹太哲学家摩西·迈蒙尼德在他的《迷途指津》中曾努力解决这一问题。他最终被迫承认，天文学家除了找到同观测到的天体运动相符的假设之外，什么也做不了。他希望继自己之后有人能证明行星的实际运动方式。[13]让·布里丹认为本轮从物理上讲是荒谬的，因而排斥这一模型，但他觉得偏心圆轨道是可以接受的。[14]尽管如此，他依然无法让理论与观察相一致。遗憾的是，没有人能拿出一个方案来取代托勒密的模型，再现在天空中观测到的行星运动轨迹。

天的物理结构也是一个争论的来源。古希腊人将天设想为一系列壳状物，所有行星都镶嵌于其上。佩尔巴赫将这一方案与托勒密的本轮结合在一起，提出了实心水晶球的宇宙假设。每个球必须足够厚，以便行星在离地球最近和最远时都能被其容纳。阿拉伯天文学家在假设球体之间没有空隙的基础上，计算出宇宙从地球中心到“恒星”的总半径为 9 000 万英里（大约是我们今天测出的日地距离）。[15]这个数量级的大略数字在古代已经被确定下来，在中世纪也是众所周知的。[16]这仅仅是假设行星天球之间没有间隙的条件下宇宙的最小尺寸。没有人能说中世纪的宇宙小，尽管我们今天知道的宇宙要大得多。

佩尔巴赫和雷吉奥蒙塔努斯揭示了托勒密体系存在的问题，但没有提出替代方案。佩尔巴赫也意识到，月亮视尺寸的差异并不像托勒密的模型所预测的那么大。随着佩尔巴赫和雷吉奥蒙塔努斯著作数以千计的印刷本被销售到欧洲各地的大学生手中，他们的洞见传播开来。他们撰写《天文学大成》概要的事情也许是起自一场学术争论以及占星家对精确星表的需要，但这并未妨碍这部概要成为天文学理论的前沿之作。托勒密早已被意识到的缺陷，到现在所有的人都已看清，于是一些天文学家开始研究替代方案。

哥白尼的生平

1543年，一位名叫尼古拉·哥白尼的波兰神职人员在行将就木之时终于发表了他对天文学争论的贡献。这是一部叫作《天球运行论》（*Revolutions of the Heavenly Spheres*）的著作。在书中，哥白尼称自己证明了太阳是宇宙的中心，地球和其他行星都围绕太阳运行。他的朋友安德烈亚斯·奥西安德（Andreas Osiander，1498—1552）在书前面加了一个序言，稍微缓和了这种激进思想的冲击力；他在序言中说，这个理论只是作为一个假设，而不是作为一个事实呈现给读者。[17]哥白尼对这个后来加上去的序言作何感想并没有被记录下来，因为他在书出版时已经去世了。奥西安德之所以写这个序言，是因为他觉得地球在高速穿过空间的同时又绕轴自转的想法是荒谬的，他知道欧洲的知识精英们会同意他的看法。教会不可能施加压力，也不可能试图查禁这本书，毕竟书是献给教皇保罗三世（Paul III，1468—1549）本人的。这在那个所有学者都需要赞助的年代是天经地义的事，许多书都是献给王公的，而且上面都题有盛赞王室美德的献词。保罗三世也是另一本书的题献对象，这本书在哥白尼著作发表前五年提出了一个经过改进的天文学模型。[18]所有迹象表明，教皇虽然喜欢那些恭维话，但这两本书一本都没读过。

宣称"地球在运动"的真正问题是，几乎所有可以得到的证据和所有专家的意见都反对这一点。我们在第十二章看到，让·

布里丹和尼科尔·奥雷姆在14世纪是如何提出地球自转的观点的。奥雷姆的结论是，从物理上讲没有任何理由拒绝这个假说，但假说也无法从正面证实。另一方面，反对地球绕太阳运行的物理证据确实存在。当我们每天晚上仰望星空时，我们看到星星是以相同的样式固定在天穹上的，这种样式称为星座。如果地球在运动，我们应该会看到星星的相对位置随着地球沿其轨道运行而发生变化。例如，一颗在仲冬时位于头顶正方上的星星在仲夏时应该会偏向一边。

为了更好地理解这个称为“恒星视差”的现象，我们可以回想一下，有多少孩子相信在他们乘车时，月亮会跟着他们一起运动。这是因为，无论汽车运动多远的距离，月亮的方向和大小都不会改变。相比之下，所有附近的日常物品都会随着我们接近和经过它们而穿越我们的视野。这条规则的唯一例外是另一辆跟着我们一起运动的车。所以孩子觉得月亮在跟随自己运动也是一样的道理。当然，月亮的大小和方向看似不变的真正原因是，与日常的道路行驶距离相比，月亮离我们的距离过于遥远。

如果把运动的汽车换成运动的地球，我们就会注意到，即使我们走完了整个地球轨道的距离，星星的方向和亮度也仍是原来的样子。这必然意味着，要么星星远得出奇，要么地球压根就没有动——正如中世纪时所有人认为的那样。[19]

人们常常把哥白尼想象成一个工作在欧洲边缘的、孤独的革命性天才。然而，当时的波兰并不是穷乡僻壤，而是一个庞大联邦的一部分，国王西吉斯蒙德一世（Sigismund I，1467—1548）是欧洲最有权势的君主之一，他是艺术赞助人，与伊拉斯谟有书信往来。原名“Nikolaj Kopernik”的哥白尼按照通常的习惯采用了拉丁文名字，以突出自己与世界各地精英的联系。他在担任埃尔梅兰（Ermeland）主教的叔叔家里长大，从1491年起在克拉科夫大学（university of Cracow）学习。五年后，他前往意大利继续学业。他在古老的博洛尼亚大学和帕多瓦大学学习了一段时间，后来在费拉拉大学（University of Ferrara）获得了教会法学位。[20]他在意大利总共度过了十年的时光，在这段时间，他接触到马尔西利奥·菲奇诺所写的时兴的柏拉图主义作品。与此同时，中世纪自然哲学家的著作纷纷在威尼斯印刷出版，供附近的大学使用。除了用欧几里德的《几何原本》学习几何学之外，哥白尼还用佩尔巴赫的教科书学习天文学。

回到波兰后，哥白尼过上了他那个阶层受过良好教育的人所特有的舒适、悠闲的生活。他的叔叔给他介绍了一个弗龙堡大教堂（Frombork Cathedral）的教士职位，薪俸可观，而且工作也不是很多。这类职位深受学者们的欢迎，因为这类职位既提供了稳定的收入，又没有繁重的事务。你也许还记得，12世纪的彼得·阿伯拉尔就拥有一个这样的职位。两百年后的尼科尔·奥雷姆和奥特库尔的尼古拉同样如此。哥白尼有必要的家庭关系，得到这样一个职位是意料之中的事，而拥有这个职位意味着他有大把的时间沉浸于自己钟爱的天文学。

哥白尼首先是在1507年之后的某个时间以手稿形式表达了一些日心说的思想。[21]他的同时代人认为他的方案虽然有趣，但肯定是错误的。在这次失败之后，他回到制图板上，试图构建一种能够经受住同侪仔细检查的、切实可行的宇宙学。他读了雷吉奥蒙塔努斯的三角学论著，发现书中包含了完善自己的工作所需要的数学技巧。[22]结果便是《天球运行论》的诞生，这部著作至今仍是人类创造力的伟大胜利。

与科学史上的一些名著不同，这不是大多数人可以随便拿起来就读的著作。这部书的大部分内容是运用当时最前沿的几何学对托勒密体系的全盘改造。虽然几何学是大学中所有准备攻读艺学硕士学位者的基础课程，但哥白尼的书仍然非常高深。

哥白尼提出的日心体系虽然经过了多年的努力，却并不比托勒密的体系简单很多。哥白尼设法减少了本轮的数量，日心体系也解释了为什么水星和金星总是待在离太阳很近的地方。前面我们已经讲过，二者之所以必然如此，是因为它们的运行轨道比我们更接近太阳。

不幸的是，哥白尼无法直接证明为什么地球绕太阳运行而不是相反。而且，反对地球运动的证据似乎仍然很有力——众星依然一动不动。没有恒星视差就意味着，要么宇宙比任何人先前想象的大很多很多（他们已经认为它非常大了），要么哥白尼是错的。他用一些巧妙的办法解决了这个问题。人们意识到，宇宙是如此之大，所以不管你从地球上的哪个地方观察它，它看起来都是一样的。哥白尼便说，宇宙确实大到不可名状，以至于从地球轨道上的任何一点上看，宇宙似乎都是一样的。[23]要做到这一点，他必须把宇宙的大小增加约 10 亿倍。这种解释违背了剃刀原则——自然不会做任何不必要的事情。为了让宇宙符合自己的理论，哥白尼让宇宙远远超出了它的必要大小。我们今天知道他是对的，但他的理由并不能让人信服。

《天球运行论》的来源

地球围绕太阳运行的观念，哥白尼是在哪里发现的？为什么他一开始就愿意考虑这样一个荒谬的意见呢？他在书的序言中解释说，自己与当时的许多人一样对当时流行的宇宙模型不满。他想要的是一个世界机器的模型，这个模型要配得上其创造者——他称之为“最优秀、最有条理的工匠”。[24]在哥白尼看来，托勒密的体系太过凌乱，不可能是上帝设计的。他说，正因为如此，他阅读了所有能找到的哲学书籍以寻找替代方案。

一位不出名的希腊天文学家——萨摩斯的阿利斯塔克（Aristarchus of Samos，约公元前 310—前 230）曾认为地球绕太阳运行。哥白尼若想从古人那里给自己的观点寻找某种合法性，阿利斯塔克显然是最好的机会。但哥白尼从《天球运行论》的最终版本中剔除了所有提及阿利斯塔克的地方，[25]他反倒是引用了毕达哥拉斯的各类追随者的话，尽管他们实际上并不支持他的理论。这是因为马尔西利奥·菲奇诺的新柏拉图主义对他的影响最大。柏拉图主义者将毕达哥拉斯视为智慧的源泉，所以哥白尼引用了他的追随者而不是萨摩斯的阿利斯塔克的话。菲奇诺意识到太阳比地球或其他任何行星都大得多，据他估计，太阳的大小是地球的 160 倍。他写道：“一切天上的事物都依照神圣的法则产生，复归于唯一的太阳，天的君宰。”[26]不只是菲奇诺，整个意大利都充斥着关于太阳的神秘理论，这些理论将太阳置于宇宙的中心，即使不是字面意义上的中心，也是比喻意义上的中心。一位新柏拉图主义智者弗朗切斯科·乔治（Francisco Giorgi，1466—1540）在 1525 年出版的一本书中将太阳称为“天之心”。[27]这从时间上来说太晚了，不会对哥白尼有直接影响，但它却表明了哥白尼在接受教育时处于怎样的时代精神之中。我们甚至发现，哥白尼还引用了赫尔墨斯·特利斯墨吉斯忒斯的说法：太阳是可见之神。[28]

至于论证地球自转的技术细节，哥白尼似乎直接取自让·布里丹的作品。他们两人都认为地球转动比整个宇宙转动更符合思维经济原则。试比较以下两段话。首先是布里丹在大约 1350 年写的：

> 如果有人在一艘运动着的船上想象自己处于静止状态，那么他倘若看到另一艘真正处于静止状态的船，就会觉得那艘船是在运动了……因此，我们也可以假定太阳天球在每一处都是静止的，这样载着我们的地球就在自转。但既然我们料想自己处于静止状态……那么太阳在我们看来就是升起而后落下，就像它在运动而我们处于静止状态一样。[29]

哥白尼在两百年后写道：

> 当船在平静的海面上航行时，船员们会觉得外面的一切似乎都在按照自己想象的方式运动，而他们自己以及身边的东西都处于静止状态。所以换作地球的运动也很容易发生类似的情况：人们会相信整个宇宙都在旋转（而地球处于静止状态）。[30]

晚至 1516 年，布里丹“仍然统治着巴黎大学的物理学科”。[31]他的作品的评注是由克拉科夫大学的几位老师撰写的，他们写的时候哥白尼正在那里学习。[32]不错，布里丹和奥雷姆只讨论了地球自转的问题，但用他们的论证方式来说明地球绕太阳运行同样站得住脚。即使哥白尼无法直接接触到布里丹的作品，也可以在库萨的尼古拉的《论有学识的无知》中见到相同的论证。[33]在哥白尼之前，库萨的尼古拉甚至也在帕多瓦大学学习过，而且同样是在 15 世纪。

哥白尼之前的穆斯林天文学家发现的定理也被纳入《天球运行论》中。例如，波斯天文学家图斯人奈绥尔丁（Nasir al-Din al-Tusi，1201—1274）的几何模型被用来在两个圆周中构造直线运动，历史学家称之为图斯双圆（Tusi couple）。哥白尼的双圆示意图与阿拉伯手稿有着惊人的相似之处，更不用说他还使用了相同的定理。[34]此外，他的月球模型与叙利亚人伊本·沙提尔（Ibn al-Shatir，死于 1375 年）发明的模型完全相同。[35]

哥白尼在意大利时可能已经听说了这些想法。遗憾的是，历史学家还无法确定他具体是从哪里得知的。他不太可能真正读过载有这些定理的阿拉伯语论著，因为他不懂阿拉伯语，而且也没有记录显示这些论著被翻译过。因此，穆斯林天文学进入西方科学这部开创性著作的途径仍是个谜。[36]

因此，哥白尼不是重新发现古代智慧的孤独天才。他是早就存在的欧洲自然哲学学派的一员，这个学派可以追溯到孔什的威廉和巴斯的阿德拉德，它受到相应的神秘学思想和阿拉伯传统的交互影响。这不是说日心说不激进、不新颖，但《天球运行论》是用中世纪思想家的语言写成的，而且使用了他们的论证。如果让·布里丹偶然得知了日心说，那么他将会完美地理解这种思想，远胜于我们今天的理解程度，尽管他可能会心怀敬意地拒绝其论点。

哥白尼的影响

人们对哥白尼作品的最初反应是沉默。高难度的数学内容意味着书的读者不会多，而且他的观点乍看起来似乎是荒谬的。马丁·路德有一天在吃晚饭时说，他认为哥白尼的想法只是一种为了吸引人们的注意力而发明的新奇理论。天文学家则拥有更深刻的印象。[37]尽管他们不赞同地球运动，但他们意识到哥白尼的体系比现行方法更易于应用。1551 年，有人采用《天球运行论》的方法进行计算，编制了一套新的天文表，这套表堪与中世纪流行的版本相媲美。甚至天主教会也发现哥白尼在历法改革领域有其用处。

历法问题困扰高级神职人员已经有几个世纪。整个中世纪，欧洲使用的是 365 天为一年，每四年置一闰的历法，这个历法是尤利乌斯・凯撒（Julius Caesar，公元前 100—前 44）制订的。不幸的是，这个历法不是完全准确，因为它使每一年的时间平均多出了约十一分钟。这听起来好像不多，但到了 1500 年，误差已经累积到了将近十天。对教会来说最迫切的问题是，人们会在错误的时间庆祝基督教节日。但这个历法也有其他更为实际的缺点。在 15 世纪，枢机主教皮埃尔・德阿伊和库萨的尼古拉曾对改革历法的呼声表示支持；但一直到宗教改革之后历法在天主教会整肃纲纪时成为众多被改变的事情之一，历法改革才有了动静。

16 世纪 70 年代，教皇格里高利十三世成立了一个委员会来确定改革方法和实施方式。因为哥白尼的体系使计算更容易，委员会便使用他的体系而不是托勒密体系来确定一年的长度。经过近十年的考虑之后，委员会向教皇提交了一份报告。1582 年的十月被减掉了十天，历法与太阳年被重新对齐。为了防止二者再次飘离，新的历法每四个世纪就减掉三个闰年。[38]不幸的是，在天主教会整理好历法的时候，新教国家已不再接受教皇的命令。因此，他们只是渐渐地采用格里高利历。今天，这给历史学家带来了无尽的麻烦，不同的国家使用不同的历法有几个世纪之久。一封从信奉新教的英格兰寄到信奉天主教的法国的信件可能在其投寄日期之前就已寄达。英国最后直到 1752 年才采用改革后的历法，当年的九月至少被减掉了十二天。有故事说，这一变动刺激了一些暴徒，他们要求把他们失去的日子还回去。可惜这些故事是杜撰的，但这一变动确实是英国课税年度（tax year）在 4 月 5 日而不是传统的季度结账日（quarter day）3 月 25 日结束的原因。[39]

在接下来的半个世纪，几乎没有任何关于哥白尼著作的核心思想即“地球绕太阳运行”的消息。虽然天文学家知道这个观点，而且不时对其进行讨论，但很少有人相信它。[40]只有当关于天的构造的新证据被揭示出来时，大家才开始谈论哥白尼。

第十八章

天文学改革

欧洲天文学家所围绕的太阳（或地球，取决于你的观点）是身兼耶稣会士的教授克里斯托弗·克拉维于斯（Christopher Clavius，1538—1612）。他曾是历法改革委员会中一名年轻的技术顾问，但在实际进行改革时，他的级别已没那么低了；他的职责是向天主教世界解释新的历法体系。他还以评注萨克罗博斯科《天球论》的形式写了一本天文学教科书，在漫长的职业生涯中，一直让这本书的内容与时俱进。[1]

克拉维于斯活跃于16世纪晚期，这个时代的天文学处在一种混乱的状态之中。哥白尼让地球动起来的激进方案一开始并不是天文学家关注的主要问题。毋宁说他们的问题是大量的天文异象，这些现象要么不遵守亚里士多德和托勒密的理论，要么根本就不应该出现。克拉维于斯的教科书在他的有生之年成了陷入迷惘的天文学家的优秀向导。

彗星与超新星

16 世纪 70 年代出现了两个天文异象，它们对当时的既有观念构成了挑战。第一个是仙后座的新星，第二个是彗星。在这些事件发生之前，所有人都认为天是不变的，行星从一开始就一直沿着相同的轨道运动。新星不可能出现，至于彗星，亚里士多德曾说过它们是大气之内的现象。[2]中世纪的人们认为彗星和日月食完全是自然现象，同时也是来自上帝的兆示。[3]哈雷彗星于 1456 年出现之时，土耳其人征服君士坦丁堡给人们带来的恐慌仍然很强烈，而土耳其人也将自己的营寨扎在了贝尔格莱德（Belgrade）城外。天空中的预兆只会加剧人们对灾难即将来临的担忧。不过，教皇卡利斯图斯三世（Callistus III，1378—1458）孤注一掷地将彗星革除教籍的故事只是一个传说。

杰罗姆·卡丹是少数不同意亚里士多德观点的权威人士之一，他认为彗星可能起源于恒星，而不是出自大气之中。[4]但他的观点对天文学家影响不大。很少有欧洲人注意到，中国和伊斯兰天文学家曾详细记录了公元 185 年、1006 年和 1054 年的“客星”。这可能是因为西方人认为天是不变的，而这与新的星体的出现完全不相容。然而，1572 年的新星（当然，*nova* 在拉丁语中就是“新”的意思）是不可能被忽视的。对于最专注的观天者来说，这为检验天永不变化的理论提供了一次难得的机会。

1572 年的事件就是我们现在所说的超新星，即一颗大质量恒星的爆炸，其亮度比太阳高几百万倍。1572 年的超新星爆发虽然发生在 7 500 光年之外，但在白天也能看见，而且比金星更亮。虽然它在最初的爆炸之后迅速变暗，但可见的时间一共持续了约

15 个月。欧洲各地的天文学家对其进行了观测。当时，人人都想知道答案的大问题是：新星在哪里？根据传统观点，这应该是大气内的反常现象；但细致的观察证明，这是不可能的。在新星可见的 15 个月里，天文学家对其与邻近恒星的相对位置进行了极为仔细的测量。克拉维于斯比对了所有这些信息，发现新星的位置对所有观察者来说完全相同；这意味着新星必定比月亮更远，天不会变化的理论被证明是错误的。克拉维于斯本人在 1585 年版的教科书中谨慎地承认了这一点。

> 如果这是真的（出现了一颗新的星），那么亚里士多德的追随者就应该想想他们如何才能捍卫他对天的看法了。因为，也许应该说，天不是由第五元素，而是由可变的天体构成的——尽管相比于地球上的物质，它更不易朽坏……不论最终证明它是什么（对这些问题我不予置评），目前对我来说，知道我们谈论的星是位于恒星天球上就够了。[5]

1604 年出现的另一颗新星证实了这个结论。

第二个事件是在 1577 年，这一年，一颗巨大的彗星出现在天空中。奇怪的是，克拉维于斯在他的教科书中几乎没怎么提这个事，尽管许多天文学家都仔细研究了这颗彗星的运动。这些人中最著名的是一位性情暴躁的丹麦人，名叫第谷·布拉赫（Tycho Brahe，1546—1601）。第谷出生在瑞典南部一个与丹麦王室关系密切的贵族家庭，当时，瑞典南部处于丹麦的统治之下。他由叔叔抚养长大，十三岁时被送到哥本哈根大学。在那里，他看到了日偏食，并对这个现象产生了浓厚的兴趣。更吸引他的不是现象本身，而是这个事件很早就被预测到了。他买来一些天文学教科书，包括《天文学大成》，开始尽可能多地了解这个学科。第谷在莱比锡继续自己的学业，同时借此机会广泛游历德国和瑞士。1572 年，他的父亲和抚养他的叔叔去世。[6]他回到丹麦，发现自己已经继承了遗产，所以有空继续自己的研究兴趣了。新星在那年 11 月初爆炸时，他已经准备好了。

像所有人一样，第谷也想测量新星的视差。也就是试着通过仔细观察新星如何在恒星的背景下移动来计算其距离。然而与别人不同的是，他使用的技术手段可能更精确。两次观测的地点隔得越远，视差的测量结果就越好。克拉维于斯在欧洲各地都有通讯员，所以他的观测地点之间隔了几千英里——从西西里岛到德国。第谷本人甚至都没有出丹麦就从相隔 10 000 英里的两个地点进行了观测。既然地球在旋转（第谷认为整个天空在旋转，地球静止不动，但原理是一样的），那么若是他的两次观测时间相隔 12 个小时，他就获得了两个观测点之间的最大距离。这并非易事，但第谷是一个非常耐心和熟练的观察者，他有自己的定制工具。即使借助这种技术，第谷也根本无法观察到新星的视差。这颗新星离我们实在太遥远了。[7]

虽然第谷的工作成果没有传到克拉维于斯工作的罗马，但他在丹麦知识界散布了自己的著作。这种对他的才能的宣传产生了预期的效果。国王很想把这个为他的统治增光添彩的人物留在丹麦。第谷想要一个专门的天文台，以便继续自己的工作。1576 年，国王将自己名下的一座岛屿给他，并为他提供资金，这些资金足以在岛上建一整座研究中心。在接下来的二十年，夹在丹麦和瑞典之间方圆 2 000 英亩的文岛（Hven）成了第谷开展自己事业的舞台。[8]

第谷已经意识到，中世纪的天文表不够精确。天文表上给出的 1563 年木星和土星的会合日期有一个月的出入。[9]既然有这么大的差错，占星家无法开展工作也就不足为怪了。第谷在他的文岛基地开始对行星运动展开一系列新的观测。与此同时，他还可以留意其他新的天文现象。没等多久，他就观察到第一个异象——1577 年的彗星。第谷又对彗星的视差进行了观测，证明它必然也是一种天界现象。他把彗星的位置定在金星之外。但与新星不同的是，彗星确实在运动，而且其运动轨道穿过其他行星的轨道。如果行星真的是镶嵌在巨大的实心天球表面被天球带着运动，彗星就必须直接穿过这些天球。佩尔巴赫的“不可穿透的壳”绝不是天文学家普遍接受的观念，但是对它的信奉者而言，第谷对这颗彗星和其他彗星的观测确实严重地削弱了这个理论。第谷本人用了很长时间才接受了这个隐含的结论，甚至直到 1588 年才把自己的成果公之于众。[10]

在自由支配文岛研究中心二十年之后，第谷与丹麦的新国王闹翻了。第谷那时名气已经很大，不得不忍受岛上源源不断的访客。在国王看来，他成了一个昂贵的嗜好，于是削减了他的津贴，坚持让他节约。第谷不高兴，而且他也不是那种逆来顺受的人——他在年轻的时候曾与人决斗，失去了一块鼻子，而决斗是为了一件历史上毫无记载的琐事。被国王惹恼的第谷离开文岛去寻找新的金主。第谷的名声使他很快找到了全世界最富有的赞助人——神圣罗马帝国皇帝鲁道夫二世（Rudolf II，1552—1612）。1599 年，第谷带着自己的仪器、学生和档案，迁到了布拉格。[11]还未在布拉格安顿好，第谷就去世了，他那二十年的观测记录都还没来得及发表。但此前他已将大量的初步发现放在一本书中出版，并在书中建议对太阳系模型进行彻底改造。

读者应该还记得，托勒密及其追随者比如克拉维于斯，相信所有的行星——包括太阳和月亮——都绕地球运行。第谷意识到，自己的观察说明这种观点已无可能。他继续把地球定在宇宙的中心不动，让太阳和月亮绕着它转。但其他五个行星——水星、金星、火星、木星和土星——却绕太阳运行。这种安排的主要问题是，为了得到与自己的观测相匹配的模型，第谷不得不接受太阳的轨道与火星相交。如果像佩尔巴赫相信的那样，天是由一系列实心球体构成，那轨道相交就是不可能的。第谷一开始绝望了，但后来他意识到，1577 年对彗星的观测结果中已经包含了反驳实心球模型的数据。[12]

然而，克拉维于斯坚持托勒密的实心球模型，拒绝了第谷的模型，尽管他称赞第谷为“杰出的天文学家”。[13]克拉维于斯对他称之为“我们这个时代卓越的天文学家”的哥白尼的反应更复杂。[14]克拉维于斯拒绝了地球运动的想法，但他很乐于利用哥白尼的数学思想。加以适当的改动之后，他将这些思想用来修补托勒密式的宇宙图景。克拉维于斯的教科书不厌其烦地用大量篇幅驳斥哥白尼，但对第谷的替代方案却不屑一提。[15]

磁性地球

尽管克拉维于斯对哥白尼理论的讨论异常充分，但他并不是唯一一个提到哥白尼理论的天文学家。在英国，“地球是否运动”是牛津大学在 16 世纪 70 年代以前一直在争论的问题，这一时期用英语写作的天文教科书也对这个问题进行了简要的讨论。这并非意味着有很多人同意哥白尼的观点。在 1600 年之前，几乎没有人赞成哥白尼的看法。英国医生威廉·吉尔伯特（William Gilbert，1544—1603）是为数不多的哥白尼支持者之一。

吉尔伯特于 1558 年进入剑桥大学圣约翰学院（St John's College）。此时，圣约翰学院是牛津剑桥（Oxbridge）中数学氛围最浓的学院，在数学这个科目上甚至有一名拿工资的考官。因为吉尔伯特必须在学院登记表上签名，我们才知道他本人在 1565 年担任这个职位。他似乎没有把数学看成是对科学有用的辅助学科，他后来在 1569 年获得的是医学学位。[16]吉尔伯特在 16 世纪 70 年代建立了自己的诊所，1581 年之前加入了伦敦内科医学院；这意味着他属于该市最顶级的医生，这些医生生活富足，人际关系良好，而且拥有完成实验的闲暇。

吉尔伯特的学术发展过程很难弄清，因为关于他早年活动的文献我们掌握得不多。我们确实知道他不赞成亚里士多德的质料主义哲学，他的思想倾向更像是我们在前面章节讨论过的魔法世界观。他一开始是以注释的形式抨击亚里士多德对天气的看法，但没过多久，磁的神秘性质引起了他的兴趣。他开始尽可能仔细地研究磁现象。

前面我们已经讲过指南针是如何在 12 世纪出现于欧洲的，而且指南针是航海不可缺少的辅助工具。毫无疑义，指南针靠磁力运作。一些学者曾因此认为，指南针之所以指向北方，是因为北极地区有一座巨大的磁山吸引了指针。其他人如朝圣者彼得则认为指南针指向天极，指针总是与某个天界磁体的方向保持一致。到了 16 世纪，这些问题开始具有紧迫的现实意义，因为随着欧洲探险家远离熟悉的水域，他们发现自己的指南针开始出现一些奇怪的现象。磁北极与真正北方的角度相差 11 度。因此，不同地区的真正北方与指南针所指方向之间的偏离程度是不同的，这种现象称为“磁偏角”。更糟糕的是，磁偏角是不规则的，因为正如我们现在所知道的那样，地磁场也是不规则的。[17]

我们同样讲过，中世纪对磁的思考如何因为与亚里士多德的质料主义哲学不一致而受到了制约。没有人能够否认磁的存在，但对这种神秘性质的解释仍常常作为魔法被边缘化。这就是为什么自然哲学家未能在朝圣者彼得的工作基础上更进一步。彼得论及磁现象的书信于 1558 年在让·泰斯尼尔（Jean Taisnier，1508—1562）制作的一版书中被印出。泰斯尼尔虽然是神父，也是著名学者，但在 16 世纪一桩名声最坏的剽窃案中，他竟将彼得的作品据为己有。[18]最让人吃惊的是，他认为当时的人对中世纪学术的知识少得可怜，所以自己可以逃脱对学术剽窃这种可耻行为的惩罚。

吉尔伯特很熟悉彼得的论著，他用球形磁铁做的一些实验就是基于彼得的提议。尽管如此，吉尔伯特并不把这位早于自己的作家放在眼里，认为彼得“不过是在他那个时代相当博学”罢了，而且吉尔伯特也不承认自己借用的思想资源。[19]但是话又说回来，吉尔伯特取得的进步确实比彼得要大得多，而且他将自己的实验与一些有趣的理论建议结合到了一起。他表示自己可以用球形磁铁来模拟指南针的磁偏角。这意味着地球可能同样是一个充满了磁的神秘性质的巨大磁体。

吉尔伯特的精心之作已成为实验科学的典范。他的实验是为了研究被亚里士多德所忽视的一项神秘性质而准备的，这没有什么好奇怪的。激发吉尔伯特灵感的实验室传统属于炼金术士和魔法师，而不是纸上谈兵的自然哲学家。古希腊对那些靠双手谋生之人存有偏见，受这种偏见影响的高等学府中的人仍瞧不起工匠，就像内科医生瞧不起外科医生一样。吉尔伯特采用了炼金术士代代相传的耗时费力的实验手段，剥去了他们虚假的形而上学思辨，强调了他们的耐心品质、动手能力和一丝不苟的实验记录。他很清楚，实验可能是非常艰苦的工作。他一遍又一遍地重复同样的步骤，探索每一个可能的改进，并告诫他的读者，即使他们第一次尝试无法重复他的结果，也不要绝望。最后，他谨慎地区分了磁与静电，并将他的经验数据与理论分开。最后这一点很重要，因为吉尔伯特的理论思想远不如他的实验那样令人印象深刻。他相信地球不仅是一个巨大的磁体，而且还是活的。磁是地球的灵魂，是它的“星体磁心”（astral magnetic mind）。[20]对亚里士多德来说，地球是死的，它自己不会动；与亚里士多德不同，吉尔伯特认为地球是运动的，它自己会动而且有意识。他认为地球会自己转动，以便让表面的每一处都能得到阳光的温暖。整个太阳系是由一系列磁性生物排列而成，这些磁性生物受到磁力的推动，在太空中穿行。

吉尔伯特于1600年出版的《论磁》（*On the Magnet*）一书详尽地记录了他的研究和发现。这是英国人在默顿计算者之后首次享誉欧洲的自然哲学著作。吉尔伯特也是16世纪少数几个相信哥白尼的人之一。历史学家在强调他的实验和哥白尼主义之时，忽视了中世纪的朝圣者彼得对他的恩惠，从而把吉尔伯特描绘成了十足的现代科学人物。然而，我们只有无视他在带有神秘性质的传统中的位置和他本人总体的哲学立场，才能维持这种形象。平心而论，所有这些他也只是在后来的论著《新哲学》（*The New Philosophy*）中才明确地写出来，而《新哲学》从来没有像《论磁》那样受欢迎。不过，就是在较早的《论磁》一书中也能看出些端倪。

吉尔伯特的理论对欧洲中世纪传统的另一位继承者格外有吸引力，这个人在自己的宇宙论推测中广泛地使用了这些理论。他就是第谷·布拉赫的助手——约翰尼斯·开普勒。

开普勒的早期生涯

1571 年，开普勒在德国斯图加特（Stuttgart）附近出生，最初由祖父抚养，那时他的父亲从军出征不在家中。他父母的来来去去意味着他的青少年时代是支离破碎的，而且几乎没有钱用。然而，他是一个聪明的孩子，成功地拿到了一所中学的奖学金，后来到了蒂宾根大学（university of Tübingen）也是一样。他的最终目标是成为一名牧师。[21]宗教是开普勒生活的主旋律——无论是其个人信仰还是所处的社会环境都是如此。即使在那个强烈的宗教观点司空见惯的时代，他也是一个异常虔诚的人。

新教改革之后，神圣罗马帝国的宗教版图是一团乱麻。构成了帝国的大部分的德国是一些各自为政的独立小国的大杂烩，但名义上效忠神圣罗马帝国皇帝。1600 年，当时的皇帝是鲁道夫二世，他的宫廷在布拉格。第谷・布拉赫离开文岛之后，是鲁道夫给了这位脾气暴躁的天文学家一份新的工作。

一国之宗教，以及当地正统教义的执行力度，都由当地统治者决定。开普勒虽然基本上是路德的追随者，却并不赞同路德教会所有的官方教义，这使他在天主教和路德宗的管辖区域都不受欢迎。但事实上他一生中的大部分时间都受雇于天主教统治者，这些统治者发现他太有用，所以没有迫害他。

开普勒在蒂宾根接受了路德教派的大学提供的标准数学教育。给开普勒上课的天文学教授名叫米夏埃尔・马斯特林（Michael Maestlin，1550—1631），他是包括第谷和克拉维于斯在内的国际通信网络的一员。除了正式课程外，马斯特林还坚持让包括开普勒在内的自己最优秀的学生了解天文学的近况。开普勒从教授那里得知了哥白尼关于地球运动的假设以及挑战了既有知识的彗星和超新星现象。[22]开普勒的数学天分是那样突出，在他开始神学训练之前，大学就为他提供了一份教学工作，让他在位于奥地利的一个附属神学院教了几年数学。事实证明，由于对路德教义有不同意见，他从未真正回归神学。

开普勒是理论家而不是观测家。他的视力由于童年的疾病而受损，这使他完全不适合进行天文观测。然而，作为一个数学家，他几乎罕有其匹。他能成功地处理大量的数据。1596 年，他出版了自己的第一本著作《宇宙的奥秘》（*The Mystery of the Universe*）。对开普勒来说，关于世界，最重要的事实是上帝创造了它。和哥白尼一样，他相信天的构造必定会反映造物主的完美。他认为，这种完美将通过几何学的精确性展现出来。

开普勒也像哥白尼一样将太阳置于宇宙的中心。然后他安排行星绕太阳运行，但其轨道的大小由五个基本的立体图形决定：四面体（四个三角形面）、立方体、八面体（八个三角形面）、十二面体（十二个五边形）和二十面体（二十个三角形面）。[23]在这个模型中，开普勒设想水星轨道刚好在八面体之内，而接下来的金星轨道刚好就在八面体之外。金星轨道又被一个二十面体包住，其外是地球轨道。接着他放置了一个十二面体，然后是一个四面体，最后是一个立方体，两两之间都有一颗行星。而土星这颗最遥远的行星的轨道，他认为在立方体之外。这种安排的简洁性似乎为上帝的深谋远虑提供了额外的证据，但并不是完全契合。对于开普勒来说，即使是一个小小的误差也会使模型不够好。他使用五种规则立体图形的想法没有人信服，虽然他的书确实得到了一些好评。

为了完善他的工作，找到行星轨道的完美匹配，开普勒需要第谷·布拉赫用毕生精力收集的天文数据。第谷本人保守自己的数据是出了名的，但经过一些艰难的协商，鲁道夫二世终于同意让开普勒成为第谷的正式助理。他们要核对所有的数据，为将其作为《鲁道夫星表》（*Rudolphine Planetary Tables*）出版做准备。[24]

开普勒和第谷之间的工作关系不好，但不出半年，年岁较长的第谷就已生命垂危。在高烧将他带去另一个世界之前的一个清醒时刻，第谷把出版星表的计划交给了助手。不久之后，皇帝任

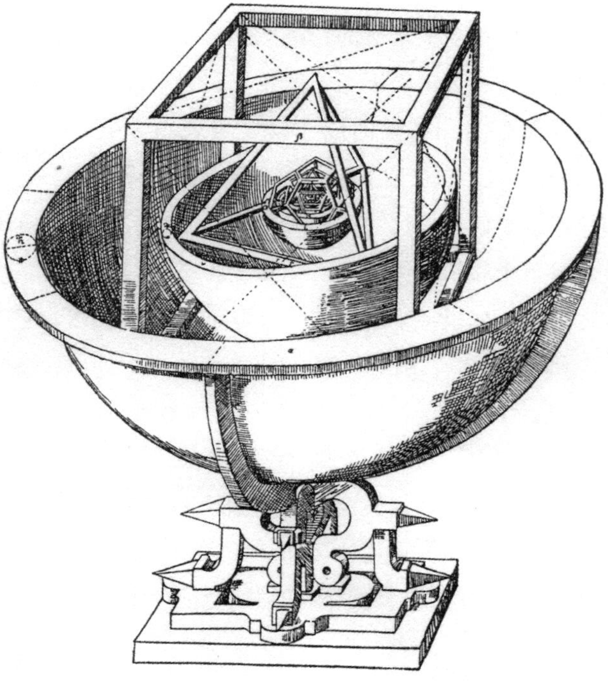

图 15　《宇宙的奥秘》（1596）中开普勒基于五种基本立体图形建立的第一个宇宙模型

命开普勒为他的新一任帝国数学家。[25]真正的宝藏——第谷二十年的观测记录——仍然是布拉赫家族的财产，这个家族给开普勒带来了无尽的麻烦，他们索要金钱，并要求决定星表的出版方式。二十五年之后，双方在使用观测数据的条件方面仍然无法达成一致，于是开普勒甩开这些，出版了星表。[26]

开普勒的太阳系模型

在接下来的几年里，开普勒终于破解了行星如何运动的难题，不过没有引起多少关注。既然开普勒已经获得了第谷的观测成果，他便可以用前所未有的精确数据来验证自己的想法。开普勒将注意力集中在火星轨道上，他发现自己以哥白尼理论为基础构造的包含偏心圆和本轮的最佳模型与观测数据有八弧分的出入，这大约是一度的十五分之二。[27]只能说开普勒学究气十足，八弧分的误差也不放过。这个细微的差别对开普勒的成功来说是如此重要，以至于后来被他称为“上帝的善举”。[28]

从古希腊人那里继承下来的天文学体系，我们可以归纳为三条公理：天的不变性、圆形轨道和匀速运动。由于 1572 年的超新星爆发，不变性这一条已被克拉维于斯和第谷摒弃。许多 16 世纪的自然哲学家也认为，另外两个公理要么不合事实，要么无关宏旨。当时兴起的怀疑论认为，准确地绘制星图是不可能的，当然也不可能知晓它们究竟如何运动。天文学不过是为天空中观测到的行星运动轨道建立最佳数学模型的尝试罢了。

开普勒拒绝怀疑论者的失败主义，尽管他的理由是宗教而非科学性质的。对他而言，天必定反映其创造者。“很长一段时间以来，我都想成为神学家，”他写道，“但是现在，看我如何通过天文学来赞美上帝。”[29]正如《圣经》所说：“诸天述说神的荣耀，穹苍传扬他的手段。”[30]在上帝那里不会有不精确存在，他没有造成八分的误差。他也不是变幻莫测的，不会把天变成一个无解之谜。如果行星的轨道是由上帝规定的，它们就必定简洁而优美。为了与自己的信仰保持一致，开普勒也完全不愿意放弃匀速运动的公理。但是行星沿圆形轨道运动只不过是希腊人对基本原则的补充，他可以放弃这条公理，不牺牲自己对上帝的精确性之信仰。

哥白尼的天文学思想也能在他自己的神学观点中找到源头。然而，哥白尼的所有计算都没有达到完全的经验精确性，因为他承认圆周运动。如今开普勒完成了宗教与科学的联姻，他对上帝的看法为他提供了假设，他也有那种将自己的想法变成一个体系的数学能力；最后，第谷的数据让他能够检查自己的体系是否切合事实。

因此，经过大量的工作，开普勒发现了行星确切的运动方式。和哥白尼一样，他意识到太阳不可能位于行星轨道的中心，行星匀速运动的速度不是它的绝对速度。事实上，行星靠近太阳时的运动速度比它们在远处时更快。开普勒发现，行星轨道与太阳的连线在任意给定的时间内会扫过相等的面积。这就是他要找的匀称性。他最大的洞见是，轨道不是圆或以圆为基础，而是椭圆。椭圆是一种像鸡蛋一样的图形，它有两个焦点。太阳总是在其中一个焦点上。开普勒后来又发现了行星绕太阳运行所需的时间与它们同太阳的距离之间的数学关系。这三条规则现在被称为“开普勒定律”：轨道是椭圆的；轨道与太阳的连线在同样的时间内扫过相等的面积；轨道周期与轨道大小有关。[31]有了开普勒定律，天文学家想要解决的行星运动问题都可以迎刃而解。

宣传自己的思想不是开普勒的强项。他写的书很多，但这些书实际上都不好读。他的定律不难解释，但你绝对不会从他晦涩难懂的解释中得出这样的看法。部分问题在于开普勒的宗教信仰。开普勒把他的科学视为一种宗教责任，写起书来就像是在完成一部复杂的神学著作。他的笔记甚至更糟。一张张手稿上的计算过程时不时被神秘的思辨和祈祷打断。尽管如此，这一点仍然属实：开普勒因为他对上帝创造力的信仰而解开了行星运动之谜。

开普勒工作的难度意味着，这些成果需要很长时间才能渗透到欧洲的意识中。开普勒的理论直到 17 世纪后期才被接受，这与其说是因为他的书，不如说是因为他对第谷的数据进行的处理。1627 年，他终于出版了新的行星位置天文表——他曾向第谷承诺自己会完成这项工作。这些表的精确性远远超出了以往见到的任何星表，它们很快就成为全欧洲占星家的标准（占星术当然是主要市场）。正是这种成功使公众相信了开普勒定律。人们发现，开普勒基于自己的理论做出的天文表能非常精确地预测行星的位置，要说他的理论没有反映现实，似乎难以置信。[32]包括地球在内的行星确实沿椭圆轨道绕太阳运行的观念，逐渐为人们所接受。

当然，开普勒也难免犯错。虽然规则多边形不符合数据，他仍坚持自己的规则多边形假设。他采纳了吉尔伯特的理论，即磁力为太阳系提供了动力。[33]我们现在知道，使行星在轨道上持续运动的是引力而不是磁力，但至少开普勒意识到，必须有某种东西把这些行星联系在一起。

解释视觉

开普勒的成就超出了天文学领域。他还解决了一个光学上的核心问题。我们在第九章里已经知道，罗吉尔·培根在 13 世纪是如何将希腊和阿拉伯的光学思想结合起来的。虽然他并没有真正超越伊斯兰学者阿尔哈曾的理论，但他的作品被收入了维泰洛的《透视十书》（*Ten Books on Perspective*）之中，这部书在开普勒的时代以前是大学的主要教科书。书中陈述了错误的中世纪理论：只有迎面射入眼睛的非折射光线被印在视网膜上并参与我们视觉内容的形成。1604 年，开普勒发表了《对维泰洛的补充》（*Supplement to Witelo*），将上述理论改进成我们今天的样子。开普勒没有将非折射光线忽略，他说，晶状体会折射来自某一特定点的所有光线，使之最终在视网膜上汇聚到一处。垂直方向的光线根本不折射，但晶状体会在必要的范围内尽可能多地折射其他的光线以形成聚焦的图像。[34]

此时，眼镜问世已有三个世纪，其工作方式也已经得到了很好的理解。我们眼睛晶状体的特殊之处在于，它会调节自己的厚度以对不同距离上的物体聚焦。开普勒还认识到，他的视觉理论引出的必然结果是，我们看到的一切实际上都是颠倒的。幸而我们的大脑矫正了视网膜上出现的图像。一项实验很快在暗室（*camera obscura*）中用牛眼晶状体证实了这个结果。牛眼形成的同样是倒像。

开普勒对光的兴趣与光在天文学里的中心地位有很大关系。第谷在其观察中率先使用了光学手段，开普勒也可以利用中世纪的数学传统。开普勒的慧眼后来转向了望远镜的改进，他设计的这种望远镜像眼睛一样产生的是倒像。然而，他对光的迷恋也与光在宗教思想中的地位有关。罗吉尔·培根相信光是上帝发出的，开普勒赞成这个看法。毕竟，这是上帝的第一个创造物，他说“要有光”，于是就有了光。

伴随这些科学成就而来的是开普勒生活的崩溃。1611 年，他的三个孩子都得了天花，其中六岁的儿子夭折。孩子悲痛的母亲——开普勒的妻子，也在几个月之内随孩子进入了坟墓。[35]与此同时，随着鲁道夫被迫放弃了波希米亚王位，开普勒的皇家数学家也开始当得不舒服。第二年，皇帝逝世了。

虽然鲁道夫的皇位继承者是一名热忱的天主教徒，但是信奉新教的开普勒最初是因为占星家的名声和技艺才保住了皇家数学家的职位。开普勒对占星术的看法究竟如何我们并不清楚，但他确实发现，事事都占星相的庸俗工作令人生厌。[36]然而，占星术能够带来收入，所以他就拿占星术敷衍一下以维持自己和家人的生活。他一生不断受到政治和宗教的冲击，从未能在一个地方长期定居。

1615 年，另一场悲剧打击了他的家人。他的母亲被指控使用巫术。开普勒前往母亲的家乡莱昂贝格（Leonberg）为之辩护，但案件一拖再拖，因为控告者试图找到足够的证据坐实指控却未能成功。如果无法提出强有力的罪证，法庭便不能对开普勒的母亲进行拷问，案件最终在 1620 年被裁定为罪证不足。即便如此，她仍被继续囚禁了一年，并于 1621 年 10 月获释不久后去世。[37]

开普勒与神秘学

几乎不用怀疑，开普勒的宗教信仰不只为他提供了灵感，还为他提供了科学观念。我们已经知道，将太阳置于宇宙中心的核心概念是如何从诸如马尔西利奥 · 菲奇诺和《赫尔墨斯秘文集》之类的隐秘来源产生的。像约翰 · 迪伊这样的魔法师认为数学提供了理解自然界的钥匙，而库萨的尼古拉在其神学著作《论有学识的无知》中也给出了完全相同的意见。所有这些不同的影响萦绕在16世纪，要从中单独挑出现代科学的故事来讲是非常困难的。博学者能横跨多个领域。菲奇诺既是牧师又是魔法师，卡尔达诺是医生、数学家和占星家，吉尔伯特既是自然哲学家又是神秘理论家。

然而，随着17世纪的到来，这种兼通能力变得越来越难以维持。魔法作为一种学术活动逐渐被边缘化。魔法之所以不再那么受人欢迎，部分是因为其可信度降低了。与中世纪天主教徒相比，新教徒对宗教奇迹持更加怀疑的态度，而且这种态度也扩大到他们对神秘学的看法。[38]此外，随着反宗教改革的推进，宗教裁判所越来越担心异教的《赫尔墨斯秘文集》所滋生的异端思想。正如我们在下一章将会看到的那样，菲奇诺的后继者不得不留意自己的举动，以免激起教会的愤怒。而女巫审判本身也反映出人们对魔法的信仰有所下降，至少在上流社会中是如此。如果人们不再相信魔法，就不会有人去怀疑魔鬼是否存在了。要说女巫凭自己就可以获得神秘力量，这是不可信的，因此她们必定是从魔鬼那里获得的。女巫从年老的民间医生变成了撒旦的工具。由此产生的恐慌波及开普勒的母亲，并在1700年之前的两个世纪里使六万人付出了生命的代价。[39]

魔法与科学也变得疏远，尽管二者曾相互影响。《赫尔墨斯秘文集》被揭露是伪造，魔法师失去了昔日所享有的威望；而在以前，他们看起来是在传播真正的古代智慧。吉尔伯特的作品展示了磁这样一种神秘的性质如何能用科学的方式进行分析，但魔法世界观本身却无法提供能够加以检验的假设。最后，虽然像迪伊和菲奇诺这样的人曾为数字着迷，但他们的数字命理学和实践数学之间分道扬镳也越来越清晰。开普勒与英国炼金术士罗伯特·弗卢德（Robert Fludd，1574—1637）论战的小册子是记录奇异事物与平常事物分离的一份重要文献。

拥有自我推销天分的罗伯特·弗卢德是17世纪伦敦出类拔萃的占星家。他出生在《末日审判书》中讲到的肯特郡的奥塔姆村，家族一连几代都生活在那里。他于1598年左右在牛津大学获得学位，曾到欧洲接受从医培训。回到英国后，他开始行医，经过两次努力，加入了有影响力的伦敦内科医学院。[40]然而，弗卢德在国外期间接受了帕拉塞尔苏斯的学说，他将这个学说同神秘主义和对古代知识的探索混在一起。1616年，一系列被称为《玫瑰十字会宣言》（*Rosicrucian Manifestoes*）的小册子出现在巴黎，册子是一名德国路德教徒伪造的。[41]这些文献自称揭示了一个守护智慧几个世纪、很快就要为人所知的秘密教团的存在，教团名叫"玫瑰十字兄弟会"（Brotherhood of the Rose Cross）。玫瑰十字会（声称吸纳了当时许多最有学问和影响力的人）将促成社会改革，并开创一个和平的新时代。这引起了极大的兴奋，尤其是在德国，也为整个神秘运动提供了兴奋剂。对于像弗卢德这样完全相信被遗忘的秘密的人来说，玫瑰十字会的骗局是完全令人信服的。他一头栽进这个骗局之中，自己还写了小册子来捍卫兄弟会。[42]他甚至暗示自己是这个虚构的秘密教团的一员。

弗卢德在小册子中坚持认为自己的神秘思想既是真正的科学，又是真正的宗教。不错，他确实赞扬了利用数学来揭示大自然奥秘的做法，但这些不着边际的言论没有丝毫的科学内容，根本就是空洞无物。这与开普勒的作品形成了鲜明的对比，开普勒的作品读起来像一股意识流，却包含着划时代的科学之精髓。开普勒知道自己在做什么，而弗卢德对此却一无所知，这在他们为了反驳对方而撰写的小册子中表现得非常清楚。开普勒解释说，运用数学对他而言就是用可被经验所验证的方式描述宇宙的真实面貌。他说，弗卢德的数字和物理事物之间的神秘联系没有可靠的根据，他也不能为自己的想法提供有效证明。根据开普勒的说法，弗卢德沉溺于“神秘莫测的事物与赫尔墨斯主义”。不用说，弗卢德强烈反对这个说法，称开普勒“粗俗”。[43]

最终，历史证明开普勒是正确的。文艺复兴时期的魔法体系是如此的灵活和复杂，可以被用来附会任何东西。因此，这些体系等于什么也没有解释。开普勒也给魔法师青睐的整体论的世界图景以严重打击，他的行星模型旨在反驳宇宙有生命的观点。他解释道：“我的目标是证明，天界机器不是一种神圣的活物，而是一种类似于钟表的机械装置。”[44]

虽然弗卢德的自然哲学未能使人信服，但他确实是一位非常成功的医生，其魔法著作在他死后的几十年里仍有读者。他的族人在奥塔姆附近的教堂里为他建了一座骄人的纪念雕像。弗卢德仍然从教堂门廊的墙上向外凝视，手里拿着一支羽毛笔。他光秃秃的脑袋和八字胡（可惜也像这座破败的纪念碑的其他部分一样遭到了破坏）无意中把他弄成了一个滑稽可笑的形象。

开普勒死于 1630 年。他解决了中世纪最大的两个科学问题：行星如何运动？我们如何看见事物？这是他受坚定的基督教信仰驱动，并在大学的中世纪传统下工作取得的成果。开普勒把维泰洛的名字写进了自己的光学著作的标题里，他不惮于承认自己的思想来源。而对于同时代的伽利略，我们却不能这么说。伽利略的成就和开普勒的一样伟大，但他在自己思想来源的问题上比开普勒要谨慎得多。

第十九章

伽利略与乔尔丹诺·布鲁诺

根据传统的科学史，伽利略是有着无与伦比的独创性的人。据称，他首次证明了不同重量的物体以同样的速度下落，首次声称真空可能确实存在，首次认识到抛射体进行曲线运动。在其他所有人都像奴隶一般地追随亚里士多德时，伽利略却否认了亚里士多德的观点。据说他证明了哥白尼是对的，结果被宗教裁判所投入监狱。事实证明，这里面没有一件事是完全真实的。伽利略从未证明过日心说（正如我们所知，是开普勒有力地证明了这种观点），他遭到宗教裁判所的审判更多是由于政治原因而非科学原因。伽利略的科学成就建立在他之前的自然哲学的坚实基础之上。意识到这一事实并不会减少我们对他的天才的景仰。虽然他的所有理论几乎都可以追溯到更早的来源，但他是第一个把它们塑造成一个连贯一致的整体的人，也是第一个展示了如何用实验来证明这些理论的人。从这个意义上说，通往现代科学的漫长道路确实是从他开始的。

伽利略的早期生涯

伽利略・伽利雷于 1564 年 2 月 15 日出生于比萨市。他的父亲是一位杰出的音乐家，通过妻子在比萨获得了一些商业利益。伽利略进入比萨大学学习医学（虽然在这之前，他们已举家迁回佛罗伦萨），还没有获得学位便在 1585 年离开了。[1]他对医学没有太大的兴趣，但是数学和自然哲学的初步课程鼓舞了他，他便投身于数的研究。伽利略在学生时代使用的天文学教科书最有可能是克拉维于斯写的那本。这本书会向他介绍哥白尼的观点，但也会说明这些观点为何是错误的。同时，伽利略还会学习亚里士多德的自然哲学。他最感兴趣的方向是运动理论，相信亚里士多德在这上面犯了严重的错误。他一生反对亚里士多德的物理学，这种立场无疑是他在比萨求学的时候形成的。

虽然没有学位，但年轻的伽利略在数学方面的才能是显而易见的。他家也有身居高位的朋友，这足以保证他在 1589 年成为比萨的数学教授。

比萨最大的历史遗迹比萨斜塔建于 1173 年，是当地大教堂的钟楼。根据一位早期的伽利略传记作者的说法，伽利略曾借助斜塔有力地打击了亚里士多德对自由落体的看法。故事讲到，伽利略和他的一群学生一起，把信奉亚里士多德观点的教授召集到塔底。这位哲学家的追随者们坚持认为较重的物体比较轻的物体下落得更快；事实上，他们认为两倍重的物体的下落速度应该快两倍。为了证明这一点是错误的，伽利略拿着两个大小相差很远的铅球登上了塔顶。铅球的密度足够高，所以空气阻力不会成为很大的影响因素。他从塔顶的钟楼上将球释放，结果两球同时落地，这令那些亚里士多德的追随者目瞪口呆。伽利略以这种方式推翻了亚里士多德的学说，并展示了他的实验方法如何胜过哲学家的理性分析。

虽然现在许多历史学家把这个故事当作杜撰放在一边，但类似的事情是完全有可能发生的。[2]例如，我们知道在这个时间点左右伽利略曾将木球和铅球一起释放，尽管结果并不是两球同时落地。他说，木球一开始下落得更快，随后被铅球赶超，最后是铅球先落地。现代物理学无法解释这一结果，这表明即使是伟大的伽利略进行的实验也是会错的。[3]他也不是唯一一个在比萨进行这种实验的人。信奉亚里士多德观点的教授为了证明自己的理论，也在做实验。他们取得的结果显然也是错误的。

不同重量的物体以相同速度下落的结论谈不上新鲜。我们在第十一章提到，约翰·菲洛波努斯在 6 世纪就进行过这种论断，托马斯·布拉德沃丁后来还提出，真空中的情况也是如此。意大利数学家尼科洛·塔尔塔利亚的学生乔瓦尼·巴蒂斯塔·贝内代蒂（Giovanni Battista Benedetti，1530—1590）在 1553 年公布了自己的发现，[4]他的书被译成了英语和德语。贝内代蒂错误地断言，物体下落的速度取决于其密度——伽利略同意他说的这一点。[5]让·泰斯尼尔——剽窃了朝圣者彼得的磁学论著的牧师——也称自己取得了贝内代蒂的突破。[6]泰斯尼尔的抄袭之作启发了荷兰工程师西蒙·斯泰芬（Simon Stevin，1548—1620），促使他用自己的实验来研究这个问题。在 1586 年的一本书中，斯泰芬写道：

> 反驳亚里士多德的实验是这样的：我们（正如大自然奥秘最勤奋的研究者、十分博学的让·科尔内茨·德格罗［Jan Cornets de Groot］先生，以及我本人所做的那样）取两

> 个铅球，其中一个的大小和重量都是另一个的十倍，把它们从30英尺的高度释放，使它们落到一块木板上，或是其他能发出响声的东西上。随后我们就会发现较轻的球所用的时间并不是较重者的十倍，相反，两个球落到板上的时间是如此一致，以至于它们发出的两个声音听起来就像是一个。[7]

他接下来驳斥了贝内代蒂关于密度的推测，认为那些是泰斯尼尔的思想。所以，到伽利略来处理这个问题之时，几乎每个自然哲学家都已说听过亚里士多德出错的证据。

显然，伽利略早年对亚里士多德运动观的怀疑并不是孤立、激进的思想，而是一个大的科学环境的一部分；在这个环境里，对希腊自然哲学的实验和批判正变得越来越普遍。当然，我们知道，这是从14世纪的让·布里丹开始的。耶稣会士也出版过一些关于运动的书籍，而这些书是伽利略所熟悉的。他最早尝试解释抛射体运动（就是炮弹被射出后或东西被扔出后发生的那种运动）时，直接利用了布里丹发现的非常有用的冲力概念。[8]伽利略的思想与阿拉伯思想家的相似，而阿拉伯思想家又是从约翰·菲洛波努斯那里找到灵感。[9]我们还从伽利略本人的著作中了解到，他在职业生涯的早期并没有弄清自由落体的真相。这是后话。

多明戈·德索托与自由落体

虽然伽利略那时还不明白自由落体实际如何运动，但有人明白。此人是西班牙多明我会士，名叫多明戈·德索托（Domingo de Soto，1494—1560）。多明戈在国内接受完早期的教育之后便前往巴黎大学学习神学。[10]他首先完成了亚里士多德哲学和基础数学的课程——这两门课程仍被视为导向“科学女王”的必要入门。他课上使用的应该主要是让·布里丹及其当时的追随者如托马·布里科的著作。我们知道，德索托在巴黎的老师和同胞胡安·德塞拉亚（Juan de Celaya，死于 1558 年）在 1517 年出版了一本非常专业的关于物理科学的著作，这部书充分利用了默顿计算者和让·布里丹的工作成果。[11]显然，人们觉得 14 世纪大师的发现在 16 世纪仍有意义。多明戈本人在完成神学课程之前回到了西班牙，但在此后不久获得了学位。1525 年，被修会的学术声望所吸引的多明戈加入了多明我会，在萨拉曼卡（Salamanca）的多明我会学校执教，以此度过余生。他的兴趣包括伦理学——他批评西班牙殖民者对待美洲土著的方式——以及神学和物理学。结果他写的教科书卖得非常好，为他在家建造小修道院提供了大量的资金。[12]

1545 年，多明我会派多明戈作为他们的代表之一到意大利参加特伦托会议。天主教会将通过此次会议为反宗教改革奠定基础。在特伦托期间，他有机会了解到意大利对亚里士多德运动理论的批判成果，意大利人此前已经开始通过实验来证明这位古希腊人的错误。多明戈于 1551 年回到萨拉曼卡，出版了关于亚里士多德《物理学》的教科书。他在书中首次对物体在重力作用下的落体运动进行了精确的描述。[13]

我们今天知道，落体的运动距离可以用默顿计算者和尼科尔·奥雷姆发现的中速度定理描述。但在多明戈之前，没有人想到可以把这个定理应用到落体上。多明戈最终这样做了，并在他的教科书里陈述了自己的结果。他的教科书在欧洲南部广为流传，尤其是在多明我修会的学校当中。[14]所以，在伽利略发展自己的理论之时，多明戈的观点正大行其道。

伽利略的家庭生活

在比萨的时候，伽利略已经展示出作为重要思想家的特质，只差合适的赞助来推进他的事业了。1592 年，他离开比萨，利用自己的关系在声望高得多的帕多瓦大学获得了一份工作。这所大学位于威尼斯腹地，他在那里待了十八年。在这段时间里，他遇到了一位名叫玛丽娜·甘巴（Marina Gamba）的当地女性。玛丽娜搬来与他同住，给他生了三个孩子，但他俩从未结婚，1610 年伽利略离开帕多瓦时二人便分手了。他的儿子温琴佐（Vincenzo）接受了良好的教育。温琴佐最终被判为伽利略的合法子嗣，可以做伽利略的继承人。两个女儿却不那么走运，她们的父亲试图将她们尽早打发到修女院。法律规定，女孩除非年满十六岁并有能力作出知情的决定，否则就不能宣誓成为修女。伽利略没有那个耐心，他请自己有权势的朋友直接把两个女儿送进了佛罗伦萨附近的修女院，那时她们还不到十三岁。大女儿维尔吉尼娅（Virginia）似乎对这一安排很满意，一直与父亲很亲近，直到 1634 年去世。而小女儿利维娅（Livia）则对事实上被迫步入了不适合自己的宗教生活深为不满。[15]

伽利略对待女儿的方式是成问题的，这里面主要是钱的原因。他一直都缺钱。在他父亲于 1591 年去世之后，他成了一家之主，要负责为自己的两个姐妹置办嫁妆。他并不愿意为自己的后代承担同样的责任。作为一名数学教授，他的薪水并不高，因此私下里会额外收一些学生挣点外快，其中一些学生还出钱在他那里借宿。

伽利略在帕多瓦期间的研究工作不断被其他这类要花时间的

事情打断。他还得应付别人对他工作成果的剽窃，并且还要让他的终极主人——威尼斯参议院——始终站在他这边。尽管有这些事让他分心，但他在尝试表述一项贴近实际情况的运动定律和一种我们今天会称为科学方法的思想时，仍取得了相当大的进步。虽然伽利略认为亚里士多德的论断几乎总是错的，但他十分欣赏其分析体系。意大利哲学家自1400年以来一直在对亚里士多德的方法论进行争论和微调，力图准确地说明如何将理论与物理现实联系起来。[16]伽利略的工作正是这一传统的延续。伽利略从本质上认为一项科学命题如果可以从有严格根据的原因推出，然后被经验证实，就是有效的。

今天我们对有效科学理论的检验标准要低得多。在科学上从没有任何东西得到了绝对的证明，因为总有可能出现一些新的证据表明旧有理论的不足。我们现在知道，即使一些最著名的科学理论也不是完全正确，包括牛顿定律和开普勒的太阳系模型。伽利略希望科学能够发现确定无疑的事情，正如我们将要看到的那样，这最终给他带来了很大的麻烦。对后来出现的麻烦来说，一个更直接的原因是他在帕多瓦期间成了少数几个相信哥白尼并赞成地球绕太阳运行的人之一。

我们第一次听到伽利略热情地称赞哥白尼主义是在1597年，他写信感谢开普勒在他们相识之时将自己的著作赠送给他。开普勒为找到盟友而激动不已，而且这个盟友他从未听说过。他立即回信，同时把那部著作又给伽利略寄去几本，供他分发给别人。但那时伽利略已经认定自己与开普勒几乎没有共同之处。开普勒的宗教神秘主义并不合伽利略的胃口，另外，开普勒的著作可能太过晦涩而难以卒读。[17]伽利略是一位技艺高超的作家，很看重别人的文章写得是否清楚明晰。这就导致了一个不幸的结果，那就是伽利略忽视了开普勒的伟大发现，在自己的工作中从未充分利用它们。

教会发现哥白尼的理论

宗教上对哥白尼的反应在1600年以前并不激烈，很大程度上是因为很少有人认为他的理论是正确的。一些作家也曾指出，地球运动的观点显然与《圣经》相矛盾；但这无关紧要，反正哥白尼的观点没有人相信。

1584年，西班牙修士苏尼加的迭戈（Didacus à Stunica，1536—1597）写了一篇圣经评注，他在其中解释说，《圣经》中所有提到地球静止不动的段落都可以很容易地用隐喻的方式阐释。他还解释说，《圣经》是从地球上的观察者的视角来写的，而不是以"上帝之眼"的视角将天作为整体来看待的。当然，这与奥雷姆在二百五十年前的论证完全相同。后来在1597年，迭戈又写了一本书，这次实际上是关于自然哲学而不是圣经评注。那时他已断定，即使这个问题不能靠《圣经》解决，哥白尼的观点在物理上也是荒谬的。[18]换句话说，他认为地球运动的观点在宗教上是没有异议的，但在科学上是站不住脚的。

一位名叫弗朗奇斯科·帕特里齐（Francisco Patrizi，1529—1597）的柏拉图主义哲学家认为，地球自转的原因与尼科尔·奥雷姆所说的原因非常相似。这甚至不是他著作中最激进的一面，他的著作试图用一种神秘的柏拉图式的思想来取代亚里士多德的质料主义。天主教会的审查机构"禁书审定部"命他修改自己的作品。尽管审定院最初对地球自转的观点提出了质疑，但还是允许他保留这个观点。两年后，帕特里齐的书出了修订版，他保住了自己柏拉图哲学教授的职务，这个职务是教皇亲自指派的。[19]

帕特里齐最富有成果的意见是，真空事实上可能确实存在。[20]自1277年以来，基督徒一直承认，既然上帝可以运用他的绝对权能做自己喜欢的事，真空就是可能的；但很少有自然哲学家认为真空确实存在。伽利略也是逐渐接受了真空存在的可能性，帕特里齐思想的这一方面很可能影响过他。

乔尔丹诺·布鲁诺：魔法的殉道者

哥白尼假说的早期支持者中，最著名的莫过于一位多明我会的叛逆者和魔法师，他的名字叫乔尔丹诺·布鲁诺（Giordano Bruno，1548—1600）。布鲁诺于1548年出生在那不勒斯附近，1563年进入当地的多明我会修道院。我们对他的早期生涯知之甚少，只知道他在1576年曾因自己的奇怪学说与上级发生了冲突。布鲁诺脱下修士斗篷，开始游历。他一路穿过法国，到达英格兰。1583年3月抵达时，他随身带着一封写给法国大使的推荐信。[21]不出几个月，他便开始在牛津同当地教授就自己的魔法哲学展开辩论。

布鲁诺比那个时代的许多魔法师走得更远，他试图在既有的魔法学说中加入一种自创的全新宗教。布鲁诺的信仰大致是建立在启发了菲奇诺的新柏拉图主义著作的基础上，但他并没有努力使自己的思想与基督教保持一致。他甚至参考了那些有争议的作家如切科·德阿斯科利——切科昔日被禁的书籍这时也已经出版。[22]他还极其自负，习惯于用第三人称把自己写成某种天才。由于他那新奇而荒谬的神学，加上他总能激怒众人，他很少能在一个地方长期待下去。将他赶出城是人们的一贯做法。

布鲁诺的各种观点中，至少有一个是正确的——地球绕着太阳转。他对哥白尼意识到了这一点表示赞赏，尽管他肯定无力应付哥白尼建立自己的体系所依赖的数学。布鲁诺与其他新柏拉图主义者一样崇拜太阳。他解释道：

> 引起（地球的）这种运动的原因是这个身体的更新和重生。在同样的性情下，这个身体不可能永远持续下去。正如那些不能通过种（统称）永久存在的事物可以通过不同的种得到永存一样，在相同的面孔下自身不能永存的物质通过改变其形态来达到永存。[23]

如果这段话完全看不懂，不用着急。就我们今天所能理解的方式来说，这当然不是科学的论述。布鲁诺在这里似乎说的是，地球之所以运动，是因为这样它就可以从季节变化中受益。但在把这段话当作完全的胡言乱语一笔勾销之前，我们要说它确实对威廉·吉尔伯特产生过一些影响。[24]正如我们知道的，吉尔伯特将地球的磁场等同于它的灵魂，而这正是布鲁诺宣扬的那种思维方式，吉尔伯特的神秘思想建立在布鲁诺的基础之上是完全有可能的。

不用说，这些东西在牛津没有一样受到欢迎。布鲁诺决定给听众做一些讲座，他对听众大加呵斥，告诉听众他们是多么无知和保守。这就是他对待每个与他意见相左之人的方式。问题是牛津的教师远非无知，他们至少在过去十年里一直在讨论哥白尼，并得出了与其他人一样的结论——他错了。[25]对布鲁诺来说，在牛津访问的结局是很糟糕的。他的一位听众意识到他剽窃了菲奇诺，就把自己手头的一本菲奇诺著作带到了下一次的讲座上，他当场发现布鲁诺的资料来源不实。过了段时间，这位魔法师又回到了欧洲大陆。[26]他在欧洲四处兜售自己的思想，时间是又一个十年，直到 1591 年他决定回到意大利，而这个致命的决定使他最终落入了宗教裁判所的手中。一位威尼斯贵族邀请他去自己的城市，并在几个月后向当地的宗教裁判官们告发他，说他是异端分子。[27]有人认为，邀请他到意大利是一个陷阱；但也许，让布鲁诺在自己家里待上几个月的经历，足以使任何头脑清楚的天主教徒把他交给当局。

起初，威尼斯宗教裁判所对布鲁诺几乎一无所知。他们因为一位贵族的一面之词逮捕了他，这位贵族也提出了一系列骇人的指控。所有一切布鲁诺几乎一概否认，如果没有进一步的证据，案子似乎不会有什么进展。如果他放弃自己那些错误很小的主张，就会得到补赎的机会，而且裁判官不得不将他释放。接着，事情开始朝不利于布鲁诺的方向发展。首先，他有前科。他于 1576 年退出多明我会之事在罗马被记录在案，那里的宗教裁判官希望将他引渡。通常，威尼斯当局不会移交囚犯，但布鲁诺既不是威尼斯市民，也不是他们本地的问题，所以就被送到了罗马。

布鲁诺的困难开始增多。他曾与一些狱友讨论过自己的思想，现在这些人供出了他讲过的话，宗教裁判所需要（进一步）调查这些证词。更糟糕的是，宗教裁判官得到了他的著作，这些书里充满了惊人的想法。最后，案子的卷宗多达六百页，用了九年才结案。[28]在整个过程中，布鲁诺一直坚持自己是无罪的。

最后，卷宗被交给了一位身兼耶稣会士的教授，他名叫罗伯特·贝拉尔米内（Robert Bellarmine，1542—1621）。贝拉尔米内草拟了一份包含八项异端观点的清单，没有人怀疑布鲁诺持有这些观点。这份清单没有流传下来，于是我们可以自由推测这八项说法的内容。单是布鲁诺的现存著作，选择就非常可观。那些设想布鲁诺是科学殉道者的人认为，他对地球运动和无限宇宙的支持是清单上的重要内容。这是不可能的。正如我们在下一章将要看到的，哥白尼主义直到1616年才被宣布为异端，至于无限宇宙的观点，他只是重复了库萨的尼古拉的观点而已。这两个观点在宗教裁判所的文件中都被讨论过，但这绝不能证明它们已被正式认定为异端。

无论如何，布鲁诺同意撤回贝拉尔米内清单上列出的说法，并进行补赎。同时，他给教皇写了一封信，声称这些说法根本不是异端。他这个行为破坏了自己的忏悔。这时，宗教裁判官终于失去了耐心。他们给了他四十天的时间，让他选择忏悔或是作为厚颜无耻的顽固异端分子接受火刑。布鲁诺以惊人的勇气坚持己见，最终于1600年2月17日在罗马被活活烧死。没有人该遭此厄难，宗教裁判所甚至都不应该严肃对待他。[29]

关于罗伯特·贝拉尔米内，历史学家在三件事上达成了一致：他聪明过人；他在宗教上是原教旨主义者；他的举止和个人善行堪为表率。[30]如果判一个人活活烧死听起来一点也不舒服，我们可以肯定他本人的感觉也是一样。然而，像历史上许许多多的人一样，他有一种因误导产生的信念，认为不管事情多么令人讨厌，都必须尽自己的职责。

贝拉尔米内虽然身材矮小，却是梵蒂冈的大人物。他生于意大利，是教皇的侄子，但他不需要依靠裙带关系也能在教会中步步高升。他在尼德兰的鲁汶大学完成学业，曾在那里讲授自然哲学。贝拉尔米内不是那种不问是非的亚里士多德的追随者，他认为科学应该建立在《圣经》的基础上。由于《圣经》中的科学很少，许多科学问题对贝拉尔米内来说都是无法回答的。亚里士多德的必然性是不可接受的，尤其是他声称天永远不变，而且是由第五元素“以太”构成。《圣经》没有暗示这一点，因此，在贝拉尔米内眼中，这个理论是没有根据的。至于行星的运动，托勒密的理论不好，因为它不能准确地描述我们观察到的现象。贝拉尔米内自己似乎认为，行星的运动过于复杂而无法建立精确的模型。[31]行星运动的真相超出了人的理解能力。

1576 年，贝拉尔米内被召回罗马，负责耶稣会对新教的攻势。他分析了天主教会的各种威胁，出版了《论战集》（*Controversies*），这部书使他成为新教宣传攻势的头号目标。他是一个可敬的对手，因为他不喜欢天主教平信徒的迷信，比如用敲响教堂的钟声来抵御雷雨——这种迷信举措也激怒了新教神学家。[32]贝拉尔米内还将教皇的政治权力降级为“间接的”，使教皇心烦意乱。[33]但他能够无视教皇的反对，而且下一任教皇还提拔了他。1599 年，他成了枢机主教；1606 年，他差点成为自己根本不想当的教皇。不过，他仍然是罗马教廷最重要的思想家，也是教皇在需要建言献策时首先考虑的对象。因此，当伽利略关于行星的新观点成为问题时，贝拉尔米内密切地参与了官方回应的制定。

第二十章

伽利略与新天文学

1610年3月13日，伽利略从默默无闻的数学教授一夜之间成了引起国际性轰动的人物。造成这种转变的那本书叫作《星际使者》（*Sidereal Messenger*）。就在书出版的那天，英国驻威尼斯大使在给家里写的信中谈到了它。这位大使断言，伽利略"面临着风险，他要么声名大振，要么沦为笑柄"。[1]

《星际使者》公布了伽利略利用一种新的科学仪器——望远镜——获得的发现。望远镜数年前在荷兰被发明出来，一个名叫汉斯·利伯希（Hans Lipperhey，死于1619年）的人曾试图为之申请专利，但没有成功。[2]到1609年，伽利略已经造出自己改进的望远镜。他很快发现，通过望远镜观察到的恒星数量比肉眼所能看到的多得多，而且木星有四个围绕其运行的小伙伴。最具争议的是，他揭示了月亮不像亚里士多德说的那样是一个完美的球体（亚氏认为所有天体都必定如此），而是被一些凹坑和山脉弄得面目全非。他不是唯一一个用这种新仪器探测天空的人，但他第一个公布了自己的观察结果，而且还源源不断地产生新的发现。不出一年，他就宣布土星有“耳朵”（后来被证明是光环），金星像月亮一样有相位变化。

最后一个观测结果最为重要。伽利略指出，有时他用望远镜观察金星时，能看到一个近乎完整的圆盘。而在其他时候，就只能看到半圆甚至更小的表面。这些相位的周期表明，托勒密的天文模型必然是错误的。金星不是绕着地球运行，而是绕着太阳运行。

伽利略的发现

这些结果立即引起了争议。第一个问题是，伽利略的望远镜由于这样那样的原因，比别人的都要好。他能看到其他观察者——特别是那些事先就断定他一定弄错了的人——看不到的东西。这样的批评者中有一位是他在帕多瓦大学的同事切萨雷·克雷莫尼尼（Cesare Cremonini，1550—1631），此人是该大学的亚里士多德哲学教授，不太愿意接受与自己的大师的学说相冲突的思想。然而，他绝不是怕事的人。他一贯拒绝反驳亚里士多德否认灵魂不朽的说法，所以宗教裁判所很想找他谈谈。幸运的是，他住在威尼斯，而威尼斯方面只有在他们愿意的情况下才把人交给梵蒂冈，这使他免于危险。不过，克雷莫尼尼很快就被望远镜的所有问题激怒。“我不愿承认我对其不具备相关知识的论断，也不愿承认我没有看到的东西，”他说，“而且透过那些镜片进行观察会让我头疼。够了！我不想再听到这件事的任何消息了。”[3]

在克雷莫尼尼抚慰自己疼痛的脑袋时，比萨的亚里士多德哲学教授朱利奥·利布里（Giulio Libri，约1550—1610）也在为看不到木星的卫星之事犯难。利布里没过多久就死了，这时伽利略讽刺他说：“他从来不想在地球上看到（木星的卫星），也许他会在升天的路上看到吧？”[4]那些说某些人“连透过望远镜看一下都不愿意”的传言，似乎来源于此。事实上，我们知道没有人是绝对不愿意这样做的。大家争论的是，如果他们用望远镜观察会看到什么。

对教会而言，只有一个人的意见是重要的，这个人就是克里斯托弗·克拉维于斯。他现在已是一位老人，被尊为耶稣会资格最老的天文学家且已名满欧洲。起初，他对伽利略的发现持怀疑态度。在1610年，没有人知道望远镜是如何工作的，而且望远镜似乎有可能在放大图像的同时扭曲图像。克拉维于斯的一个学生制造了自己的望远镜，但他的望远镜不够强大，无法观测到伽利略所说的全部现象。这个学生着手改进了自己的望远镜，这一次效果很好。[5]

枢机主教贝拉尔米内写信给克拉维于斯，问他能否证实伽利略的发现。耶稣会回答说他们可以，虽然他们不确定应该如何解释那些结果。[6]尽管如此，伽利略在1611年访问罗马时仍受到了英雄般的欢迎，耶稣会公开称赞他的惊人发现。同年，开普勒利用自己在数学光学上的经验解释了望远镜的工作原理，并提出了一些改进意见。克拉维于斯在自己的天文学教科书中增加了一个章节，扼要地介绍了伽利略的发现，并以这样一个注释结尾：“天文学家应该考虑一下，如果要为这些现象建立模型，天球应该如何重新排列。”[7]即使是托勒密的支持者克拉维于斯也能看到当时改革的必要性；不幸的是，他不久就去世了，他从未透露过自己心目中的改革是什么样子。

不过，我们可以猜测。当伽利略的发现使托勒密的体系显得落伍时，有两个候选方案可以取代它——哥白尼的观点或者第谷·布拉赫的观点。伽利略和开普勒支持哥白尼，而其他人几乎全都认为第谷的模型最好。地球运动的观点不论是在物理上还是在宗教上，都存在着巨大的问题。单凭这一点，第谷的理论就更有吸引力。伽利略意识到，这比单纯地讲应当采用哪种科学理论的问题更普遍也更重要。毕竟，如果第谷被证明是错的，那么他的想法就会像托勒密的一样被抛弃。但是围绕日心模型的宗教问题却具有潜在的危害性。

1610 年，伽利略利用他新建立的名声，成为托斯卡纳大公（Grand Duke of Tuscany）科西莫一世·美第奇（Cosimo I Medici，1590—1621）的官方数学家。这位大公是那个曾命菲奇诺翻译《赫尔墨斯秘文集》的科西莫的后代。这意味着伽利略不用再靠学生住宿的租金来维持生计，他的著述和研究得到科西莫的资助，后来为美第奇家族增添了荣耀。伽利略此前将木星的卫星命名为“美第奇星”，以向他未来的雇主表示敬意。这是一个良好的开始，恭维大公争取工作的伎俩是完全成功的。伽利略的老同事切萨雷·克雷莫尼尼知道他要冒险离开威尼斯前往美第奇在佛罗伦萨的住所。威尼斯能保护克雷莫尼尼免受宗教裁判所的迫害；所以伽利略一旦到了佛罗伦萨，就不再能享受这种保护。当然，伽利略那时候没什么好怕的。而且，他是回家。

科西莫大公的母亲名叫克里斯蒂娜（Christina，1565—1637）。她是一位有才智的女性，对科学和哲学感兴趣，曾询问伽利略的一个朋友关于哥白尼主义和《圣经》的相容性。朋友把这个问题交给了伽利略，伽利略作为美第奇家族的科学顾问正好可以回答她的问题。他回答得非常细致。

不可否认的是，如果完全从字面意义解读《圣经》，那么《圣经》就强有力地支持地球静止而太阳运动的观点。例如，《传道书》第 1 章第 5 节写道：“日头出来，日头落下，急归所出之地。”而《诗篇》第 103 章第 5 节（对新教徒来说则是第 104 章第 5 节）写道：（上帝）“将地立在根基上，使地永不动摇”。早在 4 世纪时，希坡的奥古斯丁在其《创世记》评注中就曾努力解决这样一个问题：当《圣经》和科学说法不一致时，该怎么办？《创世记》显然与当时所知最先进的希腊科学有冲突。奥古斯丁担心，过于从字面解读《圣经》的基督徒面临着风险——他们会使自己的宗教看起来很荒谬。他在评注中写道：

> 通常，即使非基督徒也知道地、天和这个世界的其他要素，也知道星辰的运动和轨道甚至于它们的大小和相对位置……现在，让一个异教徒听一个基督徒解释《圣经》的含义，听他在这些话题上胡说八道，是一件丢脸和危险的事情。我们应该采取一切手段来防止这种尴尬情况的出现，在这种尴尬的情况下，人们会发现基督徒身上巨大的无知，并对此加以嘲笑乃至鄙视。[8]

奥古斯丁的解决办法是厘清《圣经》在什么情况下应该用隐喻的方式解读。

伽利略谨慎地发展了这些早期的思想，他指出，《圣经》不应该被视为科学文献，而应该被视为用普罗大众的语言写成的书。因此，当它提到太阳升起和落下时，只是简单地使用了每个人都熟悉的日常用语。同样的原则也适用于《圣经》中提到的“地的四方”。[9]这只是一个普通的表达方式，但即使是最偏狭的经律主义者①也不认为大地是平的。伽利略以一句著名的话总结了

① 参看本书第十四章。

自己的观点："圣灵的意图是教导我们如何向天上行进，而不是天如何运行。"[10]虽然这个警句言简意赅，但其思想并非原创。我们前面讲过，孔什的威廉在四个世纪之前表达过完全一样的看法。

伽利略提出了进一步的论证，回想起来，这似乎是所有这类论证之中最精明的一个。他说，如果哥白尼是否正确的问题一点也不确定，教会就应该置之不理。如果教会作出的裁定后来被证明是错误的，那么这对其权威造成的损害将是不可估量的。[11]不幸的是，梵蒂冈没有人听。

教会采取行动反对哥白尼

1616 年，事情到了紧要关头。此前，伽利略对哥白尼的支持相当公开，但事实证明，他的活动并不是教会采取正式行动的原因。一位名叫保罗·福斯卡里尼（Paolo Foscarini，1565—1616）的意大利修士在自己发表的著作中沿着与伽利略相似的思路指出，只要以恰当的方式解读《圣经》，地球运动的观点与《圣经》就是一致的。教会不能忽视福斯卡里尼对哥白尼的拥护，因为他是一位职业神学家。[12]他对圣经诠释学的看法比伽利略的看法更有分量。在教会，回应福斯卡里尼挑战的中心位置上，除了枢机主教贝拉尔米内之外没有其他人。

贝拉尔米内对《圣经》的看法完全不同于伽利略，在当时的天主教徒中也非常独特。他相信，如果没有严格的反对理由，《圣经》的字面含义就应当永远被视为是正确的。不久前的特伦托会议制定的天主教官方教义称，《圣经》只是在信仰或道德问题上没有错误。这显然是说，《圣经》在小的细节上有时也可能是错误的。贝拉尔米内不赞同这个说法。因为整部《圣经》都是上帝的话语，所以对他来说《圣经》完全没有错误是一个信仰问题。[13]这就是为什么他拒绝亚里士多德的自然哲学——它与《圣经》冲突。他对托勒密天文学的崩溃也并未感到紧张，因为它同样没有得到《圣经》的支持。但关键是，《圣经》上确实说过地球是不动的，而太阳在运动。在这一点上，几乎可以说，贝拉尔米内同样抱有自己坚定的看法。他的确承认，如果哥白尼被证明是正确的，他就不得不接受《圣经》在这一问题上采用了象征性的说法。[14]如果你觉得这种态度听起来好像很温和，那就误解了贝拉尔米内的意思。对他而言，切实证明哥白尼主义为真的机会是绝对不存在的。科学上无可辩驳的证明是一件极罕见的事，贝拉尔米内在重新考虑用隐喻的方式解读《圣经》之前，会一直坚持《圣经》含义的完全确定性。显然，科学不能在这样的环境中开展活动。

1616 年 3 月，禁书审定部就哥白尼问题作出了决定：地球绕太阳运行的论断不仅与《圣经》相悖，在科学上也是“愚蠢和荒谬的”。福斯卡里尼的书被彻底禁止，哥白尼的《天球运行论》被暂时禁止，直到改正。[15]至于伽利略，贝拉尔米内正式警告他不能捍卫、持有或讲授哥白尼的观点。同时，伽利略得到保证，宗教裁判所不会正式指控他，说他做错了什么事，更不会说他是异端分子。虽然他个人是安全的，但教会对哥白尼的谴责已经使伽利略最害怕的事情变成了现实。从那一刻起，他似乎开始了一项扭转教会决定的个人使命。这是一项毫无希望的任务，但伽利略有自信，他愿意尝试。

冲突的前奏

伽利略回到佛罗伦萨后，再也不能公开谈论哥白尼了。幸而他还有别的争论可以忙。此前他与一位耶稣会天文学家在“谁首先发现太阳黑子”的问题上发生了争执。随后在1618年，三颗彗星掠过天空，引发了另一场激烈的争论。耶稣会天文学家霍拉肖·格拉西（Horatio Grassi，1583—1654）测量了其中一颗彗星的视差，发现它在月上区，不是大气现象。在这点上，格拉西同意第谷·布拉赫及其他人早先的发现。奇怪的是，伽利略却不相信，他授意一名学生撰文反驳，对任何关于彗星的明确说法的根据进行攻击。从那时起，争论以一种有失体面的方式展开。[16]1623年，伽利略写了一本简短的书，名为《试金者》（*Assayer*），旨在反驳格拉西的观点。他在这上面取得了巨大的成功。《试金者》表述了伽利略所认为的最佳的科学实践方法：我们应该服从的不是其他作者的权威，而是自然本身的权威。他写道：

> 哲学写在宇宙这本大书中，这本大书永远向我们的凝视敞开。但是，如果一个人没有首先学会理解它使用的语言，没有学会辨认那些字母，这本书就是无法读懂的。它是用数学的语言写成的，它的文字是三角形、圆形和其他几何图形。离开了这些东西，人类就一个字都看不懂；离开了这些东西，我们就会在黑暗的迷宫中徘徊。[17]

当然，将自然喻为一本书并不新鲜。自然以数学作为语言的观点也不是特别新颖——我们已经在库萨的尼古拉和开普勒的著作中遇到过这种说法。然而，长期以来，数学与自然哲学一直缺乏良好的联系，伽利略要用自己的力量加强克拉维于斯的影响，确保数学在当下能得到真正的重视。不幸的是，《试金者》主要是对罗马的耶稣会士的攻击，这些耶稣会士对整件事非常想不开。同样值得一提的是，现代科学在彗星的问题上赞同格拉西而不是伽利略。无论如何，《试金者》都是一部力作，没有人怀疑伽利略赢得了这场辩论。[18]

与 1611 年支持过他的耶稣会士为敌，也许不是个好主意，但其他事情都在按伽利略设想的方式进行。1620 年，禁书审定部公布了对《天球运行论》的修改。出人意料的是，修改的数量非常有限——长达几百页的书只有十处进行了修改。修改的目的是将哥白尼的思想从一幅现实的图像降为一项数学假设。因此，当哥白尼写道，他毫不羞愧地“承认”地球绕太阳运动时，禁书审定院将“承认”改成了“假定”。[19]禁书审定部没有下令销毁现存的哥白尼著作，而是规定将他们的修改作为特殊的插页加入书中。

1621 年，枢机主教贝拉尔米内去世。1623 年，新教皇马费奥·巴尔贝里尼（Maffeo Barberini，1568—1644）即位，是为乌尔班八世（Urban VIII）。巴尔贝里尼对伽利略仰慕已久。他们都来自托斯卡纳，彼此已相识多年。新教皇不大喜欢耶稣会士，他极其欣赏《试金者》这部题献给自己的著作。这对伽利略的帮助比伽利略自己所知道的更多，因为《试金者》支持原子论。早在 14 世纪中叶，奥特库尔的尼古拉就曾因原子论陷入困境。这种思想与圣餐的紧密联系意味着它仍是一个敏感话题。禁书审定部的一位耶稣会评审员认为伽利略的书应该接受审查，但是教皇乌尔班让自己的一个侄子负责审查，他的侄子和其他几个家族成员刚刚被任命为枢机主教。[20]不出所料，什么也没有发生，伽利略仍然保持着声望。

新教皇的当选提供了一个机会，我们可以透过这件事看看教会对哥白尼主义的禁令有多严格。乌尔班同情伽利略，所以就算伽利略偷偷在禁令的边缘徘徊，这位教皇也不可能严厉地惩罚他。将哥白尼主义看作数学构造是可以接受的，只要不宣称这种观点代表真实情况。这意味着，对哥白尼主义作为一种模型的优点进行争论是合法的，特别是如果把这个模型与所知的其他模型进行比较的话——伽利略计划要写的一本书正好就是这样。1624年，他来到罗马会见乌尔班八世。在罗马逗留期间，教皇接见他不少于六次，而且还向他的儿子授予了教皇津贴。两人在拉特朗宫的花园中漫步时，乌尔班阐明了自己对这场宇宙学大论战的看法。对乌尔班来说，理解天究竟如何运作超出了人的能力，无论用什么数学模型来描述行星的运动，上帝都能轻而易举地把事情安排成别的样子但同时又使之表现出一样的结果。因此，无论模型对行星的运动预测得多么准确，我们都不能确定这就是真的。乌尔班的论证（术语称为“不完全确定性问题”）在哲学上是正确的，但在实践上是不对的。如果一个科学理论能够准确地解释我们的所有实验结果，我们就有充分的理由相信这个理论是正确的。

伽利略带着足够的鼓舞离开罗马，开始撰写自己的著作。乌尔班曾向伽利略的一位枢机主教朋友透露说，反正他不觉得哥白尼主义在形式上是异端，它只是鲁莽罢了；[21]而且没有人能确凿地证明它，所以教会不用紧张。

占星教皇

除了与伽利略的关系外，乌尔班八世最著名的身份是艺术赞助人。在他担任教皇期间，罗马被按照新的巴洛克风格重建，这种风格标志着天主教会在宗教改革后的复兴。

乌尔班的性格中，人们了解得较少的一面是他对占星术的狂热信仰。尽管乌尔班之前的某位教皇在1589年对占星术进行了强烈谴责，但占星家在17世纪初仍然被广泛地咨询。教皇的敌人认为他们可以通过宣传自己对星运的一套说法来利用他的轻信。他们大胆地预言，1628年和1630年的一系列日（月）食肯定是教皇的死亡之兆。包括乌尔班在内的几乎所有的人都相信这种说法，并且出于谨慎开始为选举新的教皇进行准备。[22]

这个阴谋的目的一定是想纯粹用暗示的力量杀死乌尔班或至少使其丧失工作能力。幸运的是，教皇的监狱中有一个能抵御这种魔法攻击的人。托马索·坎帕内拉（Tommaso Campanella，1568—1639）① 和乔尔丹诺·布鲁诺一样，是一个背叛了多明我会并发明了一整套神秘哲学体系的人。他因为参与了一场以那不勒斯为中心的叛乱，自1599年以来一直被关在监狱里。他受到严刑拷打，靠装疯骗过了狱吏才勉强逃过死刑。[23]和布鲁诺一样，坎帕内拉也认为地球绕太阳运行是出于神秘的原因。1622年，他在狱中写了一封名为《为伽利略辩护》（*Defence of Galileo*）的信，在信中重复了《致大公夫人克里斯蒂娜的信》（*Letter to the Grand Duchess Christina*）的说法：要寻找自然如何运作的信息，《圣经》是个错误的地方。不过对坎帕内拉来说，正确的地方是菲奇诺及其追随者的新柏拉图主义著作。[24]

坎帕内拉相信，乌尔班八世按照其占星预言注定是“万国之君”。坎帕内拉认为教皇会让他将全世界都转化为他那种“准异教”的新宗教。乌尔班无论是否同意，都迫切需要坎帕内拉的魔法技能，以保护自己免受即将到来的日（月）食的危险。犯人被传唤到教皇的寓所，受命保护教皇免受众星的有害影响。坎帕内

① 也译作“康帕内拉”。

拉使用的仪式是特意为这个场合准备的。他们把自己关在一个密闭的房间里，堵住了所有气孔。他们洒香水，烧迷迭香，把白色的床单挂在墙上。房间的中央点了五个火把和两支蜡烛，用来代表七颗行星。[25]他们认为日（月）食会使天产生缺陷，所以坎帕内拉决定在教皇公寓里制造一个微型的天保护教皇免于外面的危险。让乌尔班宽慰的是，坎帕内拉的魔法奏效了，教皇幸免于难。作为回报，教皇不顾这位魔法师明目张胆的异端邪说，准许他在罗马建立一所学校，向任何愿意聆听的人宣扬自己的思想。

只要对自己合适，乌尔班就会忽视其非正统性质——这对伽利略来说是个好兆头。事实证明，不够好。

第二十一章

伽利略的审判与功绩

伽利略将自己对日心说的辩护称为《关于托勒密和哥白尼两大世界体系的对话》（*Dialogue concerning the Two Chief World Systems: the Ptolemaic and the Copernican*）（1632）。作者是打算写给普通读者看的，所以用了意大利语而不是拉丁语。标题中的“两大世界体系”不包括第谷·布拉赫的那个，因此从某种程度上说，伽利略没有给哥白尼安排最强的竞争对手。同样，他既没有使用开普勒的发现，即行星的轨道不是圆而是椭圆，也没有使用开普勒《鲁道夫星表》的精确数据。因此，《对话》并不代表当时科学的前沿。毋宁说，这是一部对相关问题进行普及的作品，旨在让最广大的读者了解哥白尼的优势。

这意味着伽利略的《对话》不是一部科学名著，而是一部直接面向非专业人士的、具有一流修辞技巧的著作。它的体裁最像现代那种向普通读者解释相对论或弦理论的科普著作，这类著作使用日常的类比进行解释并且略去了难懂的数学内容。《对话》中有三个人物，萨尔维亚蒂（Salviati，代表伽利略），辛普利西奥（Simplicio，一位天真的亚里士多德派学者）和萨格雷多（Sagredo，一位不是很公正的主席），他们在一起进行了超过四天的讨论。这本书整体而言结构古怪，但内容都还算得上有趣。辛普利西奥的任务是提出伽利略想要驳斥的论点，这难免使他自己显得愚蠢。萨格雷多被用来代表一开始没有任何观点但最后总是会赞成伽利略的读者。

伽利略对哥白尼的辩护

书的第一部分驳斥了亚里士多德的学说，即天界是不变和完美的，而地是可朽的。除了 1572 年和 1604 年出现的新星之外，不时出现的彗星（最近的一次是在 1618 年）也是与亚里士多德相反的观点逐渐被广泛接受的原因。伽利略现在似乎接受了耶稣会士格拉西的观点，即彗星是天界事件而不是大气事件。[1]伽利略还公布了自己用望远镜的发现：月亮不是完美的球体，太阳也有瑕疵。

《对话》中的第二天被专门用来讨论地球自转的问题。这里依然没有什么新鲜事。伽利略重述了老生常谈的反对意见，即地球的自转应该会产生巨大的风，因为大气会被甩在后面；重述了对船上观察到的相对运动的老旧解释。所有这些从 14 世纪开始就已存在，但是他的普通读者没有义务预先知道这些事。总之，伽利略的讨论（比一般情况下）要详细得多，他还增加了解释性的思想实验的数量。在某个情景中，他提出在船运动时从桅杆上抛下一块石头，船静止时再抛一次；两种情况下，石头都会落在桅杆的底部。[2]没有证据表明伽利略进行过这些实验，正如他在文中承认的那样；但他对实验结果的推断是正确的。

在第三部分，话题终于转向哥白尼。伽利略回顾了那些赞成太阳是行星轨道中心的理由。他谈到了行星的运动与太阳的关联方式，以及他对金星的相位变化和太阳黑子（这表明太阳绕轴自转）的发现。

这场对话的最后一部分专门讨论了潮汐的原因，展示了伽利略在科学上最严重的失误。他认为，科学理论的证明是可能的；或者用当时的行话来说，科学理论的“演证”是可能的。对他而言，潮汐现象的存在证明哥白尼是对的，地球在转动。[3]他设想，当地球在旋转和移动时，海洋会被稍稍抛在后面，聚集在海盆的一边，直到水量过大溅向另一边。[4]这是一个极其糟糕的论证，这个论证直接与伽利略自己关于地球自转时大气如何运动的解释相矛盾。他似乎认为，大气随地球一起运动，而海水则稍微滞后。事实上，潮汐是由月亮绕地球运行的引力拉拽海水引起的。在托勒密的宇宙中，潮汐可以得到完美的解释，根本不能成为支持哥白尼的证据。月亮和潮汐之间的联系在古代就已经被注意到了，前面我们已经看到，这种联系在整个中世纪早期和晚期是如何遭到质疑的（如果不是总被承认的话）。

尽管如此，伽利略仍然相信潮汐是证明哥白尼正确所需要的论据。这给他带来一个问题。教会不许他为地球绕太阳运行的观点辩护，只许他把这种观点当成一种假设。如果他在书中表明自己证明了这一观点，就会越过教会给他规定的界限。他的解决办法极其愚蠢。他本应该解释为什么潮汐的论证可能是错误的（这不会困难，因为它确实是错的），而他却把教皇关于上帝怎样设计环境以产生任意的最终结果的论证借辛普利西奥之口说了出来。[5]教皇的论证对自然哲学来说是无力的，也是带有敌意的。伽利略把它放在结尾，表明了自己对它的看法，教皇肯定会觉得受到了冒犯。

伽利略的审判

伽利略需要得到禁书审定部的正式批准才能将《对话》付印。经过一定的协商之后，这本书很快就于 1632 年 2 月按时在佛罗伦萨出版。教皇读到后非常愤怒。见证了这一幕的人说：“陛下勃然大怒，他突然对我说，就连我们的伽利略也胆敢踏入他不应踏入的地方，卷入此时能被挑起的最为重大和危险的问题。”[6] 教皇下令撤回这本书，并指派一个特别委员会对其进行审查。1633 年 2 月，伽利略被传唤到罗马接受异端审判。他劝说教会放弃反对哥白尼的努力失败了，最终倒加强了教会的反对立场。

关于伽利略昔日的朋友教皇乌尔班为什么要审判他，学者们仍然在争论。原因可能是乌尔班觉得伽利略嘲笑了他的论证，辜负了他的信任，所以他觉得自己不得不作出反应，否则就会失去威信。就算没有傲慢的数学家让他出丑，他在罗马维持自己威信的问题也已经够多了。1616 年禁止日心说之事，教会难辞其咎；但 1632 年危机升级，伽利略本人也有责任，虽然他的举动是出于最纯粹的目的。

谁都知道伽利略捍卫和持有哥白尼的观点是有罪的。宗教裁判所面临的问题是，《对话》一书的出版确实得到过禁书审定部的许可。如果伽利略事先得到过他们的批准，他们怎么能判他有异端罪呢？在审判快要开始的时候，解决方案出现了。他们查明，伽利略不仅早在 1616 年就已被告知过不要持有或捍卫哥白尼的观点，事实上禁令还要求他不得以任何方式讲授哥白尼的学说。这项禁令比伽利略向禁书审定部透露过的那些更为严格。他否认自己记得被同样的话告知过，宗教裁判所记录这些禁令的档案上也没有他的签名，所以一些学者认为，这份文件是为了给他定罪而伪造的。对一些历史学家来说，在需要的时候发现它真是太省事了。但没有证据表明文件是伪造的，即使没有嫌疑记录，伽利略也肯定会被定罪。[7]

他的审判于 1633 年 4 月 12 日开始。庭审期间，法庭给他安排了舒适的住处，但这并没有减轻他的严峻处境。他一开始就声称自己不赞成哥白尼主义，而且在书中也驳斥了哥白尼的意见。没有人相信这一点，但他坚持自己的说法。向宗教裁判所撒谎是一件极其危险的事。有充分的证据证明他有罪，如果他拒不坦白，就不会得到宽恕。有一位宗教裁判官决定与伽利略私下会面，劝他改变主意。结果，在下一次审讯中，伽利略承认，不知情的读者读了他的书会留下这样一种印象——就是他认为哥白尼主义是正确的。他还承认，自己的傲慢和自负使自己的论证力度显得比实际情况更大。6 月 21 日，宗教裁判所给伽利略最后一次机会让他承认自己确实持有哥白尼主义的观点。在他表示拒绝之时，宗教裁判所提醒他，对他不利的证据已经很充分，所以宗教裁判所现在有权动用刑讯迫使他认罪。[8]他仍然拒绝，但表示自己会服从教会对他所作的任何决定。宗教裁判所认为这是一个充分的答复，伽利略不用接受刑讯了。

次日，一个由教皇乌尔班主持的枢机主教委员会开会讨论对伽利略的判决。委员会发现伽利略有异端邪说的重大嫌疑，命他承认自己的错误。此外，他因不遵从宗教裁判所要求的不持有、捍卫或讲授哥白尼主义学说的命令，被判终身监禁。判决很快被减为软禁，伽利略回到了家里。教皇下令将伽利略判决书的副本分送到整个天主教世界。这是一项史无前例的举动。

伽利略一定感到沮丧。他帮助教会纠正错误的计划失败了，与教皇的友谊也毁掉了。回到家不久，他心爱的女儿——现在是修女玛丽·切莱斯特（Sister Marie Celeste）——去世了，伽利略自己的健康状况也急剧下降。换作一个不那么伟大的人，可能已经放弃了自然哲学的艰苦劳动，陷入了无尽的抑郁之中。伽利略不是这样的人。他又开始写作，写出的这本书确立了他作为人类智识活动中的巨擘的名声。因为之前的罪名，这本新书《关于两门新科学的对谈》（*Discourses on Two New Sciences*）不得不转到境外由荷兰的一家印刷商偷偷出版。[9]尽管如此，这本书从未被禁书审定部禁止，也没有证据表明它从当局那里给作者带来了进一步的麻烦。不管发生什么情况，（教会的）任何举动都会是纯粹报复性的。伽利略收到自己的样书之时，已经完全失明。他不再构成威胁了。英国新教诗人约翰·弥尔顿（John Milton，1608—1674）在 1638 年秋天拜访他时，没有人提出异议。[10]伽利略的晚年是平静的，他享受到了当时的人在垂暮之年能够享受到的一切舒适。他在 1642 年 1 月 8 日夜里去世。今天，他躺在佛罗伦萨方济各会圣克罗切教堂内一个宏伟的墓穴中；三个世纪前，切科·德阿斯科利就是在这座教堂外接受火刑。由于被乌尔班八世的诡计阻止，我们今天看到的与伽利略的地位相称的纪念碑，在他死后近一个世纪才树立起来。①

两门新科学：中世纪科学的遗产

1638 年出版的《关于两门新科学的对谈》标志着中世纪数学

---

① 由于伽利略与天主教会的过节，乌尔班八世等人反对将其葬在教堂的主体部分。伽利略的遗骸直到 1737 年才从教堂的一个小室中迁到今天的位置，墓前的纪念碑就是遗骸迁入前不久建的。

家和自然哲学家长达四个世纪的工作终于达到了顶峰。在书中，伽利略再次使用了在《对话》中创造的三个角色——萨尔维亚蒂、萨格雷多和辛普利西奥，他们又进行了超过四天的讨论，而这本书就是对这些虚构谈话的记录。关于局部运动和抛射体运动的一些结论已经在前作中人物对话的第二天预先提到过，但是现在伽利略又提供了更多细节。按照《关于两门新科学的对谈》的巧妙构思，萨尔维亚蒂一直在阅读伽利略的一部论著，并从中摘引了很多内容。

伽利略承认，书中的材料并非全都源于自己的工作成果。他因为没有把自己的参考来源交代完全，一直受到人们理所应当的批评。现代学者发现，《对谈》中伽利略受惠于中世纪和16世纪的先驱之处比先前意识到的更多。在书中，萨尔维亚蒂承认“其他人也曾得到过其中一些结论，这些人之中首先是亚里士多德”，[11]但这说得比较含蓄。他的下一句话道出了更多的实情：伽利略对这些结论的证明比迄今为止的任何证明都要严格得多。

《对谈》的第一天始于萨尔维亚蒂在威尼斯兵工厂的沉思，1571年勒班陀海战（sea battle of Lepanto）击败土耳其人的战船中，有许多就是这个兵工厂生产的。尼科洛·塔尔塔利亚写于1537年的关于抛射体的著作也叫《新科学》，该著作致力于为威尼斯打败土耳其人的努力做贡献。也许伽利略就是以这种方式交代前人在学术上对他的恩惠。

第一天的谈话范围很广。伽利略毫不隐讳地指出，真空确实可以存在，至少可以在两块平板被分开的瞬间存在。[12]在周围的空气涌来填满间隙之前，真空必定短暂地存在于两板之间。他继而解释，真空之所以“吮吸”是因为自然抗拒真空的形成。他还试图测定这种吸力的强度。（事实上，伽利略在这点上是错误的。真空不会“吮吸”，“吮吸”其实是气压推动造成的。）

这一天晚些时候，话题转向自由落体。辛普利西奥捍卫亚里士多德的学说，认为较重的物体比较轻的物体下落得更快，萨格雷多对辛普利西奥说：“我做了测试，可以向你保证，一枚重一二百磅甚至更多的加农炮弹不会比一颗仅有半磅重的滑膛枪子弹先落地。”[13]这重复了约翰·菲洛波努斯在一千年之前的论断，更近期的荷兰人西蒙·斯泰芬也有过同样的论断。在大约 1590 年的早期手稿中，伽利略已经注意到并批评了菲洛波努斯关于自由落体的观点，但现在看来伽利略基本上同意他的论断。[14]

伽利略继而提出了一些有趣的思想实验。他考虑了两个不同重量的物体连接在一起下落的情况。如果亚里士多德是对的，那么当一块小石头与一块大石头上连在一起时，前者就必定会拖慢后者的下落速度，因此二者连接在一起下落的速度会比大石头单独下落的速度慢。[15]这是荒谬的。伽利略由此证明，不论从实验上讲还是从第一原理上讲，不同物体都是以相同的速率下落。他的结论也许并不新颖，但他的处理方式无疑具有决定性意义。

伽利略与自由落体

第二天的讨论涉及材料科学。我们把它放在一边，直接讲第三天。在第三天，伽利略处理的是自由落体的问题，即物体在重力作用下如何运动。对于自己在多大程度利用了前人在这方面的工作成果，他再次显得不太坦诚：

> 我通过实验发现了一些值得了解的运动性质，这些性质

> 至今还没有被留意或证明过。确实有人进行了一些浅显的观察，例如，一个自由落体运动的重物会不断加速。但是这种加速具体加到什么程度却没有人说过。[16]

事实上有人说过，我们在前面已经看到，这个人是多明戈·德索托。多明戈广为流传的教科书对伽利略产生了多大影响（即使只是通过二手文献间接地影响）是科学史上最大的谜团之一，我们可能永远不会知道。但是，伽利略一定很熟悉默顿计算者的中速度定理。[17] 1600 年以前的印刷书中至少有十七种提到了这个定理，更不用说无数的手抄本了。[18]

伽利略还声称："据我所知，到目前为止还没有人指出过，一个从静止状态开始下落的物体在相同的时间间隔内经过的距离相互之间总是保持同样的关系，就像奇数从数字'1'开始一样。"[19]通过《对谈》中的一张示意图，我们可以很容易读懂他这话是什么意思。以恒定加速度运动的物体，其速度对时间的图像将是一条直线，不过是一条倾斜的直线。它之所以是直线，是因为加速度恒定不变，而倾斜程度对应于加速度。倾斜程度越高，加速度就越大。

正如尼科尔·奥雷姆意识到的那样，物体经过的距离由斜线下方围成的面积表示。点 A 表示物体处于静止状态。在点 C 的时刻，物体加速到速度 B。因此，物体经过的距离是三角形 ABC 的面积。回想一下第十二章中的示意图，默顿计算者的中速度定理表明，三角形 ABC 的面积（表示匀加速运动的物体所经过的距离）等于矩形 ADEC 的面积（表示该物体以中速度运动所经过的距离）。显然，伽利略在这里使用的正是这个结论，证明方式也与尼科尔·奥雷姆一样。

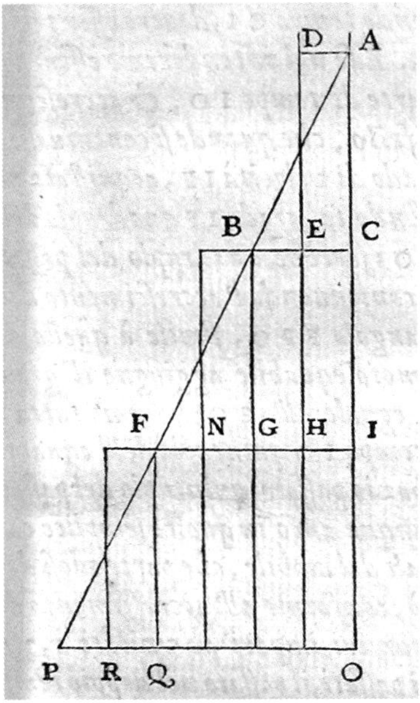

图 16 伽利略《关于两门新科学的对谈》(1638) 中对中速度定理的证明方式的再现，取自 1914 年英译本

如果我们把物体在时间 AC 内运动的距离定义为一个单位，用三角形 ABC 表示，那么从图中可以清楚地看出，在下一个相等的时间增量 CI 中，物体经过的距离是 BCIF 的面积。将这些图形重新排列一下我们就会发现，这是 ABC 面积的三倍。在下一个时间增量 IO 中物体所经过的距离是 FIOP 的面积，它是 ABC 面积的五倍。这就是伽利略所说的“经过的距离相互之间总是保持同样的关系，就像奇数从数字‘1’开始一样”的意思。也就是说，物体在相同时间内经过的距离以数列“1、3、5、7……”的形式增加。

我们可以将这与 14 世纪早期威廉·海特斯伯里的说法比较一下。他写道："如果运动物体的速度从零开始均匀地增加至某个量，那么它在前一半时间内经过的距离将正好是它在后一半时间内经过的距离的三分之一。"[20]而且威廉·海特斯伯里 1494 年版《解决逻辑疑难的规则》中的示意图（依照尼科尔·奥雷姆草拟的原图）看起来确实与伽利略在《对谈》中证明同一个观点时所用的图异常相似。威廉没有将前两个时间间隔内物体分别运动一个单位和三个单位的距离彻底归纳概括，但不久之后，奥雷姆确实指出，距离遵循数列"1、3、5、7……"的规律，就像伽利略所说的那样。[21]

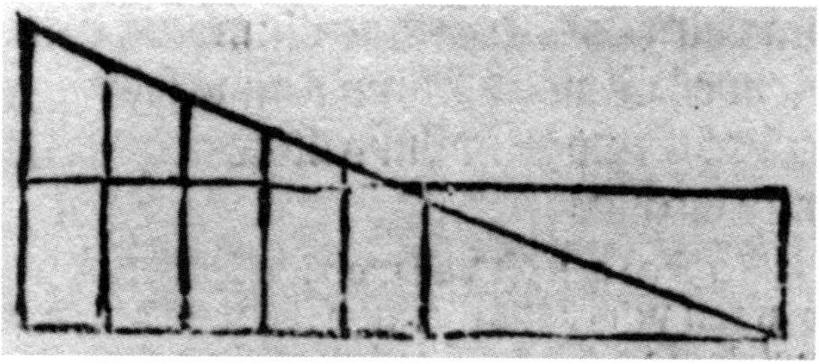

图 17　威廉·海特斯伯里 1494 年版《解决逻辑疑难的规则》中的中速度定理示意图

有良好的证据表明，伽利略知道上面引用的威廉·海特斯伯里的那本书，因为他在一份未出版的笔记中直接提到了它，这份笔记是他在比萨求学期间做的。[22]此外，同一套笔记中还提到了计算者理查德·斯温斯黑德和意大利学者加埃塔诺·迪蒂内（Gaetano di Thiene，1387—1465），后者写的评注与威廉的文字在同一册书中出版。不错，人文主义者确实掩盖了中世纪学术的成就，但相关的书籍对专家来说依然很容易获得，专家们对这些书籍也很熟悉。虽然伽利略时代的自然哲学家受惠于亚里士多德，但数学家仍然使用了默顿计算者的结论。尼科洛·卡贝奥（Niccolò Cabeo，1586—1650）就是这样一位数学家，他对伽利略自称首先获得的那些发现不屑一顾。“伽利略身上另一个明显的特点是一种让人无法忍受的自吹自擂，”卡贝奥说，“他极其希望从亚当时代到我们这个时代的每个人都处于可耻的无知之中，甚至连物体下落时速度增加的比例是多少都不知道。”[23]

伽利略对落体运动理论的贡献是认识到下落的距离与所用时间的平方成正比。[24]这一结论很容易从上面的示意图中得出，但默顿计算者似乎没有明确地讲过这一点。图中一个轴对应着时间，另一个轴对应着速度。经过的距离——即斜线下方围成的面积——是速度乘以距离①除以二。但是当物体以恒定的加速度运动时，速度等于时间乘以加速度。也就是说另一个轴也与经过的时间成正比。所以距离必定是加速度（a）乘以时间（t）的平方除以 2，即$\frac{1}{2}at^2$。任何人只要记得在学校学过的力学知识，都会认识这个公式。

伽利略的功绩不是把中速度定理和重力联系到了一起，也不是他对物体如何加速运动进行了描述。毋宁说，伽利略的功绩是用实验证明了，这些可以追溯到 14 世纪的数量关系的发现，在自然中仍是正确的。他意识到，为了进行精确的实验，必须放慢速度。为此，他决定让球从斜坡（科学用语称为“斜面”）上滚

① 此处原文有误，应为“时间”。

下来，而不是垂直掉落。他使用小型水钟来计时——机械钟的精确度对精密实验来说还不够高。为了测定较短的时间间隔，他让水流经一个狭窄的管口，然后测出管口打开时流出的水的重量。[25]

让球从斜面上滚下来的想法并不新颖。15 世纪晚期，帕维亚的一位内科医生约翰·马利亚尼（John Marliani，死于 1483 年）出版了许多关于自然哲学的著作。在 1482 年出版的《比例问题》（*Question on Proportion*）中，马利亚尼讨论了自己用钟摆和斜面上的球进行的实验。与伽利略不同的是，他要验证的假设不对，最终未能取得任何突破。[26]

伽利略必须先解决一个疑难才能信赖自己的实验：他能确定让一个球从斜面上滚下来与让它自由下落是等价的吗？要使实验结果有效，这两种情况之间必须有精确的对应关系。斜面是一个自古以来就困扰着数学家的问题。一个人怎么能把他举不起的重物推上斜坡呢？把它推上斜坡与把它举上去要上升的高度是一样的。古希腊人未能给出明确的答案，但中世纪学者约尔丹努斯·德内莫雷（Jordanus de Nemore，约 1225—1260）成功地解决了这个问题。他或是他早期不知姓名的追随者证明，物体对斜坡施加的压力与斜坡的陡峭程度成正比。[27]这意味着球从斜面上滚下来的运动与球自由下落的运动是相似的。前者的速度相对慢一些，但与后者的速度有直接的比例关系。

尼科洛·塔尔塔利亚以典型的 16 世纪风格将这一重要的中世纪成果作为自己的工作成果进行了重述和出版。[28]与此同时，人们知道了古希腊作家尝试过的失败的证明，包括杰罗姆·卡丹在内的数学家试图弄清楚他们错在哪里。[29]伽利略一定很熟悉约尔丹努斯的证明，他在自由落体的问题上花了很多时间，并最终以经典方法为基础，成功地给出了自己的解答。

抛射体运动

《关于两门新科学的对谈》中第四天和最后一天的对话谈到了抛射体运动。伽利略一开始就表述了惯性定律，这条定律最终打破了亚里士多德的那句格言：任何物体如果没有另一物体推动它，便不会运动。伽利略告诉我们："想象任意一个微粒在没有任何摩擦力的平面上运动。那么我们知道……如果平面没有边界，这个微粒就会以恒定的速度沿着平面永远运动下去。"[30]让·布里丹曾说明过行星如何在一个无摩擦的环境中永远保持运动状态。伽利略现在将这个定律普遍化，并且意识到，这个定律严格来说适用于光滑水平面而不是天界中的圆周运动。他继而证明，抛射体（如加农炮弹）的运动轨迹是曲线。

塔尔塔利亚在其著作《新科学》中已经证明了抛射体做曲线运动。杰罗姆·卡丹也曾提出，抛射体的运动轨迹"几乎呈抛物线"，虽然他并不认为其轨迹真的是抛物线。[31]所以伽利略正确地指出，没人证明过准确的曲线应该是什么样子。他现在从第一原理开始证明。他假定一门大炮朝开火的方向发射速度恒定的炮弹。按照惯性定律，如果没有其他的力作用在炮弹上，它将朝着那个方向沿直线永远运动下去。但是现在有两种力作用在炮弹上——空气阻力（鉴于这个讨论的目的，我们可以忽略它）和重力。在对话的前一天，伽利略已经说明了物体在重力作用下的运动情况。他解释道，炮弹的轨迹是它同时进行的直线运动和落体运动的结合。亚里士多德称炮弹上来自大炮的受迫运动和来自重量的自然运动不相容，这种说法是错误的。所以，要计算炮弹的轨迹，只须把两种运动叠加在一起。叠加之后你会发现，得到的轨迹正如卡丹预测的那样，是一种叫作抛物线的特殊曲线。[32]

伽利略的成就在于把前人的工作综合起来，在清除了大量无关紧要的内容或单纯的错误之后，用受控实验和巧妙的论证来证明剩下的部分。一种新的科学确确实实是从他开始的，但不可否认的是，他的工作建立在中世纪的基础之上。没有中世纪的奠基，即使用尽上天赐予他的长寿，他也绝对无法完成那些工作的一小部分。

伽利略解决了长期困扰中世纪自然哲学家的问题，这使他的前辈们黯然失色。就像开普勒对光学的贡献一样，他也淘汰了以前许多过时的东西。这并不是说以前的东西不重要。对那些想了解伽利略和开普勒从何处找到自己想法的历史学家来说，中世纪哲学是不可或缺的来源。虽然他们这一代人的成就非常突出，但这些成就不应掩盖托马斯·布拉德沃丁、让·布里丹、尼科尔·奥雷姆等人的突破性工作。

不过，中世纪自然哲学家最重要的贡献是使现代科学变得可以想象。他们使科学在基督教的环境中安全发展，展示了科学的用途，构建了一种科学在其中可以被理解的世界观。他们相信自然是上帝创造的，所以值得关注，这种核心信仰是伽利略完全认同的。如果没有这种意识，现代科学就不会出现。

结　语

一场科学革命？

1833年6月，英国科学促进会（British Association for the Advancement of Science）在剑桥召开会议。议题中有个奇怪的事实，那就是研究自然运作机制的男性（当时女性不多）没有统一的名称。科学突飞猛进，但其从业者却没有正式的称号。《忽必烈汗》（*Kublai Khan*）和《古舟子咏》（*Rime of the Ancient Mariner*）的作者、诗人塞缪尔·泰勒·柯勒律治（Samuel Taylor Coleridge，1772—1834）也出席了会议。他提出了一个问题：什么名称适合用来称呼自然的学生？随后的讨论没过多久就被报道出来：

> “哲学家”一词让人觉得过于宽泛、过于高傲，而且这个词被柯勒律治先生以语文学家兼形而上学家的身份恰当地禁止了。“*savans*”（学者）这个词很值得考虑，但它是法语词而不是英语词。某位机智的先生提出，我们可以比照“*artist*”（艺术家）这个词构造“*scientist*”这个词来称呼他们，而且既然我们有“economist”（经济学家）和“atheist”

（无神论者）这样的词，我们就不该对擅用这个术语心存顾忌——但这没有得到一致的认可。[1]

这个机智的人是威廉·休厄尔（William Whewell，1794—1866），英国科学促进会主席和著名作家。他对维多利亚时代的科学风尚有促进作用，可以说是最早的科普作家之一。虽然休厄尔提出的“scientist”一词在会上不大受欢迎，但他立马就开始在自己的书中使用它，这个术语很快就流行起来。

“scientist”这个词之所以直到1833年才被创造出来，是因为直到那时人们才意识到造这样一个词的必要性。科学已经成为一个完全独立于哲学和神学的自主学科。尽管关于上帝和创世的假设对科学来说曾是必不可少的，但现在科学已经非常成功，不再需要这些假设了。在本书中，没有一个来自中世纪的人被称为科学家；事实上，这个词根本就没有被使用过。不仅仅是因为这个词没有被发明出来，应该说，我们称为科学家的那种人在中世纪并不存在。本书讲述的是科学在酝酿期的故事，显然，在现代科学诞生之前，不可能有科学家。

“现代科学诞生之前”这个短语并不很恰当。不存在诞生的时刻，也不存在科学突然爆发的转折点。我们只能说，到1833年英国科学促进会举行会议之时，这个过程已经完成，现代科学无疑已经以当今科学的年轻形态存在。

就在那时，人们开始追问科学的起源。人们很快达成共识：科学始于古希腊人。人们认为，科学在中世纪欧洲人丢下接力棒时一度陷入停滞。随后，在16世纪，哥白尼和伽利略又重新拾起了接力棒。但是，正如本书所阐明的，这个图景是不准确、不公正的。所以，现在让我们简要回顾一下中世纪如何奠定现代科学的基础。

现代科学有四块基石，我们可以称之为制度的、技术的、形而上学的和理论的基石。因为本书的故事大致是按时间顺序讲述的，所以我们已经随着这些基石的出现接触到了许多相关的例子。在这个总结中，我们可以将这些例子按类别归在一起，以便更清晰地展现中世纪的成就。

中世纪的主要科学机构是大学。这些大学虽然主要用于培养高级神职人员，但它们也为自然哲学家提供了一个家园。事实证明，许多神学家也写过自然哲学方面的重要著作，他们认为这是自己必要的训练科目。在教会和国家的保护下，大学为学生和教授提供了前所未有的安全和学术自由。学生享有与神职人员相同的法律地位，地方上的世俗统治者很难限制他们的研究内容。至于教会，它从不无条件地支持科学的所有分支，也不设定自然哲学家不得逾越的界限。然而，我们已经看到，大多数关于教会如何妨碍科学的故事都是中世纪结束后的杜撰。总的来说，我们在本书中看到的基督教与自然哲学之间的关系可能用一个说法来概括是最好的，那就是“具有创造性的张力”。

今天，西方的大学仍然是科学研究和科学训练的主要机构。“大学是自治团体”这个由中世纪开创的模式，已经传播到世界各地，甚至是那些从未被欧洲人殖民的地方。几乎所有最早的大学都依然与我们同在，其中一些大学如牛津和剑桥，仍在不断壮大。

中世纪的技术进步带来了农业生产力和生活水平的大幅提升。有些技术进步还对科学有直接影响。例如，前面我们已经看到，威尼斯或比萨的一位玻璃工在 13 世纪是如何发明眼镜的。威尼斯人渐渐成了研磨镜片的行家，伽利略建造望远镜时就在威尼斯附近工作，这并非巧合。航海指南针促使朝圣者彼得和威廉·吉尔伯特对磁现象进行研究。其他发明对科学思想的影响虽然不是那么直接，但同样意义深远。机械钟的周期是 24 个小时，这与中世纪的世界图景非常相似。他们相信天每日绕地球转一圈，所以“世界是一位神圣的钟匠建造的钟”这个比喻自然而然地传到了托马斯·布拉德沃丁和尼科尔·奥雷姆那里。这个比喻鼓励人们将自然视为一种可以用理性加以探究的机械。

如果没有现代科学的成就，我们今天认为理所当然的大部分技术——比如写这本书使用的电脑——便不会存在。在中世纪，技术和工程没有得到自然哲学的任何恩惠。那时的关系正好相反。技术进步不仅为自然哲学家提供了研究所需的设备，还为他们提供了关于世界运行机制的线索。自然哲学家无法指出自己的工作能带来什么实际利益，更不用说举出一些能证实其理论的实际应用了；这意味着他们需要用别的方式来为自己活动的正当性辩护。

现代科学的形而上学基石往往被忽视。我们认为这是理所当然的，并不关心人们当初是出于何种原因开始研究自然的。今天，只要给任何你喜欢的稀奇古怪的理论贴上“科学”的标签，就能增强其可信度——广告商和江湖医生非常喜欢这么干。但在中世纪，科学不会像今天那样享有天然的权威。

要理解为什么科学在解释宇宙方面还未能表现出显著的成功就已经具有了吸引力，必须从中世纪的视角来看待事物。“自然由上帝创造”是中世纪全部自然哲学的出发点。这使科学成为一个合法的研究领域，因为人类可以通过自然了解其创造者。中世纪学者认为自然遵守上帝制定的法则。由于上帝是始终如一而不是反复无常的，这些自然规律是不变的，值得仔细研究。然而，这些学者拒绝了亚里士多德关于自然法则受到必然性约束的主张，他们认为上帝不受亚里士多德所说的那种限制。发现上帝确立的规律的唯一方式是运用经验和观察。现代科学的先驱们几乎原封不动地接过了中世纪自然哲学家的研究动机和为科学辩护的理由。艾萨克·牛顿爵士明确表示过自己是在研究上帝的创造，这是一种宗教义务，因为自然反映了其创造者的创造力。1713 年，牛顿在他最伟大的著作《自然哲学的数学原理》（*The Mathematical Principles of Natural Philosophy*）的第二版中加入了下面这段话：

> 盲目的形而上学的必然性不论在何时何地都必定是相同的，它不会产生事物的多样性变化。所有那种我们发现适合不同时间和地点的有机体的多样性，都只可能来自一个必然存在的是者（Being）的思想和意志……关于上帝我们能说的也就这么多，而从事物的表象出发对上帝进行的探讨无疑属于自然哲学。[2]

牛顿的错误需要查尔斯·达尔文（Charles Darwin，1809—1882）来证明。

最后一块基石是中世纪遗赠给现代早期的一系列关于世界的理论。以下是其中的一些：让·布里丹的冲力理论是现代力学的重要基础。他还证明了一颗不受任何阻力的行星如何永远保持运动，解释了为什么我们无法感受到地球在旋转。威廉·海特斯伯里描述了物体的匀加速运动。尼科尔·奥雷姆用曲线图证明了海特斯伯里的定理。库萨的尼古拉甚至提出了无限宇宙和地外生命的想法。朝圣者彼得分析了磁现象并启发威廉·吉尔伯特使用球形磁体进行研究。如果没有这些科学进展，很难看出哥白尼、开普勒和伽利略如何能够取得他们所取得的进步。

许多中世纪理论的力量源于其将数学与自然哲学相结合的方式。在亚里士多德那里，这两个学科始终泾渭分明；但在中世纪，它们越来越多地联系在一起。托马斯·布拉德沃丁表明，对自然作出的成功的数学描述应该始终有效，而默顿计算者则普及了用数字来研究物理问题的思想。这意味着到了16世纪，数学和自然哲学之间的隔阂实际上已经可以忽略。

如今，把哥白尼和牛顿之间的时期称为“科学革命”是司空见惯的事。虽然这个说法是在20世纪中叶发明的，但它已经成为语言中不容置疑的一部分。[3]大多数历史学家确实认为发生了某种革命性的事情，虽然他们不喜欢这个标签。一些孤独的声音，如剑桥的安德鲁·坎宁安（Andrew Cunningham）和加利福尼亚的史蒂文·沙平（Steven Shapin），挑战了这种霸权。[4]坎宁安认为，现代科学诞生于1800年左右——这个时期在其他方面也具有革命性的变化。[5]现代医学在19世纪中叶之前并不存在，而且无可争议的是，现代医学与先前的医学实践没有任何相似之处。[6]

一些怀疑论者声称，“科学革命”这个术语又是一个什么也没解释的、带有偏见的历史标签，本书应该会给他们的这种说法提供一些支持。你可以将12世纪到20世纪之间的任何一个世纪称为科学革命的世纪，我们所在的这个世纪也不会结束这一序列。科学革命的概念只不过是强化了这样一个错误认识：在哥白尼之前，科学上根本没有出现任何具有重大意义的事情。

中世纪的生活常常是短暂和充满暴力的。普通人被他们不理解的疾病侵袭，被冷漠的统治阶级剥削，依赖一个极少符合其创立者理想的基督教会。将这个时期浪漫化是错误的，我们应该为自己不必生活在那样的时代而庆幸。但人们不得不承受的艰苦生活只会使他们在科学和许多其他领域的进步更加令人敬佩。我们不应该把他们当成迷信的原始人。我们理应对他们表示感激。

进阶阅读建议

现在有很多关于中世纪科学的学术著作，但其中大部分是写给专业人士看的。此处推荐的书籍旨在为那些希望探索本书提出的一些问题的非学术向的读者提供一些后续阅读方案。

关于中世纪科学的权威教科书是 David C. Lindberg, *The Beginnings of Western Science*, second edition（Chicago: University of Chicago Press, 2007）。这是一部涵盖了古代和中世纪自然哲学的优秀导论。遗憾的是，这很显然是为大学生编写的教科书，因此相当枯燥。*Science in the Middle Ages*（Chicago: University of Chicago Press, 1978）中的文章提供了关于中世纪科学的个别学科的更多细节。Marcia L. Colish, *Medieval Foundations of the Western Intellectual Tradition, 400 - 1400*（New Haven, CT: Yale University Press, 1997）对中世纪文化的各个方面进行了全面而引人入胜的介绍。医学史方面，Roy Porter, *The Greatest Benefit to Mankind: A Medical History of Humanity from Antiquity to the Present*（London: HarperCollins, 1998）对这一主题进行了全面的阐述。Arthur Koestler, *The Sleepwalkers: A History of Man's*

Changing Vision of the Universe（Harmondsworth：Penguin，1990）是小说家为哥白尼、开普勒和伽利略写的传记，但令人惋惜的是，书里关于中世纪的简短部分写得并不准确。

James McClellan, *Science and Technology in World History: An Introduction*（Baltimore：The Johns Hopkins University Press, 1999）是一部从史前到当代的完整科学史。关于伊斯兰的科学事业，Ehsan Masood，*Science and Islam: A History*（Icon Books，2009）和 Howard Turner，*Science in Medieval Islam: An Illustrated Introduction*（Austin：University of Texas Press, 1995）都是既有趣而可靠的著作。Toby Huff，*The Rise of Early Modern Science: Islam*, *China and the West*, second edition（Cambridge University Press, 2003）是本有争议的书，不是完全可靠，但它是弄清“是什么造就了西方科学的独特性”这个问题的一次勇敢尝试。

关于科学与宗教之间的关系，可以在两个文集中找到好文章：*God and Nature: Historical Essays on the Encounter Between Christianity and Science*（Berkeley：University of California Press, 1986）和 *When Science & Christianity Meet*（Chicago：University of Chicago Press, 2003）。*Galileo Goes to Jail and Other Myths about Science and Religion*（Cambridge, MA：Harvard University Press, 2009）中的文章试图消除这个问题上的一些讹传。Edward Peters, *Inquisition*（Berkeley：University of California Press, 1989）阐述了关于宗教裁判所这个臭名昭著的机构的神话和现实。

最后，一些学术书籍不仅内容很棒，写得也十分出色，值得广大读者阅读。M.T. Clanchy, *Abelard: A Medieval Life*（Oxford：Blackwell, 1997）将 12 世纪写得生动有趣。Francis Yates，*Giordano Bruno and the Hermetic Tradition*（London：Routledge Classics，

2002）在解释文艺复兴时期魔法师的陌异世界方面，是最好的作品。Lynn White, *Medieval Technology and Social Change*（Oxford: Oxford University Press, 1966）彻底改变了对中世纪技术的研究。David Wootton, *Bad Medicine: Doctors Doing Harm Since Hippocrates*（Oxford: Oxford University Press, 2006）也许是迄今为止医学史方面最重要的著作，可读性极强。

大事年表

年代	事件
406 年	野蛮人越过结冰的莱茵河入侵罗马帝国
410 年	哥特人洗劫罗马
455 年	汪达尔人洗劫罗马
476 年	西罗马帝国末代皇帝罗慕路斯·奥古斯图卢斯被废黜
526 年	波爱修被处决；《哲学的慰藉》发表
622 年	穆罕默德从麦加逃往麦地那；穆斯林历元年
732 年	查理·马特在普瓦捷战役中击败入侵法国的穆斯林
800 年	查理曼在罗马加皇帝冕
999 年	欧里亚克的热尔贝成为教皇
1066 年	诺曼底的威廉入侵英格兰；黑斯廷斯战役
1085 年	西班牙的穆斯林城市托莱多落入基督徒之手，城中图书馆完好无损
1086 年	《末日审判书》编成
1092 年	瓦尔歇用星盘进行了一次天文观测

1093 年　安瑟尔谟被任命为坎特伯雷大主教
1121 年　对彼得·阿伯拉尔的第一次审判
1140 年　对彼得·阿伯拉尔的第二次审判
1158 年　位于博洛尼亚的世界上第一所大学得到皇家特许证
1204 年　第四次十字军东征攻陷君士坦丁堡
1210 年　亚里士多德的自然哲学著作在巴黎被禁
1231 年　教皇解禁亚里士多德的自然哲学著作
1257 年　托马斯·阿奎那在巴黎获得神学博士学位
1268 年　罗吉尔·培根为教皇完成了《大著作》《小著作》和《第三著作》
1272 年　文献首次提到机械钟
1277 年　巴黎主教谴责了源自阿威罗伊哲学的 219 项命题
1284 年　传统上认为的眼镜的发明年代
1309 年　教皇离开罗马到法国南部的阿维尼翁定居
1320 年　让·布里丹开始在巴黎教授哲学
1323 年　托马斯·阿奎那被封为圣徒
1327 年　切科·德阿斯科利因使上帝服从占星术在佛罗伦萨被执行火刑
1335 年　威廉·海特斯伯里载有中速度定理的《解决逻辑疑难的规则》出版
1339 年　巴黎方面试图禁止奥卡姆的威廉的思想但以失败告终
1347 年　黑死病首次出现于西欧
1347 年　奥特库尔的尼古拉向教皇申诉失败后承认了自己的错误
1377 年　教皇回到罗马，但阿维农仍有一位敌对教皇；西方教会大分裂开始

1417 年　大分裂随着一位无争议教皇当选而结束
1434 年　佛罗伦萨大教堂的穹顶落成
1453 年　君士坦丁堡被土耳其人攻陷
1455 年　约翰·古腾堡采用活字印出了大开本《圣经》
1488 年　巴尔托洛梅乌·迪亚斯两次绕过好望角
1492 年　哥伦布横渡大西洋
1492 年　格拉纳达成为西班牙南部最后一块被基督徒攻陷的穆斯林飞地
1513 年　天主教会宣布灵魂不朽可以从哲学上证明
1517 年　马丁·路德将他的 95 条论纲钉在维滕贝格教堂的大门上，引发了宗教改革运动
1535 年　牛津和剑桥的大学废止了中世纪的教学大纲
1537 年　尼科洛·塔尔塔利亚的《新科学》证明抛射体进行曲线运动
1540 年　依纳爵·罗耀拉创建耶稣会
1543 年　哥白尼的《天球运行论》、维萨里的《人体构造》以及阿基米德的著作出版
1553 年　迈克尔·塞尔韦图斯在日内瓦被执行火刑
1559 年　天主教会推出第一批《禁书目录》
1563 年　特伦托会议结束，反宗教改革开始
1572 年　天空中出现超新星，被证明不是大气现象
1575 年　杰罗姆·卡丹在罗马去世
1577 年　第谷·布拉赫观测到出现的彗星
1600 年　威廉·吉尔伯特的《论磁》出版
1610 年　伽利略公布自己用望远镜获得的新发现
1616 年　天主教会谴责了哥白尼的观点

1618 年　天主教徒与德国新教徒之间的三十年战争开始

1627 年　开普勒出版《鲁道夫星表》，星表的精确性使日心说被接受

1628 年　威廉·哈维的《心血运动论》出版

1632 年　伽利略的《关于两大世界体系的对话》出版

1633 年　伽利略在罗马接受审判

1638 年　伽利略的《关于两门新科学的对谈》出版

1642 年　伽利略去世

重要人物表

彼得·阿伯拉尔（Peter Abelard，1079—1142）：敢于直言的逻辑学家和神学家，有着充满争议的职业生涯；《我的苦难史》的作者，爱洛依丝的爱侣。

巴斯的阿德拉德（Adelard of Bath，约 1080—约 1160）：曾游历中东搜寻阿拉伯文本；欧几里德《几何原本》的译者，《自然问题》的作者。

萨克森的阿尔伯特（Albert of Saxony，约 1316—1390）：让·布里丹的德国学生，其教科书促进传播了老师的思想；证明了抛射体进行曲线运动。

圣大阿尔伯特（St Albert the Great，约 1200—1280）：德国自然哲学家、神学家，曾教过托马斯·阿奎那，被称为“全能博士”和自然科学的守护圣徒。

约克郡的阿尔昆（Alcuin of York，约 735—804）：查理曼皇帝的大臣、教育改革家。

塔代奥·阿尔德罗蒂（Taddeo Alderotti，约 1223—1295）：博洛尼亚学术医学的先驱。

阿尔哈曾（海赛姆）（Alhazen［Al-Haytham］，965—约 1039）：穆斯林哲学家，其光学著作在中世纪无人能超越。

花剌子米（Al-Khwarizmi，约 780—约 850）：穆斯林数学家，写过计算和代数方面的重要指南。

图斯人奈绥尔丁（Nasir al-Din Al-Tusi，1201—1274）：波斯天文学家，他的计算方式被哥白尼的《天球运行论》吸收。

贝纳的阿莫里（Amaury of Bène，死于约 1207 年）：任教于巴黎大学的异端分子，其追随者即阿马勒利派分子于 1210 年被执行火刑。

坎特伯雷的圣安瑟尔谟（St Anselm of Canterbury，1033—1109）：圣徒、坎特伯雷大主教，用上帝存在的本体论证明将信仰与理性结合。

圣托马斯·阿奎那（St Thomas Aquinas，1225—1274）：“天使博士”，其卷帙浩繁的哲学和神学著作使希腊哲学对基督徒而言安全可靠。

阿基米德（Archimedes，公元前 287—前 212）：古希腊工程师、数学家，发现了浮力定律，此外还拥有许多其他的发现，在罗马人洗劫锡拉库扎时遇害。

亚里士多德（Aristotle，公元前 384—前 322）：希腊哲学家、柏拉图的学生、亚历山大大帝的老师，在中世纪被直接称为“那个哲学家”。

希坡的圣奥古斯丁（St Augustine of Hippo，354—430）：教父、北非希坡城主教，写有包括《上帝之城》在内的极具影响力的著作。

阿威罗伊（伊本·路世德）（Averröes［Ibn Rushd］，1126—1198）：来自穆斯林化的西班牙的哲学家，对亚里士多德著作的详细分析使其获得了“评注家”的称号。

阿维森纳（伊本·西纳）（Avicenna［Ibn Sina］，约 980—1037）：穆斯林医生、哲学家，其著作包括《医典》在内，在中世纪欧洲极具影响力。

弗朗西斯·培根（Francis Bacon，1561—1626）：英王詹姆斯一世的大法官，曾尝试改革当时的科学。

罗吉尔·培根（Roger Bacon，1214—1292）：英国方济各会士，研究过光，为教皇撰写了大量关于改革自然哲学的著作。

巴尔托洛梅乌·迪亚斯（Bartolomeu Dias，死于 1500 年）：葡萄牙船长，第一个绕过好望角的欧洲人。

罗伯特·贝拉尔米内（St Robert Bellarmine，1542—1621）：耶稣会枢机主教、神学家，曾指导对乔尔丹诺·布鲁诺的审判以及对日心说的谴责。

图尔的贝伦格（Berenger of Tours，约 1000—1088）：神学家，因怀疑圣餐化质说被控为异端。

克莱尔沃的圣伯纳德（St Bernard of Clairvaux，1090—1153）：激进的修士、基督教改革者，成功地将彼得·阿伯拉尔控为异端。

贝尔纳多·居伊（Bernardo Gui，约 1261—1331）：图卢兹多明我会宗教裁判官，也是托马斯·阿奎那的第一位传记作者。

巴西尔·贝萨里翁（Basil Bessarion，1403—1472）：拜占庭流亡者，后成为天主教的枢机主教和希腊学术的著名赞助人。

提乌·曼利厄斯·塞维里努斯·波爱修（Boethius，Anicius Manlius Severinus，480—525）：罗马贵族、哲学家，写过一些教科书以及《哲学的慰藉》；被国王西奥多里克以谋逆罪处决。

圭多·博纳蒂（Guido Bonatti，约 1210—约 1290）：被但丁打入地

狱的占星家。

托马斯·布拉德沃丁（Thomas Bradwardine，约 1290—1349）：数学家，曾在默顿学院和牛津大学学习，后成为坎特伯雷大主教。

第谷·布拉赫（Tycho Brahe，1546—1601）：斯堪的纳维亚天文学家，在丹麦的文岛进行了具有空前精确度的天文观测。

托马·布里科（Thomas Bricot，死于 1516 年）：巴黎大学神学家，他写的教科书在 16 世纪早期非常流行。

菲利波·布鲁内莱斯基（Filippo Brunelleschi，1377—1446）：建筑师、艺术家、佛罗伦萨大教堂穹顶的设计者，率先将透视法用于绘画领域。

乔尔丹诺·布鲁诺（Giordano Bruno，1548—1600）：新异教徒、《赫尔墨斯秘文集》的狂热爱好者，在罗马被宗教裁判所处以火刑。

让·布里丹（John Buridan，约 1300—约 1358）：巴黎大学校长、哲学家，发展了冲力理论，对地球自转进行了推测。

约翰·加尔文（John Calvin，1509—1564）：法国宗教改革家，以日内瓦为基地创立了新教的改革宗。

托马索·坎帕内拉（Tommaso Campanella，1568—1639）：魔法师、神秘哲学家，教皇乌尔班八世曾雇用他保护自己免受众星的恶性影响。

杰罗姆·卡丹（Jerome Cardan，1501—1576）：意大利医生、数学家、占星家和发明家。

切科·德阿斯科利（Cecco D’Ascoli，约 1269—1327）：占星家、博洛尼亚大学教师，两次被宗教裁判所谴责，最后死于佛罗伦萨的火刑柱上。

杰弗里·乔叟（Geoffrey Chaucer，约 1343—1400）：英国诗人，

除《坎特伯雷故事集》之外，还写有关于星盘使用方法的科学论著。

马库斯·图留斯·西塞罗（Marcus Tullius Cicero，公元前106—前43）：罗马政治家、演说家，其拉丁语风格受到人文主义者的推崇。

克里斯托弗·克拉维于斯（Christopher Clavius，约1538—1612）：耶稣会天文学家，曾在罗马任教，支持托勒密的旧宇宙论。

尼古拉·哥白尼（Nicolaus Copernicus，1473—1543）：波兰教士，以太阳代替地球作为宇宙的中心重建了宇宙模型。

科西莫·德·美第奇（Cosimo de Medici，1389—1364）：统治佛罗伦萨的寡头，曾赞助马尔西利奥·菲奇诺将希腊文献翻译成拉丁语。

科西莫一世·德·美第奇（Cosimo I de Medici，1590—1621）：托斯卡纳大公、伽利略的赞助人。

切萨雷·克雷莫尼尼（Cesare Cremonini，1550—1631）：亚里士多德学派哲学家、伽利略在帕多瓦大学的同事。

托马斯·克伦威尔（Thomas Cromwell，约1485—1540）：国王亨利八世的顾问，曾主持将英国大学的中世纪教学大纲替换为人文主义者的教学大纲。

皮埃尔·德阿伊（Pierre D'Ailly，1350—1420）：毕业于巴黎大学，1411年获任枢机主教，也是著名的地理作家，哥伦布曾从他的作品中受到启发。

但丁·阿利吉耶里（Dante Alighieri，1265—1321）：佛罗伦萨诗人，其《神曲》的特色是将他那个时代的多种人格分别归到天堂或地狱的不同位置。

约翰·迪伊（John Dee，1527—1609）：英国占星家、魔法师，试图将占星术改造为一门数学学科但未获成功。

多明戈·德索托（Domingo de Soto，1494—1560）：西班牙多明我会修道士，其关于亚里士多德《物理学》的教科书第一次精确地表述了自由落体定律。

约翰·邓斯·司各脱（John Duns Scotus，约 1265—1308）：方济各会士，在牛津大学和巴黎大学教授神学，其难懂的哲学推进了托马斯·阿奎那的工作。

德西迪里厄斯·伊拉斯谟（Desiderius Erasmus，约 1469—1536）：荷兰人文主义者，其讽刺作品攻击了中世纪学术，曾以希腊语原文出版《新约》。

亚历山大的欧几里德（Euclid of Alexandria，约公元前 325—约前 265）：希腊几何学大师，其《几何原本》统治该学科逾两千年。

加布里埃莱·法拉皮奥（Gabriele Fallopio，1523—1562）：解剖学家、维萨里的学生，首次识别出输卵管。

马尔西利奥·菲奇诺（Marsilio Ficino，1433—1499）：人文主义者、希腊学者，曾将柏拉图对话以及《赫尔墨斯秘文集》译为拉丁语。

罗伯特·弗卢德（Robert Fludd，1574—1637）：来自肯特郡的占星家、炼金术士，曾与约翰尼斯·开普勒就数学在科学中的恰当地位进行辩论。

腓特烈二世（Frederick II，1194—1250）：神圣罗马帝国皇帝、科学赞助人，曾写过关于鸟类的论著，被众人称为“世界奇观”。

帕加马的盖伦（Galen of Pergamon，约公元 131—约 201）：希腊医生，曾为多位罗马皇帝服务；他的书构成了中世纪阿拉伯和基督教医学的基础。

伽利略·伽利雷（Galileo Galilei，1564—1642）：佛罗伦萨数学家

和自然哲学家，作出过大量的重要发现。

罗茨的杰弗里（Geoffrey of Rots，活跃于 1086 年）：肯特郡奥塔姆村的诺曼领主。

欧里亚克的热尔贝（西尔维斯特二世）（Gerbert of Aurillac [Sylvester II]，约 940—1003）：学者、行政官员，后来成为教皇，将阿拉伯数字引入基督教欧洲。

威廉·吉尔伯特（William Gilbert，1540—1603）：伦敦医生，其《论磁》一书被认为是实验科学的开创性著作。

霍拉肖·格拉西（Horatio Grassi，1583—1654）：耶稣会天文学家，曾与伽利略就彗星问题进行争论。

罗伯特·格罗斯泰特（Robert Grosseteste，约 1170—1253）：林肯郡主教，在牛津时曾写过关于自然哲学和光学的著作。

约翰·汉密尔顿（John Hamilton，1511—1571）：苏格兰圣安德鲁斯大主教，其肺病病情曾在杰罗姆·卡丹的治疗下得到改善。

威廉·哈维（William Harvey，1578—1657）：英国医生，发现了心脏的功能和血液循环。

爱洛依丝（Héloïse，死于 1164 年）：彼得·阿伯拉尔的爱侣，圣灵修女院副院长。

赫尔墨斯·特利斯墨吉斯忒斯（Hermes Trismegistus）：神秘的埃及智者，号称是摩西的同时代人，归在他名下的伪作在 16 世纪受到一些人的尊崇。

威廉·海特斯伯里（William Heytesbury，约 1313—1373）：牛津大学默顿学院的数学家，首次表述了中速度定理。

伊本·沙提尔（Ibn al-Shatir，死于 1375 年）：叙利亚天文学家，其数学模型后来被哥白尼的著作吸收。

英诺森三世（Innocent III，1160—1216）：教皇，发动了针对清洁派教徒的阿尔比十字军，加强了教会法的效力。

圣哲罗姆（St Jerome，约公元 340—420）：曾将《圣经》从希伯来语和希腊语翻译成通俗拉丁语，这个通行译本是中世纪《圣经》的官定版本。

若望二十一世（西班牙的彼得）（John XXI [Peter of Spain]，约 1215—1277）：教皇，成为教皇前写过逻辑和医学方面的教科书；巴黎大学 1277 年大谴责由他下令执行。

若望二十二世（John XXII，1249—1334）：教皇，谴责过奥卡姆的威廉和行骗的炼金术士。

约尔丹努斯·德内莫雷（Jordanus de Nemore，约 1225—1260）：研究静力学的数学家，解决了斜面问题。

约翰尼斯·开普勒（Johannes Kepler，1571—1630）：具有虔诚的宗教信仰的德国天文学家，首次推断出太阳系的实际形状，在光学领域取得了重大进展。

罗伯特·基尔沃比（Robert Kilwardby，死于 1279 年）：坎特伯雷大主教，科学诸学科的分类者。

朗弗朗（Lanfranc，约 1005—1089）：安瑟尔谟在诺曼底贝克修道院的老师，也是安瑟尔谟之前的一任坎特伯雷大主教。

彼得·隆巴尔（Peter Lombard，约 1095—约 1160）：神学家，曾任教于巴黎，将基督教父的言论进行综合，形成了《箴言四书》。

摩西·迈蒙尼德（Moses Maimonides，1135—1204）：生活在伊斯兰教统治下的犹太神学家，其《迷途指津》试图对自然哲学与《圣经》进行调和。

菲利普·梅兰希通（Philipp Melanchthon，1497—1560）：马丁·路德的门生，最著名的身份是教育改革家。

蒙迪诺·德卢齐（Mondino dei Luzzid，死于约 1326 年）：人体解

剖的先驱，曾在博洛尼亚大学工作。

米夏埃尔·德·蒙田（Michae de Montaigne，1533—1592）：法国作家，其《随笔集》将古典学术与怀疑论和尖刻的妙语融为一炉。

圣托马斯·莫尔（St Thomas More，1477—1535）：英国人文主义者，因支持信奉天主教的王后阿拉贡的凯瑟琳而被国王亨利八世处决。

奥特库尔的尼古拉（Nicholas of Autrecourt，约 1300—1369）：巴黎神学家，于 1347 年因原子论和关于圣餐的观点被控为异端，后被迫离开巴黎大学。

库萨的尼古拉（Nicholas of Cusa，1400—1464）：神学家、数学家，1449 年成为枢机主教，曾提出无限宇宙和地外生命的想法。

尼科尔·奥雷姆（Nicole Oresme，约 1325—1382）：布里丹的学生、著名数学家，发展了运用曲线图给物理问题建模的方法，1377 年成为利雪主教。

奥托三世（Otto III，980—1002）：萨克森王朝神圣罗马帝国皇帝，热尔贝的赞助人。

帕拉塞尔苏斯（特奥夫拉斯图斯·邦巴斯图斯·冯·霍恩海姆）（Paracelsus［Theophrastus Bombastus von Hohenheim］，1493—1541）：医生中的叛逆者，试图沿神秘学和炼金术路线改革医学。

弗朗奇斯科·帕特里齐（Francisco Patrizi，1529—1597）：柏拉图主义哲学家，相信地球自转以及地外真空的存在。

约翰·佩卡姆（John Peckham，死于 1292 年）：方济各会士，坎特伯雷大主教，写过一本流行的光学理论教科书。

朝圣者彼得（皮埃尔·德马里古）（Peter the Pilgrim［Pierre de

Maricourt]，活跃于 1269 年)：学者，亲历过意大利卢切拉之围，写过关于磁的性质的论著。

可敬者彼得（Peter the Venerable，1092—1156)：克吕尼大修道院院长，晚年曾为彼得·阿伯拉尔提供庇护。

弗兰切斯科·彼特拉克（Francesco Petrarch，1304—1374)：意大利人文主义者，发明了“黑暗时代”的概念。

乔治·佩尔巴赫（George Peurbach，1423—1461)：德国天文学家，曾在维也纳担任宫廷占星家；雷吉奥蒙塔努斯的老师和同事。

约翰·菲洛波努斯（John Philoponus，约公元 490—570)：信奉新柏拉图主义的基督教哲学家，曾在亚历山大的学校工作，批判过亚里士多德的思想。

柏拉图（Plato，公元前 429—前 347)：希腊哲学家，其对话录既是西方思想的基础性文献，也是散文杰作。

革弥斯托斯·普勒同（Gemistus Pletho，约 1355—1452)：新异教思想家，参加过佛罗伦萨大公会议，对科西莫·德·美第奇有影响。

老普林尼（Pliny the Elder，公元 23—79)：罗马博物学者，其百科全书流行于整个中世纪；他在掩埋了庞贝城的维苏威火山爆发期间遇难。

彼得罗·蓬波纳齐（Pietro Pomponazzi，1462—1525)：帕多瓦大学亚里士多德派哲学家，怀疑从哲学上证明灵魂不朽的可能性。

亚历山大的托勒密（Ptolemy of Alexandria，活跃于 140—170)：希腊天文学家，其《天文学大成》和《地理学》是古希腊数学科学的精华。

科隆的拉吉姆博尔德和列日的拉多尔夫（Ragimbold of Cologne, Radolf of Liege，活跃于 11 世纪）：二人曾互相通信，谈论几何问题和星盘。

罗伯特·雷科德（Robert Record，1510—1558）：伦敦医生，用英语写过数学、医学和天文学方面的书籍。

约翰尼斯·雷吉奥蒙塔努斯（约翰·米勒）（Johannes Regiomontanus［Johann Müller］，1437—1476）：德国天文学家、佩尔巴赫的学生，对托勒密的《天文学大成》进行过缩写和订正。

沃灵福德的理查德（Richard of Wallingford，1292—1336）：天文学家、圣奥尔本斯修道院院长，发明了新的天文仪器，建造了著名的机械钟。

贡比涅的洛色林（Roscelin of Compiègne，约 1050—约 1125）：教师，其关于三位一体的著作被斥为异端。

约翰·萨克罗博斯科（John Sacrobosco，死于约 1256 年）：英国人，曾任教于巴黎大学，写过一些天文学和算术方面的流行的基础教科书。

尤利乌斯·凯撒·斯卡利杰尔（Julius Caesar Scaliger，1484—1558）：人文主义者，批评过杰罗姆·卡丹的著作。

迈克尔·塞尔韦图斯（Michael Servetus，1511—1553）：一位论派神学家，曾发现肺动脉的功能，在约翰·加尔文的要求下被处以火刑。

布拉班特的西格（Siger of Brabant，死于约 1282 年）：阿威罗伊的基督教追随者，曾有人控告他否认灵魂不朽和创世说。

西蒙·斯泰芬（Simon Stevin，1548—1620）：荷兰工程师，从实验上证明了较重物体和较轻物体以相同速度下落。

理查德·斯温斯黑德（Richard Swineshead，活跃于 1340—1355）：牛津大学默顿学院的数学家，因在相关学科上具有出色的才能被称为“大计算家”。

加斯帕雷·塔利亚科齐（Gaspare Tagliacozzi，1545—1599）：整形外科医生，擅长鼻修复术。

让·泰斯尼尔（Jean Taisnier，1508—1562）：法国神父，曾抄袭中世纪自然哲学著作。

尼科洛·塔尔塔利亚（Niccolò Tartaglia，约 1499—1557）：口吃的意大利数学家，解出了三次方程，出版了阿基米德的著作，曾与杰罗姆·卡丹争论。

特拉佩尊蒂乌斯（特拉布宗的乔治）（Trapezuntius [George of Trebizond]，1395—1486）：希腊流亡者，首次将许多希腊经典译为拉丁语。

乌尔班八世（马费奥·巴尔贝里尼）（Urban VIII [Maffeo Barberini]，1568—1644）：教皇，虽然起初支持伽利略，但后来下令对伽利略进行审判，是坎帕内拉的赞助人。

约翰·费尔库里奥（Johann Velcurio，死于 1534 年）：信奉新教的教授，他的教科书将中世纪学术从科学中剔除。

安德烈亚斯·维萨留斯（Andreas Vesalius，1514—1564）：来自尼德兰的解剖学家，他的《人体构造》试图改进盖伦的工作。

萨尔茨堡的弗吉尔（St Virgil of Salzburg，约 700—784）：爱尔兰传教士，后成为主教，曾卷入关于对跖地的争论。

孔什的威廉（William of Conches，1085—约 1154）：柏拉图主义哲学家，称《圣经》不应从字面进行阐释。

马姆斯伯里的威廉（William of Malmesbury，死于约 1143 年）：英国编年史家，写过欧里亚克的热尔贝的事迹。

奥卡姆（奥康）的威廉（William of Ockham [or Occam]，约1287—1347）：牛津方济各会士，在阿维尼翁被控为异端，后逃往德国效命于神圣罗马帝国皇帝。

维泰洛（Witelo，活跃于1250—1275）：波兰神职人员，写作有中世纪最大的光学论著，开普勒的光学研究曾受到这些著作的启发。

注　释

引言　中世纪科学的真相

1　艾萨克·牛顿于1676年2月5日写给罗伯特·胡克的信，引自 Richard S. Westfall, *Never at Rest: A Biography of Isaac Newton* (Cambridge: Cambridge University Press, 1983), p. 274。

2　Richard William Southern, *The Making of the Middle Ages* (London: Hutchinson's University Library, 1953), p. 203.

3　Daniel J. Boorstin, *The Discoverers* (New York: Vintage, 1985), p. 102; William Manchester, *A World Lit Only by Fire: The Medieval Mind and the Renaissance: Portrait of an Age* (London: Macmillan, 1993), p. 3; Charles Freeman, *The Closing of the Western Mind: The Rise of Faith and the Fall of Reason* (London: William Heinemann, 2002), p. 328.

4　Thomas H. Huxley, *Darwiniana*, vol. 2; *Essays by Thomas H. Huxley* (London: Macmillan, 1894), p. 52.

5　Edward Grant, *God and Reason in the Middle Ages* (Cambridge: Cambridge University Press, 2001), p. 324.

6　Jean Le Rond D'Alembert (trans. Richard H. Schwarb), *The Preliminary Discourse to the Encyclopaedia of Diderot* (Chicago: Chicago University Press, 1995), p. 62.

7　Colin A. Russell, 'The Conflict of Science and Religion', in Gary B.

Ferngren, ed., *Science and Religion: A Historical Introduction* (Baltimore: The Johns Hopkins University Press, 2002), p. 10.

8 Girolamo Cardano, *De subtilitate* l. 3 in Opera vol. iii, p. 602 引自 Joseph Gies and Frances Gies, *Cathedral, Forge and Waterwheel: Technology and Invention in the Middle Ages* (London: Harper Perennial, 1995), p. 2。

9 同上，第 246 页。

10 Grant, *God and Reason in the Middle Ages*, p. 30.

11 Michael White, *Leonardo: The First Scientist* (London: St. Martin's Griffin, 2001).

12 Charles Nicholl, *Leonardo da Vinci: The Flights of the Mind* (London: Allen Lane, 2004), p. 96.

13 达芬奇的许多发明都不像我们平常想的那么具有原创性。见 Jean Gimpel, *The Medieval Machine: The Industrial Revolution of the Middle Ages* (London: Pimlico, 1992), p. 142。

14 Jeffrey Burton Russell, *Inventing the Flat Earth: Columbus and Modern Historians* (New York: Praeger Paperback, 1997), p. 65.

第一章　罗马陷落之后：中世纪早期的科学进展

1 Angela Care Evans, *The Sutton Hoo Ship Burial* (London: British Museum Publications, 1986), p. 57.

2 Roger Collins, *Early Medieval Europe, 300 – 1000*, 2nd edn (Basingstoke: Palgrave Macmillan, 1999), p. xxiii.

3 Jared M. Diamond, *Collapse: How Societies Choose to Fail or Succeed* (London: Viking, 2005), p. 297.

4 译文采自 Ann Williams and G. H. Martin (eds), *Domesday Book: A Complete Translation* (London: Penguin, 2003), p. 20。有改动。

5 Francis Pryor, *Britain in the Middle Ages: An Archaeological History* (London: HarperPress, 2006), p. 65. 罗马人知道重犁，但在条件最适合的北欧似乎直到西罗马帝国陷落之后几个世纪才广泛采用重犁。

6 Lynn White, *Medieval Technology and Social Change* (Oxford: Oxford

University Press, 1966), p. 43.

7 同上，第 2 页。

8 Paul Gans, 'The Medieval Horse Harness: Revolution or Evolution: A Case Study in Technological Change', in *Villard's legacy: Studies in Medieval Technology, Science and Art in Memory of Jean Gimpel* (Aldershot: Ashgate, 2004), p. 179.

9 同上，第 184 页。

10 Jean Gimpel, *The Medieval Machine: The Industrial Revolution of the Middle Ages* (London: Pimlico, 1992), p. 40.

11 同上，第 12 页。

12 Lynn White, *Medieval Religion and Technology: Collected Essays* (Berkeley: University of California Press, 1978), p. 21.

13 Josiah Cox Russell, *The Control of Late Ancient and Medieval Population* (Philadelphia: American Philosophical Society, 1985), p. 36.

14 White, *Medieval Religion and Technology*, p. 14. 虽然怀特的工作已得到新近学者的发展，他的基本命题仍然站得住脚。

15 Henry Chadwick, *The Early Church* (Harmondsworth: Penguin, 1967), p. 225.

16 同上，第 171 页。

17 仅有阿拉伯文版本存世的著作，托勒密的《光学》和佩尔加的阿波罗尼乌斯《圆锥曲线论》的后面几卷是其中的两种。

18 Howard R. Turner, *Science in Medieval Islam: An Illustrated Introduction* (Austin: University of Texas Press, 1995), p. 47.

19 *Conquerors and Chroniclers of Early Medieval Spain*, 2nd edn (Liverpool: Liverpool University Press, 1999), p. 144.

20 Edward Gibbon, *The History of the Decline and Fall of the Roman Empire*, vol. (Harmondsworth: Penguin, 1994), p. 336.

21 L.D. Reynolds and N.G. Wilson, *Scribes and Scholars: A Guide to the Transmission of Greek and Latin Literature*, 3rd edn (Oxford: Clarendon, 1991), p. 94.

22 同上，第 93 页。

23 Collins, *Early Medieval Europe, 300－1000*, ch. 20.

第二章 数学教皇

1 关于热尔贝的故事多取自这两本书：Horace K. Mann, *The Lives of the Popes in the Early Middle Ages*, vol. 5（London：Kegan Paul, 1910），p. 63；Anna Marie Flusche, *The Life and Legend of Gerbert of Aurillac: The Organbuilder who became Pope Sylvester II*（Lewiston, NY：The Edwin Mellen Press, 2005）。

2 Alexander Murray, *Reason and Society in the Middle Ages*（Oxford：Clarendon Press, 1985）, p. 290.

3 一个突出的例子是罗马的圣母玛利亚大教堂（Basilica of Santa Maria Maggiore）。

4 Maurice Hugh Keen, *The Penguin History of Medieval Europe*（Harmondsworth：Penguin, 1969）, p. 42.

5 Richer of Saint Remi, *Historiae*, MGH Scriptores, vol. 38（Hanover, 2000）.

6 Gerbert of Aurillac（trans. Harriet Pratt Lattin）, *The Letters of Gerbert: with his Papal Privileges as Sylvester II*（New York：Columbia University Press, 1961）.

7 Gerbert, *The Letters of Gerbert*, p. 140.

8 D. J. Struik, 'Gerbert', in *Dictionary of Scientific Biography*, ed. Charles Coulston Gillispie, vol. 5（New York：Scribner, 1970）, p. 365.

9 Gerbert, *The Letters of Gerbert*, p. 184.

10 Stephen C. McCluskey, *Astronomies and Cultures in Early Medieval Europe*（Cambridge：Cambridge University Press, 1998）, p. 177.

11 同上，第 180 页。

12 William of Malmesbury（trans. R.A.B. Mynors）, *Gesta Regum Anglorum: The History of the English Kings*, vol. 1（Oxford：Clarendon Press, 1998）, p. 295 [II：173].

13 Gerbert, *The Letters of Gerbert*, p. 45.

14 关于这个术语的批判性讨论见 Paolo Squatriti, 'Pornocracy', in Christopher

Kleinhenz et al, eds, *Medieval Italy: An Encyclopaedia* (London: Routledge, 2004), vol. 2, p. 928。

15 Lorenzo Minio-Paluello, 'Boethius, Anicius Manlius Severinus', in *Dictionary of Scientific Biography*, ed. Charles Coulston Gillispie, vol. 2 (New York: Scribner, 1970), p. 228.

16 Werner Telesko, *The Wisdom of Nature: The Healing Powers and Symbolism of Plants and Animals in the Middle Ages* (Munich: Prestel, 2001), p. 90. 此外，人们还认为狮子是睁着眼睡觉，出生时是死产儿，出生后三天才复活苏醒。耶稣死后也是第三日复活，与此显然极为相似。

17 Anicius Boethius, *The Consolation of Philosophy*, revised edn (Harmondsworth: Penguin, 1999), p. 41.

18 引自 John Henry, *Knowledge Is Power: How Magic, the Government and an Apocalyptic Vision Inspired Francis Bacon to Create Modern Science* (Cambridge: Icon Books, 2003), p. 85。

19 Naomi Reed Kline, *Maps of Medieval Thought: The Hereford Paradigm* (Woodbridge, Suffolk: Boydell Press, 2001), p. 13.

20 Pliny the Elder, *Natural History: A Selection* (trans. John F. Healy), (London: Penguin, 1991), p. 41. 确切数字取决于如何准确地解释“斯塔德”（*stade*）的大小。“斯塔德”是古希腊的一种长度单位，原指运动场（stadium）的长度。见本书第十三章。

21 John Carey, 'Ireland and the Antipodes: The Heterodoxy of Virgil of Salzburg', *Speculum* 64, no. 1 (January 1989): p. 1. 上文弗朗西斯·培根爵士的话，可能是出于对此事的误记。

22 这些论据被许多古代文献袭用。如托勒密的（trans. G. J. Toomer）*Ptolemy's Almagest* (London: Duckworth, 1984), p. 45 [I: 7]。

23 波爱修提到过“世界音乐”，我们则称之为“天体音乐”。Anicius Boethius, ed. G. Friedlein, *De institutione arithmetica, libri duo: di institutione musica, libri quinque* (Leipzig: Teubner, 1867), p. 187. “天体音乐”是毕达哥拉斯学派的概念，许多古代注家包括亚里士多德在内都否认其存在。见 *On the Heavens* in Aristotle, ed. Jonathan Barnes, *The Complete Works of Aristotle: The Revised Oxford Translation*, vol. 1

(Princeton：Princeton University Press，1984)，p. 479 [290b14]。
24 Alfred North Whitehead，*Process and Reality*（New York：Free Press，1979），p. 39.
25 但丁语，见 Dante Alighieri（trans. Robert M. Durling），*Inferno*（New York：Oxford University Press，1996），p. 77 [IV：131]。

第三章 理性的崛起

1 Eadmer（trans. R. W. Southern），*The Life of St Anselm，Archbishop of Canterbury*（Oxford：Clarendon Press，1972），p. 7.
2 同上，第 37 页。
3 St Anselm（trans. Benedicta Ward），*Prayers and Meditations of St. Anselm with the Proslogion*（Harmondsworth：Penguin，1973），p. 245，有改动。
4 同上，第 239 页。
5 Bertrand Russell，*A History of Western Philosophy*（London：Routledge，1961），p. 568.
6 Diarmaid MacCulloch，*The Reformation: Europe's House Divided 1490 – 1700*（London：Allen Lane，2003），p. 25，有改动。
7 A.J. MacDonald，*Berenger and the Reform of Sacramental Doctrine*（London：Longmans，Green & Co，1930），p. 304.
8 Michael T. Clanchy，*Abelard: A Medieval Life*（Oxford：Blackwell，1999），p. 292.
9 Peter Abelard and Héloïse，*The Letters of Abelard and Héloïse*，revised（Harmondsworth：Penguin，1974），p. 58.
10 同上，第 78 页。
11 Clanchy，*Abelard*，p. 215.
12 同上，第 91 页。
13 同上。
14 Abelard and Héloïse，*The Letters of Abelard and Héloïse*，p. 66.
15 同上。
16 同上，第 67 页。

17 同上，第 147 页。

18 Clanchy, *Abelard*, p. 199.

19 同上，第 107 页。

20 同上，第 322 页。

21 同上，第 318 页。

第四章 12 世纪文艺复兴

1 12 世纪文艺复兴的概念源自 Charles Homer Haskins, *The Renaissance of the Twelfth Century* (Cambridge, MA: Harvard University Press, 1927)。

2 Lynn Thorndike, *History of Magic and Experimental Science*, vol. 2 (New York: Columbia University Press, 1923), p. 60.

3 Plato (trans. Desmond Lee), *Timaeus and Critias* (Harmondsworth: Penguin, 1977), p. 42 [29].

4 M.-D. Chenu (trans. Jerome Taylor and Lester K. Little), *Nature, Man and Society in the Twelfth Century: Essays on New Theological Perspectives in the Latin West*, (Chicago: Chicago University Press, 1968), p. 12.

5 Genesis 1: 16.

6 Edward Grant, *God and Reason in the Middle Ages* (Cambridge: Cambridge University Press, 2001), p. 24.

7 Gilbert of La Porrée quoted in Chenu, *Nature, Man and Society in the Twelfth Century*, p. 40.

8 Peter Dronke, 'Thierry of Chartres', in *A History of Twelfth-Century Western Philosophy*, ed. Peter Dronke (Cambridge: Cambridge University Press, 1988), p. 367.

9 Hugh of St Victor 引自 Peter Harrison, *The Bible, Protestantism, and the Rise of Natural Science* (Cambridge: Cambridge University Press, 1998), p. 1。

10 Louise Cochrane, *Adelard of Bath: The First English Scientist* (London: British Museum Press, 1994), p. 32.

11 Michael Mahoney, 'Mathematics', in *Science in the Middle Ages*, ed. David

C. Lindberg (Chicago: University Of Chicago Press, 1978), p. 153.

12 Adelard of Bath (trans. Charles Burnett), *Conversations with his Nephew*, *On the Same and the Different*, *Questions on Natural Science*, *and On Birds* (Cambridge: Cambridge University Press, 1998), pp. 85 - 89.

13 同上，第 169 页。

14 Anon, 'A List of Translations Made From Arabic Into Latin in the Twelfth Century', in *A Source Book in Medieval Science*, ed. Edward Grant (Cambridge, MA: Harvard University Press, 1974), p. 35.

15 David C. Lindberg, 'Transmission of Greek and Arabic Learning', in *Science in the Middle Ages*, ed. David C. Lindberg (Chicago: Chicago University Press, 1978), p. 62.

16 Roger D. Masters, 'The Case of Aristotle's Missing Dialogues: Who Wrote the Sophist, the Statesman, and the Politics?', in *Political Theory* vol. 5, no. 1 (February 1977): p. 32.

17 但丁语，见 Dante Alighieri (trans. Robert M. Durling), *Inferno* (New York: Oxford University Press, 1996), p. 77 [IV: 131]。

18 *Brill's New Pauly: Encyclopaedia of the Ancient World*, vol. 10 (Leiden, Boston: Brill, 2002), p. 798.

19 Robin Lane Fox, *The Classical World: An Epic History of Greece and Rome* (London: Allen Lane, 2005), p. 211.

20 Keith Dix, 'Aristotle's Peripatetic Library', in *Lost Libraries: the Destruction of the Great Book Collections Since Antiquity*, ed. James Raven (Basingstoke: Palgrave MacMillan, 2004), p. 59.

21 同上，第 61 页。

22 Pearl Kibre and Nancy G. Siraisi, 'The Institutional Setting: The Universities', in *Science in the Middle Ages*, ed. David C. Lindberg (Chicago: Chicago University Press, 1978), p. 120.

23 Olaf Pedersen, *The First Universities: Studium Generale and the Origins of University Education in Europe* (Cambridge: Cambridge University Press, 1997), p. 211.

24 同上，第 139 页。

25 同上，第161页。

26 Kibre and Siraisi, 'The Institutional Setting: The Universities', p. 125.

27 Pedersen, *The First Universities*, p. 154.

28 Charles Talbot, 'Medicine', in *Science in the Middle Ages*, ed. David C. Lindberg (Chicago: Chicago University Press, 1978), p. 400.

29 Richard William Southern, *The Making of the Middle Ages* (London: Hutchinson's University Library, 1953), p. 206.

30 Pedersen, *The First Universities*, p. 111.

第五章 异端与理性

1 Walter L. Wakefield and Austin P. Evans, eds, *Heresies of the High Middle Ages: Selected Sources* (New York: Columbia University Press, 1969), p. 258.

2 J.M.M.H. Thijssen, 'Master Amalric and the Amalricians: Inquisitorial Procedure and the Suppression of Heresy at the University of Paris', *Speculum* vol. 71, no. 1 (1996), p. 48.

3 同上，第54页。

4 同上，第61页。

5 Lynn Thorndike, *University Records and Life in the Middle Ages* (New York: Columbia University Press, 1944), p. 26.

6 Amos Funkenstein, *Theology and the Scientific Imagination: From the Middle Ages to the Seventeenth Century* (Princeton, NJ: Princeton University Press, 1986), p. 122.

7 Edward Grant, *The Foundations of Modern Science in the Middle Ages: Their Religious, Institutional and Intellectual Contexts* (Cambridge: Cambridge University Press, 1996), p. 78.

8 Anthony Levi, *Renaissance and Reformation: The Intellectual Genesis* (New Haven: Yale University Press, 2002), p. 43.

9 Thorndike, *University Records and Life in the Middle Ages*, p. 40.

10 同上，第64页。

11 M.-D. Chenu (trans. Jerome Taylor and Lester K. Little), *Nature, Man and Society in the Twelfth Century: Essays on New Theological Perspectives in the Latin West* (Chicago: Chicago University Press, 1968), p. 219.

12 Richard William Southern, *Western Society and the Church in the Middle Ages* (Harmondsworth: Penguin, 1970), p. 17.

13 Steven Runciman, *A History of the Crusades*, vol. 1 (Harmondsworth: Penguin, 1978), p. 137.

14 Wakefield and Evans, *Heresies of the High Middle Ages*, p. 129.

15 Jonathan Sumption, *The Albigensian Crusade* (London: Faber, 1978), p. 48.

16 Edward Peters, *Inquisition* (Berkeley: University of California Press, 1989), p. 47ff.

17 Edward Peters, ed., *Heresy and Authority in Medieval Europe: Documents in Translation* (London: Scolar Press, 1980), p. 197.

18 Keith Thomas, *Religion and the Decline of Magic: Studies in Popular Beliefs in Sixteenth and Seventeenth-Century England* (Harmondsworth: Penguin, 1973), p. 259.

19 Peters, *Inquisition*, p. 52. 今天在意大利与腐败作斗争的预审法官（investigating magistrate）直接承袭中世纪的宗教裁判官。

20 同上，第 58—67 页。

21 同上，第 5 章。

22 Olaf Pedersen, *The First Universities: Studium Generale and the Origins of University Education in Europe* (Cambridge: Cambridge University Press, 1997), p. 97.

23 Peters, *Inquisition*, p. 117.

24 比如，图卢兹的 930 例中，贝尔纳多 · 居伊烧死 42 例；而帕米耶的 114 例中，雅克 · 富尼耶烧死 5 例。见 James Buchanan Given, *Inquisition and Medieval Society: Power, Discipline and Resistance in Languedoc* (Ithaca, NY: Cornell University Press, 1997), p. 69 及 Emmanuel Le Roy Ladurie, *Montaillou: Cathars and Catholics in a French Village, 1294 – 1324* (Harmondsworth: Penguin, 1978), p. xiv。

25 Southern, *Western Society and the Church in the Middle Ages*, p. 280.

26 同上，第 296 页。

27 Maurice Hugh Keen, *The Penguin History of Medieval Europe* (Harmondsworth: Penguin, 1969), p. 158.

28 Sumption, *The Albigensian Crusade*, p. 48.

29 Roger French and Andrew Cunningham, *Before Science: The Invention of the Friars' Natural Philosophy* (Aldershot: Scolar Press, 1996), p. 120.

30 Augustine of Hippo (trans. Roger Green), *De Doctrina Christiana* (Oxford: Clarendon Press, 1995), p. 125 [II: 144].

31 这一观点的经典表述见 Thomas Aquinas, ed. Thomas Gilby, *Summa Theologiae*, vol. 1 (London: Blackfriars, 1964), p. 17 [Pt I, Q 1, Art 5]。

第六章 异教科学如何被基督教化

1 Ptolemy of Lucca 引自 Lynn Thorndike, *History of Magic and Experimental Science*, vol. 2 (New York: Columbia University Press, 1923), p. 522。

2 Albertus Magnus, *Opera Omnia*, 38 vols (Paris: Ludovicus Vives, 1890).

3 Paola Zambelli, *The Speculum Astronomiae and Its Enigma: Astrology, Theology, and Science in Albertus Magnus and His Contemporaries* (Dordrecht: Kluwer Academic, 1992).

4 Olaf Pedersen, *The First Universities: Studium Generale and the Origins of University Education in Europe* (Cambridge: Cambridge University Press, 1997), p. 281.

5 Catholic University of America, *New Catholic Encyclopedia*, vol. 1 (New York: McGraw-Hill, 1967), p. 257.

6 Albertus Magnus, *Book of Minerals* (Oxford: Clarendon Press, 1967), p. 69 [2.2.1].

7 贝尔纳多·居伊因为 F. 默里·亚伯拉罕（F. Murray Abraham）在电影《玫瑰之名》（*The Name of the Rose*）中扮演的狂热的宗教裁判官而声名狼藉；这部电影是根据翁贝托·埃科（Umberto Eco）的同名小说改编的。

8 Kenelm Foster, ed., *The Life of Thomas Aquinas: Biographical Documents*

(London: Longmans, Green & Co, 1959), p. 30.

9 同上，第 33 页。

10 同上，第 32 页。

11 同上，第 44 页。

12 严格地讲，这些思想或许并不能完全代表阿威罗伊的观点，毋宁说它们是阿威罗伊的拉丁追随者的意见。见 Willam Wallace, 'The Philosophical Setting of Medieval Science', in *Science in the Middle Ages*, ed. David C. Lindberg (Chicago: Chicago University Press, 1978), p. 104。在某种程度上，读者可以从对西格论敌的谴责自行推断西格及其追随者的异端观点。没有人会愚蠢到将自己最激进的信仰写下来。这种文字证据的缺失致使一些学者认为没有人真正相信那些被谴责的观点，但是这忽略了口头讨论和提问在中世纪大学里的中心地位。对西格作为哲学上的温和主义者的大力辩护，见 B. Carlos Bazan, 'Siger of Brabant', in *A Companion to Philosophy in the Middle Ages*, eds Jorge J.E. Gracia and Timothy B. Noone (Malden, MA: Blackwell Pub, 2003), pp. 632 - 640。

13 Thomas Aquinas, ed. Timothy McDermott, *Summa Theologiae*, vol. 2 (London: Blackfriars, 1964), p. 13 [Pt 1, Q 2, Art 3].

14 取自 Patterson Brown, 'Infinite Causal Regression', *Philosophical Review* 75 (1966), pp. 510 - 525 使用的类比，有改动。托马斯五路的第一项证明专门处理亚里士多德意义上的运动问题，第二项则更一般地从原因的角度进行论证。

15 Ralph Lerner and Muhsin Mahdi, *Medieval Political Philosophy: A Sourcebook* (Ithaca, NY: Cornell University Press, 1972), p. 337.

16 Moses Maimonides (trans. M. Friedlander), *Guide for the Perplexed*, 2nd edn (New York: Dover, 1956), p. 2.

17 Aquinas, *Summa Theologiae*, vol. 2, p. 11 [Pt 1, Q 2, Art 2].

18 Thomas Aquinas, ed. Thomas Gilby, *Summa Theologiae*, vol. 1 (London: Blackfriars, 1964), p. 7 [Pt 1, Q 1, Art 1].

19 Lynn Thorndike, *University Records and Life in the Middle Ages* (New York: Columbia University Press, 1944), p. 85.

20 J.M.M.H. Thijssen, *Censure and Heresy at the University of Paris, 1200 –*

1400 (Philadelphia: University of Pennsylvania Press, 1998), p. 48.

21 Roy Porter, *The Greatest Benefit to Mankind: A Medical History of Humanity from Antiquity to the Present* (London: HarperCollins, 1998), p. 110.

22 Dante Alighieri (trans. Robert and Jean Hollander), *Paradiso* (New York: Doubleday, 2007), p. 239 [X: 136 - 138].

23 取自 Lerner and Mahdi, *Medieval Political Philosophy*, pp. 337 - 354. 有改动。

24 同上，第 352 页。

25 Thijssen, *Censure and Heresy at the University of Paris*, *1200 - 1400*, p. 55.

26 R. Howgrave-Graham, *The Cathedrals of France* (London: Batsford, 1959), p. 118.

27 Lynn White, *Medieval Religion and Technology: Collected Essays* (Berkeley: University of California Press, 1978), p. 233.

28 Judith Förstel and Aline Magnien (trans. Diana Fowles), *Beauvais Cathedral* (Amiens: Inventaire Général, 2005), p. 10.

29 同上，第 2 页。

第七章 惨败：中世纪的魔法和医学

1 对前现代医学简短但有力的分析见 David Wootton, *Bad Medicine: Doctors Doing Harm Since Hippocrates* (Oxford: Oxford University Press, 2006)。

2 Roy Porter, *The Greatest Benefit to Mankind: A Medical History of Humanity from Antiquity to the Present* (London: HarperCollins, 1998), p. 113.

3 Richard Kieckhefer, *Magic in the Middle Ages*, Canto edn (Cambridge, UK: Cambridge University Press, 2000), p. 15. 关于中世纪时的宗教治疗与魔法治疗在多大程度上被严格区分开，存在许多争论。不过，这种区分在中世纪多数关于魔法的评注中都有暗示，虽然直到 16 世纪这种区分才变得明确。

4 Marie-Christine Pouchelle, *The Body and Surgery in the Middle Ages* (Oxford: Polity, 1989), p. 20.

5 有些民间医学的书流传至今，如英国的古医书（leech books）。一些最古老的书见 Linda Voigts, 'Anglo-Saxon Plant Remedies and the Anglo-Saxons', in *The Scientific Enterprise in Antiquity and Middle Ages: Readings from Isis*, ed. Michael Shank (Chicago: Chicago University Press, 2000), p. 163。

6 Stanton J. Linden, ed., *The Alchemy Reader: From Hermes Trismegistus to Isaac Newton* (Cambridge: Cambridge University Press, 2003), p. 137.

7 Bert Hansen, 'Science and Magic', in *Science in the Middle Ages*, ed. David C. Lindberg (Chicago: Chicago University Press, 1978), p. 493.

8 P. G. Maxwell-Stuart, ed., *The Occult in Mediaeval Europe, 500 – 1500: A Documentary History* (Basingstoke: Palgrave Macmillan, 2005), p. 174.

9 John Henry, *Knowledge Is Power: How Magic, the Government and an Apocalyptic Vision Inspired Francis Bacon to Create Modern Science* (Cambridge: Icon Books, 2003), p. 58.

10 Nancy G. Siraisi, *Medieval and Early Renaissance Medicine: An Introduction to Knowledge and Practice* (Chicago: University Of Chicago Press, 1990), p. 125.

11 Wootton, *Bad Medicine*, p. 17.

12 Siraisi, *Medieval and Early Renaissance Medicine*, p. 115.

13 Charles Talbot, 'Medicine', in *Science in the Middle Ages*, ed. David C. Lindberg (Chicago: Chicago University Press, 1978), p. 400.

14 同上，第 403 页。

15 Porter, *The Greatest Benefit to Mankind*, p. 73.

16 George Sarton, *Galen of Pergamon* (Lawrence, Kansas: University of Kansas Press, 1954), p. 23.

17 阿基马塔埃乌斯（Archimatthaeus，活跃于 12 世纪），引自 Edward Grant, *A Source Book in Medieval Science* (Cambridge, MA: Harvard University Press, 1974), p. 743。

18 Wootton, *Bad Medicine*, p. 56.

19 Geoffrey Chaucer (trans. Nevill Coghill), *The Canterbury Tales* (Harmondsworth: Penguin, 1951), p. 36 [I (A) 414 - 421].

20 Lynn Thorndike, *History of Magic and Experimental Science*, vol. 2 (New

York: Columbia University Press, 1923), p. 856.

第八章 炼金与占星的秘术

1 Cornelius Tacitus, *The Annals of Imperial Rome*, revised edn (Harmondsworth: Penguin Books, 1989), p. 210 [VI: 21].

2 Acts 19: 19.

3 Augustine (trans. R. W. Dyson), *The City of God Against the Pagans* (Cambridge: Cambridge University Press, 1998), p. 197 [5: 8].

4 Ptolemy (trans. F. E. Robbins), *Tetrabiblos*, (Cambridge, MA: Harvard University Press, 1994).

5 Adelard of Bath (trans. Charles Burnett), *Conversations with his Nephew, On the Same and the Different, Questions on Natural Science, and On Birds* (Cambridge: Cambridge University Press, 1998), p. 189.

6 Lynn Thorndike, *History of Magic and Experimental Science*, vol. 2 (New York: Columbia University Press, 1923), p. 828.

7 Dante Alighieri (trans. Robert M. Durling), *Inferno* (New York: Oxford University Press, 1996), p. 311 [XX: 118].

8 Nancy G. Siraisi, *Medieval and Early Renaissance Medicine: An Introduction to Knowledge and Practice* (Chicago: University Of Chicago Press, 1990), p. 111.

9 Edward Grant, *A Source Book in Medieval Science* (Cambridge, MA: Harvard University Press, 1974), p. 657.

10 Thomas Aquinas, eds Thomas O'Meara and Michael Duffy, *Summa Theologiae*, vol. 40 (London: Blackfriars, 1968), p. 55 [Pt 2.2, Q 95, Art 5].

11 同上。

12 Ralph Lerner and Muhsin Mahdi, *Medieval Political Philosophy: A Sourcebook* (Ithaca, N.Y.: Cornell University Press, 1972), p. 350.

13 比如 1270 年和 1398 年的巴黎谴责。见 Lynn Thorndike, *University Records and Life in the Middle Ages* (New York: Columbia University Press, 1944),

pp. 80, 266。

14 见第十八章。

15 S.J. Tester, *A History of Western Astrology* (Woodbridge: Boydell Press, 1987), p. 194.

16 一个不同但未经证实的说法是，切科的异端罪在于宣称童贞女受孕生子是自然事件而非奇迹事件。见 Lynn Thorndike, 'The Relations of the Inquisition to Peter Abano 以及 Cecco d'Ascoli', *Speculum* vol. 1, no. 3 (1926), p. 342。

17 Gerolamo Biscaro, *Inquisitori ed eretici Lombardi, 1292 – 1318*, vol. 19, Miscellanea di Storia Italiana 3 (Turin: Fratelli Bocca, 1922), p. 539.

18 G. Boffio, 'Perchè fu condannato al fuoco l'astrologo Cecco d'Ascoli?', *Studi e Documenti di Storia e Diritto*, vol. 20 (1899), p. 14.

19 Tester, *A History of Western Astrology*, p. 161.

20 Georg Agricola (trans. Herbert Hoover and Lou Henry Hoover), *De Re Metallica* (London: The Mining Magazine, 1912), p. xxviii.

21 Geoffrey Chaucer (trans. Nevill Coghill), *The Canterbury Tales* (Harmondsworth: Penguin, 1951), p. 482 [VIII (G) 862 – 867].

22 Stanton J. Linden, ed., *The Alchemy Reader: From Hermes Trismegistus to Isaac Newton* (Cambridge: Cambridge University Press, 2003), p. 103.

23 P.G. Maxwell-Stuart, ed., *The Occult in Mediaeval Europe, 500 – 1500: A Documentary History* (Basingstoke: Palgrave Macmillan, 2005), p. 229.

24 Thomas Aquinas, ed. Marcus Lefébure, *Summa Theologiae*, vol. 38 (London: Blackfriars, 1975), p. 221 [Pt 2.1, Q 77, Art 3].

25 William Newman, 'Technology and Alchemical Debate in the Late Middle Ages', in *The Scientific Enterprise in Antiquity and Middle Ages: Readings from Isis*, ed. Michael Shank (Chicago: Chicago University Press, 2000), p. 276.

26 Maxwell-Stuart, *The Occult in Mediaeval Europe, 500 – 1500*, p. 226.

27 David Knight, *Ideas in Chemistry: A History of the Science* (London: The Athlone Press, 1995), p. 19.

28 Allen George Debus, *The Chemical Philosophy: Paracelsian Science and*

Medicine in the Sixteenth and Seventeenth Centuries, vol. 1 (New York: Science History Publications, 1977), p. 12.

29 当然，一些穆斯林学者强烈反对这种观点，即那些以前被认为是由阿拉伯人取得的发现其实应该归到基督教炼金术士头上。但是，他们直到今天都无法拿出与相关的拉丁语文献对应的阿拉伯语原著来证实自己的看法。随着更多中世纪的东方图书馆藏书被研究和编目，这种情况可能会改变。见 William Newman, *The Summa Perfectionis of Pseudo-Geber: A Critical Edition, Translation and Study* (Leiden: E.J. Brill, 1991), p. 61。

30 Knight, *Ideas in Chemistry: A History of the Science*, p. 18.

31 Robert P. Multhauf, 'The Science of Matter', in *Science in the Middle Ages*, ed. David C. Lindberg (Chicago: Chicago University Press, 1978), p. 381.

第九章　罗吉尔·培根与光学

1 Alan B. Cobban, *English University Life in the Middle Ages* (London: UCL Press, 1999), p. 161.

2 John Peckham, ed. Charles Trice Martin, *Registrum Epistolarum Fratris Johannis Peckham, Archiepiscopi Cantuariensis, Rerum Britannicarum medii aevi scriptores* (Rolls Series), vol. 77 (London: Longman, 1882), p. 944.

3 Richard Fletcher, *The Barbarian Conversion: From Paganism to Christianity* (New York: Henry Holt, 1997), p. 507.

4 Jonathan Sumption, *The Albigensian Crusade* (London: Faber, 1978), p. 148.

5 Lynn White, *Medieval Religion and Technology: Collected Essays* (Berkeley: University of California Press, 1978), p. 268.

6 Joseph Gies and Frances Gies, *Cathedral, Forge and Waterwheel: Technology and Invention in the Middle Ages* (London: Harper Perennial, 1995), p. 147.

7 *Physics* in Aristotle, ed. Jonathan Barnes, *The Complete Works of Aristotle: The Revised Oxford Translation*, vol. 1 (Princeton: Princeton University Press, 1984), p. 425 [254b12].

8 Marshall Clagett, *The Science of Mechanics in the Middle Ages* (Madison: University of Wisconsin Press, 1959), p. 514.

9 Peter Peregrinus, 'The Letter of Peregrinus', in *A Source Book in Medieval Science*, ed. Edward Grant (Cambridge, MA: Harvard University Press, 1974), p. 376.

10 穆斯林驻军被解除武装但幸免于难，而城中反叛的基督徒则被处死。Steven Runciman, *The Sicilian Vespers: A History of the Mediterranean World in the Later Thirteenth Century* (Cambridge: Cambridge University Press, 1992), p. 124。

11 Peregrinus, 'The Letter of Peregrinus', p. 368.

12 Edward Grant, *A Source Book in Medieval Science* (Cambridge, MA: Harvard University Press, 1974), p. 824.

13 Robert Bartlett, *The Natural and the Supernatural in the Middle Ages* (Cambridge: Cambridge University Press, 2008), p. 130.

14 Richard William Southern, *Western Society and the Church in the Middle Ages* (Harmondsworth: Penguin, 1970), p. 294.

15 Bartlett, *The Natural and the Supernatural in the Middle Ages*, p. 129.

16 Roger Bacon (trans. Robert Belle Burke), *The Opus Majus of Roger Bacon* (Philadelphia: University of Pennsylvania Press, 1928), p. 415.

17 David C. Lindberg, 'Science as Handmaiden: Roger Bacon and the Patristic Tradition', in *The Scientific Enterprise in Antiquity and the Middle Ages: Readings from Isis*, ed. Michael Shank (Chicago: Chicago University Press, 2000), p. 304.

18 Richard William Southern, *Robert Grosseteste: The Growth of an English Mind in Medieval Europe* (Oxford: Clarendon, 1986), p. 4.

19 同上，第65页。

20 Daniel Angelo Callus, 'Robert Grosseteste as Scholar', in *Robert Grosseteste, Scholar and Bishop: Essays in Commemoration of the Seventh Centenary of His Death*, ed. Daniel Angelo Callus (Oxford: Clarendon, 1955), p. 7.

21 James McEvoy, *The Philosophy of Robert Grosseteste* (Oxford: Clarendon,

1982), p. 208.

22 Jeremiah Hackett, 'Roger Bacon: His Life, Career and Works', in *Roger Bacon and the Sciences: Commemorative Essays*, ed. Jeremiah Hackett (Leiden: Brill, 1997), p. 19.

23 David C. Lindberg, 'Medieval Science and Its Religious Context', *Osiris* vol. 10, 2nd series (1995), p. 76.

24 引自 James Riddick Partington, *A History of Greek Fire and Gunpowder* (Cambridge: Heffer, 1960), p. 78。

25 Roger Bacon (trans. Tenney Lombard Davis), *Roger Bacon's Letter Concerning the Marvelous Power of Art and of Nature and Concerning the Nullity of Magic* (Easton: Chemical Publishing Company, 1923), p. 26.

26 Robert Record, *The Pathway to Knowledge*, facsimile (Amsterdam: Theatrum Orbis Terra, 1974), preface.

27 Bacon, *The Opus Majus of Roger Bacon*, p. 582.

28 Southern, *Robert Grosseteste*, p. 136.

29 David C. Lindberg, *Theories of Vision from Al-Kindi to Kepler* (Chicago: University Of Chicago Press, 1976), p. 58.

30 同上，第 12 页。

31 同上，第 109 页。

32 David C. Lindberg, 'Light, Vision and the Universal Emanation of Force', in *Roger Bacon and the Sciences: Commemorative Essays*, ed. Jeremiah Hackett (Leiden: Brill, 1997), p. 268.

33 Lindberg, *Theories of Vision from Al-Kindi to Kepler*, p. 121.

34 同上，第 118 页。

35 这些条例不是完全没有歧义，但就眼镜的发明来说是有力的证据。见 Vincent Ilardi, *Renaissance Vision from Spectacles to Telescopes* (Philadelphia: American Philosophical Society, 2007), p. 8。

36 White, *Medieval Religion and Technology*, p. 221.

37 关于萨尔维诺·德利·阿尔马蒂（Salvino degli Armati）的假故事，见 Ilardi, *Renaissance Vision from Spectacles to Telescopes*, p. 15。

38 David S. Landes, *The Wealth and Poverty of Nations: Why Some Are so Rich*

and Some so Poor (London: Abacus, 1999), p. 47.

第十章　钟匠：沃灵福德的理查德

1 John North, *God's Clockmaker: Richard of Wallingford and the Invention of Time* (London: Hambledon & London, 2007), p. 22.
2 Lynn Thorndike, *University Records and Life in the Middle Ages* (New York: Columbia University Press, 1944), p. 78.
3 Richard William Southern, 'From Schools to University', in *The Early Schools*, ed. Jeremy Catto, *The History of the University of Oxford* vol. 1 (Oxford: Clarendon Press, 1984), p. 26.
4 Diarmaid MacCulloch, *The Reformation: Europe's House Divided 1490 - 1700* (London: Allen Lane, 2003), p. 459.
5 Southern, 'From Schools to University', p. 26.
6 Geoffrey Chaucer (trans. Nevill Coghill), *The Canterbury Tales* (Harmondsworth: Penguin, 1951), p. 33 [I (A) 285].
7 Thomas More, ed. Daniel Kinney, *The Complete Works of St. Thomas More*, vol. 15 (New Haven: Yale University Press, 1986), p. 29.
8 Howard R. Turner, *Science in Medieval Islam: An Illustrated Introduction* (Austin: University of Texas Press, 1995), p. 47.
9 Alexander Murray, *Reason and Society in the Middle Ages* (Oxford: Clarendon Press, 1985), p. 170.
10 Anicius Boethius, ed. Michael Masi, *Boethian Number Theory: A Translation of the De Institutione Arithmetica (with Introduction and Notes)* (Amsterdam: Rodopi, 1983), p. 74.
11 Olaf Pedersen, *The First Universities: Studium Generale and the Origins of University Education in Europe* (Cambridge: Cambridge University Press, 1997), p. 262.
12 Robert Bartlett, *The Natural and the Supernatural in the Middle Ages* (Cambridge: Cambridge University Press, 2008), p. 73.
13 North, *God's Clockmaker*, p. 51.

14 Edward Grant, *Planets, Stars, and Orbs: The Medieval Cosmos, 1200 – 1687* (Cambridge: Cambridge University Press, 1994), p. 32.

15 North, *God's Clockmaker*, p. 359.

16 同上，第 361 页。

17 同上，第 78 页。

18 同上，第 153 页。

19 Joseph Gies and Frances Gies, *Cathedral, Forge and Waterwheel: Technology and Invention in the Middle Ages* (London: Harper Perennial, 1995), p. 211.

20 David S. Landes, *The Wealth and Poverty of Nations: Why Some Are so Rich and Some so Poor* (London: Abacus, 1999), p. 48.

21 Jean Gimpel, *The Medieval Machine: The Industrial Revolution of the Middle Ages* (London: Pimlico, 1992), p. 164.

22 Lewis Mumford, *Technics and Civilization* (London: George Routledge & Sons, 1934), p.17.

23 North, *God's Clockmaker*, p. 100.

24 同上，第 221 页。

第十一章 默顿计算者

1 Frederick Charles Copleston, *A History of Medieval Philosophy* (London: Methuen, 1972), p. 214.

2 David Luscombe, *Medieval Thought* (Oxford: Oxford University Press, 1997), p. 127.

3 Copleston, *A History of Medieval Philosophy*, p. 227.

4 同上，第 214 页。

5 William J. Courtenay, *Ockham and Ockhamism: Studies in the Dissemination and Impact of His Thought* (Leiden: Brill, 2008), p. 98.

6 J.M.M.H. Thijssen, *Censure and Heresy at the University of Paris, 1200 – 1400* (Philadelphia: University of Pennsylvania Press, 1998), p. 14 以及 Courtenay, *Ockham and Ockhamism*, p. 101。

7 Bertrand Russell, *A History of Western Philosophy* (London: Routledge,

1961), p. 432.

8 Copleston, *A History of Medieval Philosophy*, p. 243.

9 Anthony Levi, *Renaissance and Reformation: The Intellectual Genesis* (New Haven: Yale University Press, 2002), p. 57.

10 Thijssen, *Censure and Heresy at the University of Paris, 1200–1400*, p. 59.

11 Paul Vincent Spade, 'Ockham's Nomalist Metaphysics: Some Main Themes', in *The Cambridge Companion to Ockham*, ed. Paul Vincent Spade (Cambridge: Cambridge University Press, 1999), p. 101.

12 *Physics* in Aristotle, ed. Jonathan Barnes, *The Complete Works of Aristotle: The Revised Oxford Translation*, vol. 1 (Princeton: Princeton University Press, 1984), p. 367 [216a15].

13 亚里士多德并未明确使用过“自然厌恶真空”这种表述，但他的观点是清楚的。见上书，第 369 页（贝克版第 217 页第 2 栏第 20 行）。

14 同上，第 407 页（贝克版第 241 页第 2 栏第 34 行）。

15 同上，第 445 页（贝克版第 267 页第 1 栏第 3 行）。

16 Morris R. Cohen and I. E. Drabkin, *A Source Book in Greek Science* (Cambridge, Mass: Harvard University Press, 1958), p. 223.

17 John E. Murdoch and Edith D. Sylla, 'The Science of Motion', in *Science in the Middle Ages*, ed. David C. Lindberg (Chicago: Chicago University Press, 1978), p. 212 and note 14 on p. 251.

18 Geoffrey Chaucer, ed. F.N. Robinson, *The Works of Geoffrey Chaucer*, 2nd edn (London: Oxford University Press, 1957), pp. 544 – 563.

19 Copleston, *A History of Medieval Philosophy*, p. 259.

20 Geoffrey Chaucer (trans. Nevill Coghill), *The Canterbury Tales* (Harmondsworth: Penguin, 1951), p. 249 [VII: 3242].

21 *Posterior Analytics* in Aristotle, *The Complete Works of Aristotle*, p. 122 [75a38].

22 A.G. Molland, 'The Geometrical Background to the Merton School', *The British Journal for the History of Science* vol. 4, no. 2 (1968), p. 110.

23 Anneliese Maier (trans. Steven D. Sargent), *On the Threshold of Exact Science: Selected Writings of Anneliese Maier on Late Medieval Natural

Philosophy (Philadelphia: University of Pennsylvania Press, 1982), p. 157.

24 Carl B. Boyer, ed. Uta C. Merzbach, *A History of Mathematics*, 2nd edn (New York: Wiley, 1991), p. 348.

25 引自 Cohen and Drabkin, *A Source Book in Greek Science*, p. 220。

26 John North, *God's Clockmaker: Richard of Wallingford and the Invention of Time* (London: Hambledon & London, 2007), p. 277.

27 M.A. Hoskin and A. G. Molland, 'Swineshead on Falling Bodies: An Example of Fourteenth-Century Physics', *The British Journal for the History of Science* vol. 3, no. 2 (1966), p. 154.

28 Marshall Clagett, *The Science of Mechanics in the Middle Ages* (Madison: University of Wisconsin Press, 1959), p. 271.

第十二章 中世纪科学的巅峰

1 Anon, 'A List of Translations Made From Arabic Into Latin in the Twelfth Century', in *A Source Book in Medieval Science*, ed. Edward Grant (Cambridge, MA: Harvard University Press, 1974), p. 35.

2 Ernest A. Moody, *Studies in Medieval Philosophy, Science, and Logic: Collected Papers, 1933 - 1969* (Berkeley: University of California Press, 1975), p. 111.

3 Alexander Haggerty Krappe, 'The Legend of Buridan and the Tour de Nesle', *The Modern Language Review* vol. 23, no. 2 (1928), p. 216.

4 Ernest A. Moody, 'Buridan, Jean', in *Dictionary of Scientific Biography*, ed. Charles Coulston Gillispie, vol. 2 (New York: Scribner, 1970), p. 603.

5 Jol Biard, 'The Natural Order in John Buridan', in *The Metaphysics and Natural Philosophy of John Buridan*, eds J.M.M.H. Thijssen and Jack Zupko (Leiden: Brill Academic Publishers, 2001), p. 93.

6 同上，第 91 页。

7 最早提到冲力的中世纪文献是 1320 年弗朗西斯·德马尔基亚（Francis de Marchia）对彼得·隆巴尔《箴言四书》撰写的神学评注。在接下来的几个世纪，布里丹全面发展了冲力思想。见 Anneliese Maier (trans. Steven

D. Sargent), *On the Threshold of Exact Science: Selected Writings of Anneliese Maier on Late Medieval Natural Philosophy* (Philadelphia: University of Pennsylvania Press, 1982), pp. 80 - 81。

8 Edward Grant, *The Foundations of Modern Science in the Middle Ages: Their Religious, Institutional and Intellectual Contexts* (Cambridge: Cambridge University Press, 1996), p. 95.

9 Maier, *On the Threshold of Exact Science*, p. 89.

10 Plato (trans. Desmond Lee), *Timaeus and Critias* (Harmondsworth: Penguin, 1977), p. 53 [38].

11 Edward Grant, *Planets, Stars, and Orbs: The Medieval Cosmos, 1200 - 1687* (Cambridge: Cambridge University Press, 1994), p. 527.

12 John North, *God's Clockmaker: Richard of Wallingford and the Invention of Time* (London: Hambledon & London, 2007), p. 202.

13 Maier, *On the Threshold of Exact Science*, p. 89.

14 Grant, *The Foundations of Modern Science in the Middle Ages*, p. 113.

15 Ptolemy (trans. G.J. Toomer), *Ptolemy's Almagest* (London: Duckworth, 1984), p. 45 [I: 7].

16 Marshall Clagett, 'Oresme, Nicole', in *Dictionary of Scientific Biography*, ed. Charles Coulston Gillispie, vol. 10 (New York: Scribner, 1970), p. 223.

17 Lynn Thorndike, *History of Magic and Experimental Science*, vol. 3 (New York: Columbia University Press, 1934), p. 398.

18 引自 Edward Grant, *A Source Book in Medieval Science* (Cambridge, MA: Harvard University Press, 1974), p. 67。

19 John E. Murdoch and Edith D. Sylla, 'The Science of Motion', in *Science in the Middle Ages*, ed. David C. Lindberg (Chicago: Chicago University Press, 1978), p. 240.

20 Ernest A. Moody, 'Albert of Saxony', in *Dictionary of Scientific Biography*, ed. Charles Coulston Gillispie, vol. 1 (New York: Scribner, 1970), p. 93.

21 同上，第 94 页。

22 J.H. Randall Jr., 'The Development of the Scientific Method in the School of Padua', *Journal of the History of Ideas* vol. 1, no. 2 (1940), p. 181.

23 Charles Talbot, 'Medicine', in *Science in the Middle Ages*, ed. David C. Lindberg (Chicago: Chicago University Press, 1978), p. 417.

24 Marshall Clagett, *The Science of Mechanics in the Middle Ages* (Madison: University of Wisconsin Press, 1959), p. 651.

25 Moody, 'Buridan, Jean', p. 603.

26 Grant, *A Source Book in Medieval Science*, p. 314.

27 Lambertus Marie de Rijk, ed., *Nicholas of Autrecourt: His Correspondence with Master Giles and Bernhard of Arezzo: A Critical Edition from The Two Parisian Manuscripts* (Leiden: E.J. Brill, 1994), p. 3.

28 Edward Grant, *God and Reason in the Middle Ages* (Cambridge: Cambridge University Press, 2001), p. 224.

29 Rijk, *Nicholas of Autrecourt*, p. 181.

30 Moody, *Studies in Medieval Philosophy, Science, and Logic*, pp. 150 - 152.

31 Grant, *A Source Book in Medieval Science*, p. 50.

32 Jean Gerson (trans. Brian Patrick McGuire), *Jean Gerson: Early Works* (New York: Paulist Press, 1998), p. 172.

33 North, *God's Clockmaker*, p. 326.

第十三章　新视野

1 J.E. Hofman, 'Cusa, Nicholas of', in *Dictionary of Scientific Biography*, ed. Charles Coulston Gillispie (New York: Scribner, 1970), p, 515.

2 同上，第 513 页。

3 Nicholas of Cusa (trans. Jasper Hopkins), 'On Learned Ignorance', in *Complete Philosophical and Theological Treatises of Nicholas of Cusa*, vol. 1 (Minneapolis: Arthur J. Banning Press, 2001), p. 90 [II: 11].

4 同上，第 96 页（第 2 卷第 12 节）。

5 Robert P. Multhauf, 'The Science of Matter', in *Science in the Middle Ages*, ed. David C. Lindberg (Chicago: Chicago University Press, 1978), p. 386.

6 Laura Ackerman Smoller, *History, Prophecy, and the Stars: The Christian Astrology of Pierre d'Ailly, 1350 - 1420* (Princeton: Princeton University

Press, 1994), p. 7.

7 他预言，在 1789 年“世界上将会出现许多巨大的、惊人的变化，主要是在法律和宗派方面”。在这之后，他预计会出现敌基督。见上书，第 105 页。

8 Donald Engels, 'The Length of Eratosthenes' Stade', *American Journal of Philology* vol. 106, no. 3 (1985), p. 310.

9 Lynn Thorndike, *The Sphere of Sacrobosco and Its Commentators* (Chicago: University of Chicago Press, 1949), p. 122.

10 Ptolemy (trans. J.L. Berggren and Alexander Jones), *Ptolemy's Geography: An Annotated Translation of the Theoretical Chapters* (Princeton: Princeton University Press, 2000), p. 52.

11 托勒密认为，在赤道上经度的一度相当于 500 斯塔德。同上，第 71 页（第 1 卷第 11 节）。

12 John Mandeville (trans. C. W. R. D. Moseley), *The Travels of Sir John Mandeville* (Harmondsworth: Penguin, 1983), p. 129.

13 *Meteorology* in Aristotle, ed. Jonathan Barnes, *The Complete Works of Aristotle: The Revised Oxford Translation*, vol. 1 (Princeton: Princeton University Press, 1984), p. 587 [362a32].

14 Pliny the Elder (trans. H. Rackham), *Natural History: With an English Translation in Ten Volumes*, vol. 1 (London: Heinemann, 1938), p. 307 [II: 68].

15 J.H. Parry, *The Age of Reconaissance* (London: Weidenfeld and Nicolson, 1963), p. 137.

16 Joseph Gies and Frances Gies, *Cathedral, Forge and Waterwheel: Technology and Invention in the Middle Ages* (London: Harper Perennial, 1995), p. 281.

17 Edward Grant, *A Source Book in Medieval Science* (Cambridge, MA: Harvard University Press, 1974), p. 635.

18 同上，第 637 页。

19 同上，第 638 页。

20 Parry, *The Age of Reconaissance*, p. 150.

21 Christopher Columbus (trans. John G. Cummins), *The Voyage of Christopher Columbus: Columbus' Own Journal of Discovery Newly Restored and Translated* (London: Weidenfeld and Nicolson, 1992), p. 26.

22 John Huxtable Elliott, *The Old World and the New 1492 - 1650* (Cambridge: Cambridge University Press, 1992), p. 29.

23 Robert Record, *The Castle of Knowledge*, Facsimile (Amsterdam: Theatrum Orbis Terra, 1975), p. 70.

24 Steven Runciman, *The Fall of Constantinople, 1453* (Cambridge: Cambridge University Press, 1990), p. 76.

25 同上，第78页。

26 一般认为苏丹的大炮是青铜制成，但这门炮有更大可能与蒙斯·梅格一样是铁制的。事实上，穆罕默德的轻型火炮更有效率。见 Charles William Chadwick Oman, *A History of the Art of War in the Middle Ages*, vol. 2, 2nd edn (London: Methuen, 1924), p. 357。

27 Robert D. Smith and Kelly DeVries, *The Artillery of the Dukes of Burgundy 1363 - 1477* (Woodbridge, Suffolk: Boydell Press, 2005), p. 262.

28 Runciman, *The Fall of Constantinople, 1453*, p. 144.

29 Joseph Gies and Frances Gies, *Cathedral, Forge and Waterwheel*, p. 247.

30 同上。

31 Alexander Murray, *Reason and Society in the Middle Ages* (Oxford: Clarendon Press, 1985), p. 301.

32 Joseph Gies and Frances Gies, *Cathedral, Forge and Waterwheel*, p. 244.

33 Colin Clair, *A History of European Printing* (London: Academic Press, 1976), p. 16.

34 Desiderius Erasmus, ed. Charles Garfield Nauert (trans. Alexander Dalzell), *The Correspondence of Erasmus*, vol. 11 (Toronto: University of Toronto Press, 1994), p. 27.

第十四章 人文主义与宗教改革

1 David C. Lindberg, *Theories of Vision from Al-Kindi to Kepler* (Chicago:

University Of Chicago Press, 1976), p. 148.

2 Charles G. Nauert, *Humanism and the Culture of Renaissance Europe* (Cambridge: Cambridge University Press, 1995), p. 1.

3 Jacob Burckhardt (trans. S. G. C. Middlemore), *The Civilisation of the Renaissance in Italy* (Harmondsworth: Penguin, 1990), p. 98.

4 Paul Oskar Kristeller, *Renaissance Thought and its Sources* (New York: Columbia University Press, 1979), p. 22.

5 同上，第29页。

6 Elizabeth Eisenstein, *The Printing Revolution in Early Modern Europe* (Cambridge: Cambridge University Press, 1993), p. 120.

7 Michael Reeve, 'Classical Scholarship', in *Cambridge Companion to Renaissance Humanism*, ed. Jill Kraye (Cambridge: Cambridge University Press, 1996), p. 34.

8 Charles Trinkaus, 'Marsilio Ficino', in *Contemporaries of Erasmus: A Biographical Register of the Renaissance and Reformation*, ed. Peter G Bietenholz and Thomas B Deutscher, vol. 2 (Toronto: University of Toronto Press, 1985), p. 27.

9 Kristeller, *Renaissance Thought and its Sources*, p. 188.

10 Ernst Cassirer, Paul Oskar Kristeller and John Herman Randall, eds, *The Renaissance Philosophy of Man: Selections in Translation* (Chicago: University of Chicago Press, 1948), p. 377.

11 同上，第381页。

12 Kristeller, *Renaissance Thought and its Sources*, p. 191.

13 Michel de Montaigne (trans. M. A. Screech), *The Essays of Michel De Montaigne* (Harmondsworth: Penguin, 1993), p. 170.

14 比如，预示了无限集理论。见 Edward Grant, *God and Reason in the Middle Ages* (Cambridge: Cambridge University Press, 2001), p. 248。

15 J.S. Brewer, ed., *Letters and Papers, Foreign and Domestic, of the Reign of Henry VIII: Preserved in the Public Record Office, the British Museum, and Elsewhere in England*, vol. 9 (London: Longman, Roberts & Green, 1862), no. 350.

16 John E. Murdoch and Edith D. Sylla, 'Swineshead, Richard', in *Dictionary of Scientific Biography*, ed. Charles Coulston Gillispie, vol. 13 (New York: Scribner, 1970), p. 209.

17 James Farge, 'Thomas Bricot', in *Contemporaries of Erasmus: A Biographical Register of the Renaissance and Reformation*, eds Peter G. Bietenholz and Thomas B. Deutscher, vol. 1 (Toronto: University of Toronto Press, 1985), p. 199.

18 Marshall Clagett, *The Science of Mechanics in the Middle Ages* (Madison: University of Wisconsin Press, 1959), p. 638.

19 Sachiko Kusukawa, *The Transformation of Natural Philosophy: The Case of Philip Melanchthon* (Cambridge: Cambridge University Press, 1995), p. 110.

20 Galileo Galilei (trans. Stillman Drake), *Dialogue Concerning the Two Chief World Systems: the Ptolemaic and Copernican* (Berkeley: University of California Press, 1953), p. 107, 有改动。

21 N.R. Ker, 'The Provision of Books', in *A History of Oxford University: The Collegiate University*, ed. James McConica (Oxford: Clarendon Press, 1986), p. 466.

22 G.H. Martin, *A History of Merton College, Oxford* (Oxford: Oxford University Press, 1997), p. 79.

23 Alastair Hamilton, 'Humanists and the Bible', in *The Cambridge Companion to Renaissance Humanism*, ed. Jill Kraye (Cambridge: Cambridge University Press, 1996), p. 107.

24 Nauert, *Humanism and the Culture of Renaissance Europe*, p. 156.

25 Desiderius Erasmus (trans. Betty Radice), *Praise of Folly* (Harmondsworth: Penguin Classics, 1993), p. 88.

26 Diarmaid MacCulloch, *The Reformation: Europe's House Divided 1490 – 1700* (London: Allen Lane, 2003), p. 123.

27 同上，第 131 页。

28 同上，第 245 页。

29 同上，第 679 页。

30 Peter Harrison, *The Bible, Protestantism, and the Rise of Natural Science* (Cambridge: Cambridge University Press, 1998), p. 114.

31 Eisenstein, *The Printing Revolution in Early Modern Europe*, p. 230.

32 Max Weber (trans. Stephen Kalberg), *The Protestant Ethic and the Spirit of Capitalism*, 3rd edn (Oxford: Blackwell, 2002).

33 Robert K. Merton, 'Science, Technology and Society in Seventeenth Century England', *Osiris* vol. 4, no. 1 (1938), pp. 360 - 632.

34 Robert Record, *The Castle of Knowledge*, Facsimile (Amsterdam: Theatrum Orbis Terra, 1975), p. 284. 拼写已转为现代形式。

35 Henry Howard (Oxford, Bodleian Library, 'MS Bodley 616'), fol. 5r. 拼写已转为现代形式。

36 Thomas Worcester, 'Introduction', in *The Cambridge Companion to the Jesuits*, ed. Thomas Worcester (Cambridge: Cambridge University Press, 2008), p. 3.

37 Richard G. Olson, *Science and Religion, 1450 - 1900: From Copernicus to Darwin* (Baltimore: The Johns Hopkins University Press, 2006), p. 69.

38 James Hannam, 'Teaching Natural Philosophy and Mathematics at Oxford and Cambridge 1500 - 1570' (PhD thesis, University of Cambridge, 2008), p. 213.

39 Rodney Stark, *For the Glory of God: How Monotheism Led to Reformations, Science, Witch-Hunts, and the End of Slavery* (Princeton: Princeton University Press, 2003), p. 161.

第十五章　16 世纪的博学者

1 Anna Rita Fantoni, ed. Lorenzo Crinelli, *Treasures from the Italian Libraries* (London: Thames and Hudson, 1997), p. 16.

2 Thomas Deutscher, 'Gemitos Plethon', in *Contemporaries of Erasmus: A Biographical Register of the Renaissance and Reformation*, eds Peter G. Bietenholz and Thomas B. Deutscher, vol. 2 (Toronto: University of Toronto Press, 1985), p. 85.

3 D.P. Walker, *Spiritual and Demonic Magic from Ficino to Campanella*, new edn (Stroud: Sutton, 2000), p. 62.

4 Frances A. Yates, *Giordano Bruno and the Hermetic Tradition* (London: Routledge Classics, 2002), p. 13.

5 同上，第 11 页。

6 Angela Voss, ed., *Marsilio Ficino* (Berkeley: North Atlantic Books, 2006), p. 192.

7 Walker, *Spiritual and Demonic Magic from Ficino to Campanella*, p. 37.

8 Brian P. Copenhaver, trans., *Hermetica: The Greek Corpus Hermeticum and the Latin Asclepius* (Cambridge: Cambridge University Press, 1992).

9 Yates, *Giordano Bruno and the Hermetic Tradition*, p. 434.

10 同上，第 127 页。

11 John Dee, eds Wayne Shumaker and J.L. Heilbron, *John Dee on Astronomy: 'Propaedeumata Aphoristica' (1558 and 1568)* (Berkeley: University of California Press, 1978), p. 5.

12 Sachiko Kusukawa, *The Transformation of Natural Philosophy: The Case of Philip Melanchthon* (Cambridge: Cambridge University Press, 1995), p. 135.

13 Dee, *John Dee on Astronomy*, p. 64.

14 Mario Gliozzi, 'Cardano, Girolamo', in *Dictionary of Scientific Biography*, ed. Charles Coulston Gillispie, vol. 3 (New York: Scribner, 1970), p. 64.

15 Girolamo Cardano (trans. Jean Stoner), *The Book of My Life* (New York: New York Review Books, 2002), p. 172.

16 Anthony Grafton, *Cardano's Cosmos: The Worlds and Works of a Renaissance Astrologer* (Cambridge, MA: Harvard University Press, 1999), p. 57.

17 Cardano, *The Book of My Life*, p. 38.

18 Gliozzi, 'Cardano, Girolamo', p. 66.

19 Cardano, *The Book of My Life*, p. 15.

20 同上，第 87 页。

21 W.G. Waters, *Jerome Cardan: A Biographical Study* (London: Lawrence & Bullen, 1898), p. 128.

22 Grafton, *Cardano's Cosmos*, p. 112.

23 同上，第 121 页。

24 P.G. Maxwell-Stuart, ed., *The Occult in Early Modern Europe: A Documentary History* (Basingstoke: Macmillan, 1999), p. 83.

25 Grafton, *Cardano's Cosmos*, p. 134.

26 Dee, *John Dee on Astronomy*, p. 52.

27 Grafton, *Cardano's Cosmos*, p. 78.

28 同上，第 151 页。

29 Stillman Drake and I. E. Drabkin, *Mechanics in Sixteenth-Century Italy: Selections from Tartaglia, Benedetti, Guido Ubaldo, and Galileo* (Madison: University of Wisconsin Press, 1969), p. 27.

30 Gliozzi, 'Cardano, Girolamo', p. 66.

31 W. R. Laird, 'Archimedes among the Humanists', *Isis* vol. 82, no. 4 (1 January 1991), p. 635.

32 见 the 'Life of Marcellus' in Plutarch (trans. Ian Scott-Kilvert), *Makers of Rome: Nine Lives* (Harmondsworth: Penguin, 1965), p. 100 [15]。

33 Laird, 'Archimedes among the Humanists', p. 628.

34 Drake and Drabkin, *Mechanics in Sixteenth-Century Italy*, p. 17.

35 Paul Lawrence Rose, *The Italian Renaissance of Mathematics: Studies on Humanists and Mathematicians from Petrarch to Galileo* (Geneva: Droz, 1975), p. 152.

36 同上，第 153 页。

37 Drake and Drabkin, *Mechanics in Sixteenth-Century Italy*, p. 23.

38 Cardano, *The Book of My Life*, p. 83.

39 同上。

40 同上，第 63 页。

41 Anthony Grafton in the Introduction 同上，引言第 13 页。

42 Laird, 'Archimedes among the Humanists', p. 635.

43 Waters, *Jerome Cardan*, p. 153.

44 Cardano, *The Book of My Life*, p. 38.

45 Waters, *Jerome Cardan*, p. 219.

第十六章 人体的运转：医学与解剖学

1 Charles Webster, *Paracelsus: Medicine, Magic and Mission at the End of Time* (New Haven: Yale University Press, 2008), p. 10.

2 P.G. Maxwell-Stuart, ed., *The Occult in Early Modern Europe: A Documentary History* (Basingstoke: Macmillan, 1999), p. 198.

3 Charles Webster, *Paracelsus: Medicine, Magic and Mission at the End of Time*, p. 13.

4 Philip Ball, *The Devil's Doctor: Paracelsus and the World of Renaissance Magic and Science* (London: William Heinemann, 2006), p. 205.

5 Allen George Debus, *The French Paracelsians: The Chemical Challenge to Medical and Scientific Tradition in Early Modern France* (Cambridge: Cambridge University Press, 1991), p. 65.

6 Marie-Christine Pouchelle, *The Body and Surgery in the Middle Ages* (Oxford: Polity, 1989), p. 16.

7 Nancy G. Siraisi, *Medieval and Early Renaissance Medicine: An Introduction to Knowledge and Practice* (Chicago: University Of Chicago Press, 1990), p. 169.

8 Martha Teach Gnudi and Jerome Pierce Webster, *The Life and Times of Gaspare Tagliacozzi: Surgeon of Bologna, 1545 – 1599. With a Documented Study of the Scientific and Cultural Life of Bologna in the Sixteenth Century* (New York: H. Reichner, 1950), p. 118.

9 Roy Porter, *The Greatest Benefit to Mankind: A Medical History of Humanity from Antiquity to the Present* (London: HarperCollins, 1998), p. 190.

10 Gnudi and Webster, *The Life and Times of Gaspare Tagliacozzi*, p. 114.

11 同上，第 288 页。

12 James Longrigg, 'Anatomy in Alexandria in the Third Century B.C.', *British Journal for the History of Science* vol. 21, no. 4 (1988), p. 457.

13 Porter, *The Greatest Benefit to Mankind*, p. 75.

14 Emilie Savage-Smith, 'Attitudes Toward Dissection in Medieval Islam',

Journal of the History of Medicine and Allied Sciences vol. 50, no. 1 (1 January 1995), p. 87.

15 R.K. French, *Dissection and Vivisection in the European Renaissance* (Aldershot: Ashgate, 1999), p. 11.

16 Charles Talbot, 'Medicine', in *Science in the Middle Ages*, ed. David C. Lindberg (Chicago: Chicago University Press, 1978), p. 409.

17 Ball, *The Devil's Doctor*, p. 56.

18 Edward Grant, *A Source Book in Medieval Science* (Cambridge, MA: Harvard University Press, 1974), p. 739.

19 David Wootton, *Bad Medicine: Doctors Doing Harm Since Hippocrates* (Oxford: Oxford University Press, 2006), p. 76.

20 J.B. de C. M. Saunders and Charles Donald O'Malley, *The Anatomical Drawings of Andreas Vesalius: With Annotations and Translations, a Discussion of the Plates and Their Background, Authorship, and Influence, and a Biographical Sketch of Vesalius* (New York: Bonanza Books, 1982), p. 28.

21 Porter, *The Greatest Benefit to Mankind*, p. 183.

22 Wootton, *Bad Medicine*, p. 83.

23 Andreas Vesalius (trans. William Frank Richardson and John Burd Carman), *On the Fabric of the Human Body*, vol. 1 (Novato: Norman Publishing, 1998), p. 383.

24 Wootton, *Bad Medicine*, p. 91.

25 Porter, *The Greatest Benefit to Mankind*, p. 171.

26 C. Donald O'Malley, 'Andreas Vesalius' Pilgrimage', *Isis* vol. 45, no. 2 (1 January 1954), p. 138.

27 C.D. O'Malley, *Andreas Vesalius of Brussels, 1514 – 1564* (Berkeley: University of California Press, 1964), p. 304.

28 Wootton, *Bad Medicine*, p. 102.

29 Michael Servetus (trans. C.D. O'Malley), *Michael Servetus: A Translation of His Geographical, Medical, and Astrological Writings* (Philadelphia: American Philosophical Society, 1953), p. 204.

30 科隆博还被视为阴蒂的发现者，此前的所有男性想必是回避了这项发现。

见 Wootton, *Bad Medicine*, p. 117。

31 Savage-Smith, 'Attitudes Toward Dissection in Medieval Islam', p. 102.

32 Geoffrey Keynes, *The Life of William Harvey* (Oxford: Clarendon Press, 1966), p. 137.

33 Wootton, *Bad Medicine*, p. 98.

34 William Harvey (trans. Kenneth Franklin), *Movement of the Heart and Blood in Animals: An Anatomical Essay* (Oxford: Blackwell, 1957), p. 39.

35 Charles Webster, 'William Harvey's Conception of the Heart as a Pump', *Bulletin of the History of Medicine* vol. 39 (1965), p. 510.

36 Harvey, *Movement of the Heart and Blood in Animals*, p. 88.

37 同上，第 59 页。

38 John Aubrey, ed. John Buchanan-Brown, *Brief Lives* (Harmondsworth: Penguin, 2000), p. 144.

39 这个故事的动人讲述见 Pete Moore, *Blood and Justice: The Seventeenth-Century Parisian Doctor Who Made Blood Transfusion History* (Chichester: John Wiley, 2002)。

40 Porter, *The Greatest Benefit to Mankind*, p. 303.

第十七章 人文主义天文学与尼古拉·哥白尼

1 Judith Rice Henderson, 'George of Trebizond', in *Contemporaries of Erasmus: A Biographical Register of the Renaissance and Reformation*, eds Peter G. Bietenholz and Thomas B. Deutscher, vol. 3 (Toronto: University of Toronto Press, 1985), p. 340.

2 Thomas Deutscher, 'Bessarion', in *Contemporaries of Erasmus: A Biographical Register of the Renaissance and Reformation*, ed. Peter G. Bietenholz and Thomas B. Deutscher, vol. 1 (Toronto: University of Toronto Press, 1985), p. 142.

3 Anna Rita Fantoni, ed. Lorenzo Crinelli, *Treasures from the Italian Libraries* (London: Thames and Hudson, 1997), p. 20.

4 Paul Lawrence Rose, *The Italian Renaissance of Mathematics: Studies on

Humanists and Mathematicians from Petrarch to Galileo（Geneva：Droz，1975），p. 91.

5 同上，第 101 页。

6 C. Doris Hellman and John E. Murdoch，'Peurbach，Georg'，in *Dictionary of Scientific Biography*，ed. Charles Coulston Gillispie，vol. 15（New York：Scribner，1970），p. 474.

7 同上。

8 Rose，*The Italian Renaissance of Mathematics*，p. 101.

9 John North，*God's Clockmaker: Richard of Wallingford and the Invention of Time*（London：Hambledon & London，2007），p. 334.

10 同上，第 64 页。

11 C.M. Linton，*From Eudoxus to Einstein: A History of Mathematical Astronomy*（Cambridge：Cambridge University Press，2004），p. 20.

12 更深入和明晰的解释见 John Henry，*Moving Heaven and Earth: Copernicus and the Solar System*（Cambridge：Icon Books，2001），p. 32。

13 Moses Maimonides（trans. M. Friedlander），*Guide for the Perplexed*，2nd edn（New York：Dover，1956），p. 198.

14 Edward Grant，*A Source Book in Medieval Science*（Cambridge，MA：Harvard University Press，1974），p. 525.

15 James M. Lattis，*Between Copernicus and Galileo: Christoph Clavius and the Collapse of Ptolemaic Cosmology*（Chicago：University of Chicago Press，1994），p. 78.

16 一本流行的英语著作认为这个数字至少是 1.17 亿英里。见 C.S. Lewis，*The Discarded Image: An Introduction to Medieval and Renaissance Literature*（Cambridge：Cambridge University Press，1994），p. 98。

17 Nicolaus Copernicus，*On the Revolutions of the Heavenly Spheres*（Amherst：Prometheus Books，1995），p. 3.

18 Robert S. Westman，'Proof，Poetics and Patronage：Copernicus's Preface to *De Revolutionibus*'，in *Reappraisals of the Scientific Revolution*，ed. David C. Lindberg and Robert S. Westman（Cambridge：Cambridge University Press，1990），p. 186.

19 更详细的解释见 Henry, *Moving Heaven and Earth*, pp. 87 - 90。

20 Rose, *The Italian Renaissance of Mathematics*, p. 119.

21 Linton, *From Eudoxus to Einstein*, p. 121.

22 Rose, *The Italian Renaissance of Mathematics*, p. 99.

23 Copernicus, *On the Revolutions of the Heavenly Spheres*, p. 27.

24 同上，第 6 页。

25 Linton, *From Eudoxus to Einstein*, p. 121.

26 Angela Voss, ed., *Marsilio Ficino* (Berkeley: North Atlantic Books, 2006), p. 192.

27 D.P. Walker, *Spiritual and Demonic Magic from Ficino to Campanella*, new edn (Stroud: Sutton, 2000), p. 113.

28 Copernicus, *On the Revolutions of the Heavenly Spheres*, p. 25.

29 Grant, *A Source Book in Medieval Science*, p. 67.

30 Copernicus, *On the Revolutions of the Heavenly Spheres*, p. 17.

31 Ernest A. Moody, *Studies in Medieval Philosophy, Science, and Logic: Collected Papers, 1933 - 1969* (Berkeley: University of California Press, 1975), p. 442.

32 Paul W. Knoll, 'The Arts Faculty at the University of Cracow', in *The Copernican Achievement*, ed. Robert S. Westman (Berkeley: University of California Press, 1975), p. 150.

33 Nicholas of Cusa (trans. Jasper Hopkins), 'On Learned Ignorance', in *Complete Philosophical and Theological Treatises of Nicholas of Cusa*, vol. 1 (Minneapolis: Arthur J. Banning Press, 2001), p. 93 [II: 12].

34 George Saliba, *Islamic Science and the Making of the European Renaissance* (Cambridge, MA: The MIT Press, 2007), p. 200.

35 同上，第 196 页。

36 一些有趣的建议见上书，第 217—221 页。

37 Robert S. Westman, 'The Copernicans and the Churches', in *God and Nature: Historical Essays on the Encounter Between Christianity and Science*, eds David C. Lindberg and Ronald L. Numbers (Berkeley: University of California Press, 1986), p. 82.

38 E.G. Richards, *Mapping Time: The Calendar and Its History* (Oxford: Oxford University Press, 1999), p. 249.

39 同上，第 253 页。

40 以往的观点认为 1600 年之前真正的哥白尼主义者有十人，但这个数字现在被减至九人。见 Stephen Gaukroger, *The Emergence of a Scientific Culture: Science and the Shaping of Modernity 1210 – 1685* (Oxford: Clarendon Press, 2006), p. 122 note 118。

第十八章　天文学改革

1 James M. Lattis, *Between Copernicus and Galileo: Christoph Clavius and the Collapse of Ptolemaic Cosmology* (Chicago: University of Chicago Press, 1994), p. 44.

2 *Meteorology* in Aristotle, ed. Jonathan Barnes, *The Complete Works of Aristotle: The Revised Oxford Translation*, vol. 1 (Princeton: Princeton University Press, 1984), p. 563 [344a15].

3 Robert Bartlett, *The Natural and the Supernatural in the Middle Ages* (Cambridge: Cambridge University Press, 2008), p. 70.

4 Lattis, *Between Copernicus and Galileo*, p. 147.

5 同上，第 151 页。

6 C. Doris Hellman, 'Brahe, Tycho', in *Dictionary of Scientific Biography*, ed. Charles Coulston Gillispie, vol. 2 (New York: Scribner, 1970), p. 401.

7 C.M. Linton, *From Eudoxus to Einstein: A History of Mathematical Astronomy* (Cambridge: Cambridge University Press, 2004), p. 154.

8 Hellman, 'Brahe, Tycho', p. 404.

9 同上，第 402 页。

10 Linton, *From Eudoxus to Einstein*, pp. 156, 163.

11 同上，第 168 页。

12 同上，第 162 页。

13 Lattis, *Between Copernicus and Galileo*, p. 206.

14 同上，第 163 页。

15 同上，第 107 页、第 206 页。

16 Stephen Pumfrey, *Latitude & the Magnetic Earth* (Cambridge: Icon Books, 2001), p. 16.

17 同上，第 38 页。

18 Edward Grant, 'Peter Peregrinus', in *Dictionary of Scientific Biography*, ed. Charles Coulston Gillispie, vol. 10 (New York: Scribner, 1970), p. 538.

19 William Gilbert (trans. P. Fleury Mottelay), *De Magnete* (New York: Dover, 1991), p. 5.

20 同上，第 170 页。

21 Max Caspar (trans. C. Doris Hellman), *Kepler* (London: Abelard-Schuman, 1959), p. 38.

22 同上，第 46 页。

23 Linton, *From Eudoxus to Einstein*, p. 172.

24 Caspar, *Kepler*, p. 121.

25 同上，第 122 页。

26 同上，第 311 页。

27 Linton, *From Eudoxus to Einstein*, p. 181. 这个差别不是有时候人们以为的八分钟。

28 Caspar, *Kepler*, p. 128.

29 Linton, *From Eudoxus to Einstein*, p. 170.

30 Psalm 19: 1.

31 同上，第 190 页、第 192 页、第 197 页。

32 同上，第 220 页。

33 Caspar, *Kepler*, p. 138.

34 David C. Lindberg, *Theories of Vision from Al-Kindi to Kepler* (Chicago: University Of Chicago Press, 1976), p. 200.

35 Caspar, *Kepler*, p. 206.

36 同上，第 152 页。

37 同上，第 256 页。

38 Keith Thomas, *Religion and the Decline of Magic: Studies in Popular Beliefs in Sixteenth- and Seventeenth-Century England* (Harmondsworth: Penguin,

1973), p. 87.

39 Brian P. Levack, *The Witch-Hunt in Early Modern Europe*, 2nd edn (London: Longman, 1995), p. 25.

40 William H. Huffman, *Robert Fludd and the End of the Renaissance* (London: Routledge, 1988), p. 16.

41 Diarmaid MacCulloch, *The Reformation: Europe's House Divided 1490 - 1700* (London: Allen Lane, 2003), p. 491.

42 Allen George Debus, *Man and Nature in the Renaissance* (Cambridge: Cambridge University Press, 1978), p. 122.

43 Allen George Debus, *The Chemical Philosophy: Paracelsian Science and Medicine in the Sixteenth and Seventeenth Centuries*, vol. 1 (New York: Science History Publications, 1977), p. 257.

44 Caspar, *Kepler*, p. 136.

第十九章　伽利略与乔尔丹诺·布鲁诺

1 Michael Sharratt, *Galileo: Decisive Innovator* (Cambridge: Cambridge University Press, 1996), p. 27.

2 Stillman Drake, *Galileo at Work: His Scientific Biography* (Chicago: University of Chicago Press, 1978), pp. 20, 416.

3 Sharratt, *Galileo*, p. 50. 重复这项实验的尝试表明，人们会无意识地先释放较轻的物体，致使较轻的物体先行一步。这无法解释较重的物体后来为什么会超过较轻的物体。

4 Paul Lawrence Rose, *The Italian Renaissance of Mathematics: Studies on Humanists and Mathematicians from Petrarch to Galileo* (Geneva: Droz, 1975), p. 154.

5 Stillman Drake and I. E. Drabkin, *Mechanics in Sixteenth-Century Italy: Selections from Tartaglia, Benedetti, Guido Ubaldo, & Galileo* (Madison: University of Wisconsin Press, 1969), p. 152.

6 同上，第 34 页。

7 Simon Stevin, 'Appendix to the Art of Weighing', in *The Principal Works of*

Simon Stevin, ed. Ernst Crone (trans. C. Dikshoorn), vol. 1 (Amsterdam: C. V. Swets & Zeitlinger, 1955), p. 511.

8 Drake, *Galileo at Work*, p. 23.

9 Ernest A. Moody, 'Galileo and Avempace: The Dynamics of the Leaning Tower Experiment', *Journal of the History of Ideas* vol. 12, no. 2 (1951), p. 193. 关于穆迪对阿芬帕斯物理学的阐释，更晚近的批评见 Abel B. Franco, 'Avempace, Projectile Motion, and Impetus Theory', *Journal of the History of Ideas* vol. 64, no. 4 (2003), pp. 521 - 546。

10 Willam Wallace, 'Domingo de Soto and the Iberian Roots of Galileo's Science', in *Hispanic Philosophy in the Age of Discovery*, ed. Keven White (Washington DC: The Catholic University of America Press, 1997), p. 113.

11 同上，第 118 页。

12 同上，第 113 页。

13 同上，第 121 页。

14 同上，第 122 页。

15 Sharratt, *Galileo*, p. 73.

16 J.H. Randall Jr., 'The Development of the Scientific Method in the School of Padua', *Journal of the History of Ideas* vol. 1, no. 2 (1940), pp. 177 - 206.

17 Sharratt, *Galileo*, p. 182.

18 Irving A. Kelter, 'The Refusal to Accommodate: Jesuit Exegates and the Copernican System', in *The Church and Galileo*, ed. Ernan McMullin (Notre Dame: University of Notre Dame Press, 2005), p. 40.

19 Frances A. Yates, *Giordano Bruno and the Hermetic Tradition* (London: Routledge Classics, 2002), p. 205.

20 Edward Grant, *Much Ado About Nothing: Theories of Space and Vacuum from the Middle Ages to the Scientific Revolution* (Cambridge: Cambridge University Press, 1981), p. 203.

21 Giordano Bruno (trans. Edward A. Gosselin and Lawrence S. Lerner), *The Ash Wednesday Supper* (Hamden, Conn: Archon Books, 1977), p. 18.

22 Yates, *Giordano Bruno and the Hermetic Tradition*, p. 217.

23 Bruno, *The Ash Wednesday Supper*, p. 213.

24 Hilary Gatti, *Giordano Bruno and Renaissance Science* (Ithaca: Cornell University Press, 1999), p. 88.

25 比如以下 Andrew Clark, ed., *Register of the University of Oxford: 1571 – 1622* (Oxford: Oxford Historical Society, 1887), p. 170 中争论的问题。

26 Yates, *Giordano Bruno and the Hermetic Tradition*, p. 228.

27 Maurice A. Finocchiaro, 'Philosophy versus Religion and Science versus Religion: the Trials of Bruno and Galileo', in *Giordano Bruno: Philosopher of the Renaissance*, ed. Hilary Gatti (Aldershot: Ashgate, 2002), p. 55.

28 同上，第 61 页。

29 20 世纪 60 年代，弗朗西斯·耶茨（Frances Yates）证明布鲁诺是赫尔墨斯主义魔法师，从而摧毁了支撑他的科学身份的凭据。从那时起，一些学者（主要是来自意大利）一直在努力挽救他的名声，认为他至少是一位重要的哲学家。尤见于 Hilary Gatti, ed., *Giordano Bruno: Philosopher of the Renaissance* 中的一些文章。他们至今没有成功。

30 Annibale Fantoli, 'The Disputed Injunction and its Role in Galileo's Trial', in *The Church and Galileo*, ed. Ernan McMullin (Notre Dame: University of Notre Dame Press, 2005), p. 125.

31 Ernan McMullin, 'The Church's Ban on Copernicanism, 1616', in *The Church and Galileo*, p. 175.

32 Keith Thomas, *Religion and the Decline of Magic: Studies in Popular Beliefs in Sixteenth- and Seventeenth-Century England* (Harmondsworth: Penguin, 1973), p. 85.

33 James Brodrick, *Robert Bellarmine: Saint and Scholar* (London: Burns & Oates, 1961), p. 105.

第二十章　伽利略与新天文学

1 Michael Sharratt, *Galileo: Decisive Innovator* (Cambridge: Cambridge University Press, 1996), p. 2，有改动。

2 Albert Van Helden, 'The Invention of the Telescope', *Transactions of the American Philosophical Society* vol. 67, no. 4, New Series (1977), p. 20.

3 作者要感谢保罗·纽沃尔（Paul Newall）帮忙找到并翻译了这一条和下一条引文。Galileo Galilei, *Le Opere di Galileo Galilei*, eds Antonio Giorgio Garbasso and Giorgio Abetti (Florence: G. Barbèra, 1929 - 1939), vol. 11, p. 165.

4 同上，第 10 卷第 484 页。

5 James M. Lattis, *Between Copernicus and Galileo: Christoph Clavius and the Collapse of Ptolemaic Cosmology* (Chicago: University of Chicago Press, 1994), p. 183.

6 同上，第 190 页。

7 同上，第 198 页。

8 Ernan McMullin, 'Galileo's Theological Venture', in *The Church and Galileo*, ed. Ernan McMullin (Notre Dame: University of Notre Dame Press, 2005), p. 98.

9 《以赛亚》第 11 章第 12 节和《启示录》第 7 章第 1 节。

10 Galileo Galilei, 'Letter to the Grand Duchess Christina (1615)', in *The Galileo Affair: A Documentary History*, ed. Maurice A. Finocchiaro (Berkeley: University of California Press, 1989), p. 96.

11 同上，第 114 页。

12 Ernan McMullin, 'The Church's Ban on Copernicanism, 1616', in *The Church and Galileo*, p. 170.

13 同上，第 179 页。

14 Robert Bellarmine, 'Cardinal Bellarmine to Foscarini (1615)', in *The Galileo Affair*, p. 68.

15 Finocchiaro, *The Galileo Affair*, pp. 146, 149.

16 Sharratt, *Galileo*, p. 135.

17 Galileo Galilei, 'The Assayer', in *Discoveries and Opinions of Galileo* (trans. Stillman Drake) (New York: Doubleday, 1957), p. 237.

18 Sharratt, *Galileo*, p. 137.

19 Finocchiaro, *The Galileo Affair*, p. 201.

20 Mariano Artigas, Rafael Martínez, and William R. Shea, 'New Light on the Galileo Affair?', in *The Church and Galileo*, p. 222. 彼得罗·雷东迪

(Pietro Redondi) 认为《试金者》对原子论的拥护是伽利略遭到审判的真正原因。这种观点在学者中没有赢得支持。

21 Sharratt, *Galileo*, p. 144.

22 Michael Shank, 'Setting the Stage: Galileo in Tuscany, the Veneto and Rome', in *The Church and Galileo*, p. 75.

23 John M. Headley, *Tommaso Campanella and the Transformation of the World* (Princeton: Princeton University Press, 1997), p. 48.

24 Frances A. Yates, *Giordano Bruno and the Hermetic Tradition* (London: Routledge Classics, 2002), p. 407.

25 D.P. Walker, *Spiritual and Demonic Magic from Ficino to Campanella*, new edn (Stroud: Sutton, 2000), p. 207.

第二十一章　伽利略的审判与功绩

1 Galileo Galilei (trans. Stillman Drake), *Dialogue Concerning the Two Chief World Systems: the Ptolemaic and Copernican* (Berkeley: University of California Press, 1953), p. 52.

2 同上，第 144 页。

3 Michael Sharratt, *Galileo: Decisive Innovator* (Cambridge: Cambridge University Press, 1996), p. 168.

4 潮汐的论证今天仍在引起争议，学者还在继续讨论潮汐的机制到底是什么。最近解释潮汐问题的尝试见 Ron Naylor, 'Galileo's Tidal Theory', *Isis* vol. 98, no. 1 (2007), pp. 1 – 22。

5 Galileo, *Dialogue Concerning the Two Chief World Systems*, p. 464.

6 Maurice A. Finocchiaro, *The Galileo Affair: A Documentary History* (Berkeley: University of California Press, 1989), p. 229.

7 Annibale Fantoli, 'The Disputed Injunction and its Role in Galileo's Trial', in *The Church and Galileo*, ed. Ernan McMullin (Notre Dame: University of Notre Dame Press, 2005), pp. 132, 140.

8 Finocchiaro, *The Galileo Affair*, p. 287. 常有人称伽利略"被示以刑具"，这一点没有证据支持。

9 Sharratt, *Galileo*, p. 185.

10 同上，第 205 页。

11 Galileo Galilei (trans. Henry Crew and Alfonso de Salvio), *Dialogues Concerning Two New Sciences*, (New York: Dover, 1954), p. 6.

12 同上，第 12 页。

13 同上，第 62 页。

14 Michael Wolff, 'Philoponus and the Rise of Preclassical Dynamics', in *Philoponus: And the Rejection of Aristotelian Science*, ed. Richard Sorabji (London: Duckwork, 1987), p. 92.

15 Galileo, *Dialogues Concerning Two New Sciences*, p. 64.

16 同上，第 153 页。

17 就连通常对伽利略受到中世纪影响的理论持反对态度的斯蒂尔曼·德雷克（Stillman Drake）也承认这一点。见 Stillman Drake, *Galileo at Work: His Scientific Biography* (Chicago: University of Chicago Press, 1978), p. 370。

18 Stillman Drake and I. E. Drabkin, *Mechanics in Sixteenth-Century Italy: Selections from Tartaglia, Benedetti, Guido Ubaldo, and Galileo* (Madison: University of Wisconsin Press, 1969), p. 54.

19 Galileo, *Dialogues Concerning Two New Sciences*, p. 153.

20 Marshall Clagett, *The Science of Mechanics in the Middle Ages* (Madison: University of Wisconsin Press, 1959), p. 272.

21 同上，第 344 页。

22 Christopher Lewis, *The Merton Tradition and Kinematics in Late Sixteenth and Early Seventeenth Century Italy* (Padua: Antenore, 1980), p. 124.

23 译自上书第 294 页的拉丁文。

24 Galileo, *Dialogues Concerning Two New Sciences*, p. 174.

25 Sharratt, *Galileo*, p. 199.

26 Marshall Clagett, *Giovanni Marliani and Late Medieval Physics* (New York: Columbia University Press, 1941), p. 140.

27 Edward Grant, 'Jordanus de Nemore', in *Dictionary of Scientific Biography*, ed. Charles Coulston Gillispie, vol. 7 (New York: Scribner, 1970), p. 173.

28 Paul Lawrence Rose, *The Italian Renaissance of Mathematics: Studies on Humanists and Mathematicians from Petrarch to Galileo* (Geneva: Droz, 1975), p. 153.

29 Drake and Drabkin, *Mechanics in Sixteenth-Century Italy*, pp. 16, 24.

30 Galileo, *Dialogues Concerning Two New Sciences*, p. 244.

31 约翰·福里斯特（John Forrester）关于他即将出版的书——杰罗姆·卡丹《事物之精妙》的译本的通信。

32 Galileo, *Dialogues Concerning Two New Sciences*, p. 245.

结语　一场科学革命？

1 William Whewell, 'Mrs Somerville on the Connexion of the Sciences', *The Quarterly Review* vol. 51, no. 1 (1834), p. 59.

2 From the 'General Scholium' in Isaac Newton, ed. Florian Cajori (trans. Andrew Motte), *Mathematical Principles of Natural Philosophy and the System of the World* (Berkeley: University of California Press, 1934), p. 546.

3 Andrew Cunningham and Perry Williams, 'De-Centring the "Big Picture": The Origins of Modern Science and the Modern Origins of Science', *The British Journal for the History of Science* vol. 26, no. 4 (1993), p. 410.

4 史蒂文·沙平以一种令人难忘的笔调开始他的书："不存在科学革命这样的东西，而这就是一本关于科学革命的书。" Steven Shapin, *The Scientific Revolution* (Chicago: University of Chicago Press, 1998), p. 1.

5 Cunningham and Williams, 'De-Centring the "Big Picture" ', p. 418.

6 David Wootton, *Bad Medicine: Doctors Doing Harm Since Hippocrates* (Oxford: Oxford University Press, 2006), p. 3.

致 谢

笔者要感谢克里斯托弗·巴顿（Christopher Barton）、比约恩-阿雷·戴维森（Bjørn-Are Davidsen）、保罗·纽沃尔（Paul Newall）、克里斯托弗·普赖斯（Christopher Price）、布赖恩·特拉福德（Brian Trafford）、理查德·卡里尔（Richard Carrier）和奈杰尔·布拉夫（Nigel Brough）对早期书稿提供的宝贵意见。感谢我的经纪人安德鲁·劳尼（Andrew Lownie）对本书的信任，感谢安德鲁的读者团队的批评和投入。伦敦图书馆的工作人员使我在那里的工作成了真正的乐事。本书精装版的读者提出了许多宝贵的意见，这些意见已被吸收到平装版之中。任何遗留的错误都是笔者本人的责任。最后，艾肯（Icon）的团队——西蒙（Simon）、萨拉（Sarah）、安德鲁和纳杰马（Najma）——各方面都很棒。

图书在版编目（CIP）数据

科学的起源：中世纪如何奠基现代科学 / (英) 詹姆斯·汉南著；刘崇岭译. — 上海：上海教育出版社，2022.12
ISBN 978-7-5720-1743-8

Ⅰ. ①科… Ⅱ. ①詹… ②刘… Ⅲ. ①科学史 - 研究 - 世界 Ⅳ. ①G3

中国版本图书馆CIP数据核字(2022)第198205号

本书地图系原书插附地图　　审图号：GS（2022）5571号
上海市版权局著作权合同登记号：图字09-2019-392号

特约策划　周媛媛
责任编辑　林凡凡
装帧设计　李双珏

科学的起源：中世纪如何奠基现代科学

Kexue de Qiyuan: Zhongshiji Ruhe Dianji Xiandai Kexue

[英] 詹姆斯·汉南 著　刘崇岭 译

出版发行　上海教育出版社有限公司
官　　网　www.seph.com.cn
地　　址　上海市闵行区号景路159弄C座
邮　　编　201101
印　　刷　上海颛辉印刷厂有限公司
开　　本　890×1240　1/32　印张 13.625
字　　数　320 千字
版　　次　2022年12月第1版
印　　次　2022年12月第1次印刷
书　　号　ISBN 978-7-5720-1743-8/K·0019
定　　价　88.00 元

如发现质量问题，读者可向本社调换　电话：021-64373213